MySQL
数据库技术及应用

主　编：刘　莹　杨柏楠　李东兵
副主编：吴奕瑶　吴剑飞　赵新萍
　　　　张莹莹

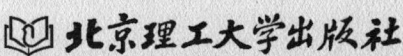

北京理工大学出版社
BEIJING INSTITUTE OF TECHNOLOGY PRESS

内容简介

本书是一本针对 MySQL 数据库基础知识和应用技能的教程,采用任务驱动式教学方法。全书分为 10 个项目,每个项目下又细分了多个任务,形成了一个完整的学习体系。从认识数据库的基本概念开始,逐步深入到 MySQL 实训环境的配置、字符集与数据类型的理解、建库建表与数据表管理、数据查询、数据处理与视图、创建和使用程序、数据库安全与性能优化等核心主题。

本书以一个"学生管理系统"的数据库设计、操纵和管理为主线,以实践为指导,并配有大量的理论习题与实践演练,使读者能够深入了解 MySQL 数据库在实际项目中的应用。无论是高职高专学生、数据库开发人员,还是对数据库技术感兴趣的读者都能从本书中获益。

版权专有　侵权必究

图书在版编目(CIP)数据

MySQL 数据库技术及应用 / 刘莹,杨柏楠,李东兵主编. -- 北京:北京理工大学出版社,2025.1.
ISBN 978-7-5763-4871-2

Ⅰ. TP311.132.3

中国国家版本馆 CIP 数据核字第 2025WF6697 号

责任编辑:王培凝	文案编辑:李海燕
责任校对:周瑞红	责任印制:施胜娟

出版发行 / 北京理工大学出版社有限责任公司
社　　址 / 北京市丰台区四合庄路 6 号
邮　　编 / 100070
电　　话 /(010)68914026(教材售后服务热线)
　　　　　(010)63726648(课件资源服务热线)
网　　址 / http://www.bitpress.com.cn

版 印 次 / 2025 年 1 月第 1 版第 1 次印刷
印　　刷 / 涿州市新华印刷有限公司
开　　本 / 787 mm × 1092 mm　1/16
印　　张 / 15
字　　数 / 332 千字
定　　价 / 75.00 元

图书出现印装质量问题,请拨打售后服务热线,负责调换

Foreword 前言

　　随着信息技术的飞速发展，数据库技术已成为现代社会不可或缺的一部分。在众多数据库系统中，MySQL 以其开源、高效、稳定的特点，赢得了广大开发者和企业的青睐。无论是互联网应用、企业级应用，还是大数据分析等领域，MySQL 都发挥着至关重要的作用。

　　为了帮助读者系统地掌握 MySQL 数据库的基础知识和应用技能，我们编写了这本任务驱动式的教程。本书采用项目化、任务化的编写方式，通过具体的实践操作，引导读者逐步深入理解 MySQL 的各个方面。

　　在内容的编排上，我们以一个"学生管理系统"的数据库设计、操纵和管理为主线，贯穿全书始终。通过这个实际的项目案例，读者可以更加直观地理解 MySQL 在实际项目中的应用，并学会如何将理论知识与实践相结合。

　　为了增强读者的实践操作能力，我们在每个项目中都配备了大量的理论习题与实践演练。这些习题和演练旨在帮助读者巩固所学知识，提高解决问题的能力。同时，我们也鼓励读者积极参与讨论和交流，分享自己的学习心得和经验。

　　在教学方式上，我们采取了命令行与界面工具结合的教学方式。这种方式既能让读者熟悉 MySQL 的命令行操作，又能让他们掌握使用图形界面工具进行数据库管理的技能。为了方便读者使用，我们还在书中介绍了流行的数据库管理工具——Navicat，并提供了相关的使用说明和示例。

　　全书共分为 10 个项目，每个项目下又细分了多个任务，形成了一个完整的学习体系。项目 1 和项目 2 由吴奕瑶编写，项目 3 和项目 4 由吴剑飞编写，项目 5 和项目 6 由杨柏楠编写，项目 7 和项目 8 由赵新萍编写，项目 9 和项目 10 由张莹莹编写，全书由刘莹、杨柏楠、李东兵进行统稿和修订。

　　本书适用于高职高专学生、数据库开发人员，还有对数据库技术感兴趣的读者。我们希望通过这本书，能够帮助读者系统地掌握 MySQL 数据库的基础知识和应用技能，为他们的学习和工作提供有力的支持。

　　最后，我们要感谢所有参与本书编写和审稿的专家和老师，他们的辛勤工作和宝贵意见使本书得以顺利完成。同时，我们也要感谢广大读者对本书的关注和支持，希望本书能够成为您学习 MySQL 数据库的良师益友。

编　者

Contents 目 录

项目 1　认识数据库 ·· 1
　　任务 1.1　认识数据库 ··· 2
　　任务 1.2　安装与配置 MySQL 数据库 ··· 8
项目 2　设计数据库 ·· 23
　　任务 2.1　设计关系型数据库 ··· 24
　　任务 2.2　规范化数据库 ·· 32
　　任务 2.3　设计 School 数据库 ··· 37
项目 3　创建数据库和表 ·· 41
　　任务 3.1　创建和维护数据库 ··· 42
　　任务 3.2　创建和操作数据库表 ·· 45
　　任务 3.3　建立数据完整性约束 ·· 52
　　任务 3.4　使用图形化工具管理数据库 ·· 59
项目 4　数据操作 ··· 65
　　任务 4.1　数据插入 ·· 70
　　任务 4.2　数据修改 ·· 75
　　任务 4.3　数据删除 ·· 77
　　任务 4.4　使用 Navicat 操作数据 ··· 79
项目 5　数据查询 ··· 85
　　任务 5.1　单表查询 ·· 86
　　任务 5.2　分类汇总与排序 ·· 97
　　任务 5.3　常用系统函数 ·· 106
　　任务 5.4　多表查询 ·· 110
项目 6　数据视图 ··· 125
　　任务 6.1　创建视图 ·· 125
　　任务 6.2　操作视图 ·· 130
项目 7　事务 ·· 137
　　任务 7.1　事务处理 ·· 137
　　任务 7.2　事务隔离级别 ·· 141

项目 8　创建索引与分区 ·· 147
任务 8.1　创建索引 ··· 147
任务 8.2　创建分区 ··· 152

项目 9　创建和使用程序 ·· 158
任务 9.1　建立和使用存储过程 ······································· 159
任务 9.2　建立和使用存储函数 ······································· 172
任务 9.3　建立和使用触发器 ··· 179
任务 9.4　建立和使用事件 ··· 188

项目 10　维护数据库的安全 ·· 199
任务 10.1　管理用户与数据权限 ······································ 200
任务 10.2　备份与还原数据 ·· 218

参考文献 ·· 233

项目 1
认识数据库

学习导读

在大数据时代，数据已经逐渐成为信息社会的重要资源。随着人类社会的发展和变迁，产生的数据量也越来越大，如何对这些数据存储管理、加工处理以及探索使用，已经越发受到人们的广泛关注，数据库技术就是在这样的背景下发展起来的。本项目将介绍数据库及数据库管理系统的基本概念，数据库技术发展的过程以及常见的数据库管理系统有哪些。了解这些内容有助于我们进行接下来的学习，更好地理解并掌握数据库设计、查询操作等相关技术。同时还会介绍当前主流使用的 MySQL 服务器的安装与连接方法，为接下来的数据查询等相关实操奠定基础。

学习目标

了解数据库相关基础知识。
了解结构化查询语言相关概念。
了解常见的关系型数据库管理系统。
掌握 MySQL 服务器的安装与配置方法。
掌握可视化管理工具 Navicat 的安装方法。
掌握服务器的连接登录方法。

素养目标设计

项目	任务	素养目标	融入方式	素养元素
项目一	1.1 认识数据库	培养文化强国的爱国情怀，明晰信息化时代肩负的责任	通过"华为数据库自主研发"故事引入	科技报国、使命担当
	1.2 安装与配置 MySQL 数据库	培养学生耐心专注的工作态度	通过学生"安装配置 MySQL 环境"的过程导入	信息检索、主动求知

任务 1.1　认识数据库

【任务描述】

数据库技术是研究数据库的结构、存储、设计、管理以及应用的基本理论和实现方法的一门技术，利用数据库技术可以对数据进行处理、分析和理解。在这一任务中，我们将介绍数据库领域的相关概念、数据库技术的发展历程，以及目前常见的一些关系型数据库管理系统，为接下来进一步深入学习掌握数据库技术提供理论基础。

【任务分析】

本任务是相关概念的介绍，但却是后续学习的开端。数据库相关概念的介绍与后续编程实操相比理论性较强，因此只着重强调本书中会涉及的数据库领域基础知识，对相关概念做到了解即可。

【相关知识】

数据库技术管理和研究的对象是数据，因此学习数据库技术，需要了解数据、数据库、数据库管理系统、数据库系统、用户、管理员等相关概念，以及数据库操作所使用的结构化查询语句。同时在本任务中，还会简单介绍数据库技术的发展历程，以及常见的数据管理系统有哪些。

1.1.1　数据与数据库

1. 数据（Data）

数据，是指对客观事件进行记录并可以鉴别的符号，是对客观事物的性质、状态以及相互关系等进行记载的物理符号或这些物理符号的组合。

数据库技术的研究目标是高效管理和处理大量信息，而信息与数据是分不开的，数据是数据库中存储的基础对象。除了我们知道的整型数、浮点数等数值型数据，在现实生活中产生的图像、声音、视频等都是数据，可以通过处理存储在数据库中。

2. 数据库（Database，DB）

数据库，是由具有某些特性相互关联的数据组成的集合，可视为存储和管理数据的仓库，用户可对仓库中的数据进行增加、删除、修改等操作。

数据库的应用非常广泛，例如企业中存储人力、销售、生产、财务等信息的数据库，高校中用于存储学生、教师、授课信息的数据库，银行、金融业用于存储财务信息的数据库等。随着现代技术的不断发展，数据库的应用逐渐变得越来越广泛，甚至我们在访问网络、使用手机 App 时，同样在访问数据库中存储的相关信息。

数据库是存储数据的仓库，因此如何描述事物的属性以及事物之间的联系尤为重要。数据库的类型就是根据不同的数据存储结构决定的，主要包括层次型、网状型以及关系型数据库，而其中我们最常用到的就是关系型数据库。

3. 数据库技术（Database Technology）

数据库技术是通过研究数据库的结构、存储、设计、管理以及应用的基本理论和实现方法，并利用这些理论来实现对数据库中的数据进行处理、分析和理解的技术。即数据库技术是研究、管理和应用数据库的一门软件科学。

1.1.2　数据库的发展

计算机硬件、软件等技术的发展伴随着数据量的与日俱增，也因此推动了数据管理从最初的人工管理，发展到文件系统管理阶段，到最后的数据库系统管理共三个发展阶段。

1. 人工管理阶段

这一阶段主要集中在 20 世纪 50 年代中期以前，在这一时期计算机还未得到普及，硬件还无法永久保存数据。数据信息主要以磁带、穿孔卡片的形式存放，管理数据使用的应用程序也是固定的，不同的数据只能使用不同的程序来处理。例如，工资信息被存储在磁带中，想要计算工资增长的情况，需要程序员在读取磁带中现有工资细节的同时，读取表示增长信息的穿孔卡片，然后将计算后的新工资信息写入磁带中。

可见，数据的管理和计算需要由程序员手动操作完成，因此在这一阶段数据的管理工作效率很低，对程序员的操作专业的要求很高。同时，数据与应用程序相互依赖的特性，决定了在人工管理数据的阶段，数据的存放存在大量重复冗余的情况，造成对存储资源的浪费。

2. 文件系统管理阶段

20 世纪 50 年代后期到 20 世纪 60 年代中期，此时计算机科学已经得到了显著发展，计算机除了可以用于数据处理，由于磁盘等存储设备的出现，计算机已经具有了信息管理的功能，因此也出现了专门用于管理数据的文件系统。

这一阶段与人工管理阶段相比，文件系统将数据以文件形式存储在计算机磁盘上，与制作穿孔卡片不同，文件系统中的文件不需要再考虑物理存储，应用程序的编写也不需要考虑不同的存储形式。然而，在这一阶段文件系统仍然没有解决数据冗余的问题，数据之间无法实现共享。因此，为了解决这些问题，计算机科学领域逐渐发展出数据库技术。

3. 数据库系统管理阶段

计算机科学发展至 20 世纪 60 年代中期，硬件方面已经逐渐生产出大容量硬盘，用于匹配大量数据产生的存储需求，而在数据管理方面也逐渐发展出现了数据库技术，取代文件系统管理所不能满足的数据管理与计算需求。

为了实现数据的统一管理、分级用户设置权限等需求，设计出了数据库管理系统（Database Management System，DBMS），用于管理数据。在这一阶段，所有数据都被统一、集中管理，与应用程序分隔开，数据中存在的冗余度小则大大优化了存储空间的使用，同时也为数据的安全、完整等提供了保障。

1.1.3　数据库管理系统

数据库管理系统 DBMS 是位于用户与操作系统之间的用于数据管理的软件，用户可以通过 DBMS 去访问服务器上存储的数据，数据库管理员也可以通过 DBMS 对数据库进行维护和管理，包括数据定义、查询、更新及各种数据控制。

使用数据库管理系统会尽可能地消除数据中存在的冗余，降低数据产生不一致的危险，有效保证数据库中数据的一致性。同时，DBMS 的使用可以对多个用户赋予不同的数据访问权限，更加提高数据共享效率。

数据库管理系统的主要功能包括数据定义、数据操作、数据库的运行管理、数据组织存储与管理、数据库的保护与维护等。

1.1.4 数据库系统

数据库系统（Database System，DBS）是与数据库相关的整个系统，包括硬件和软件，由数据库、数据库管理系统、应用程序及开发工具、数据库管理员（DBA）、用户等组成，如图 1-1 所示。

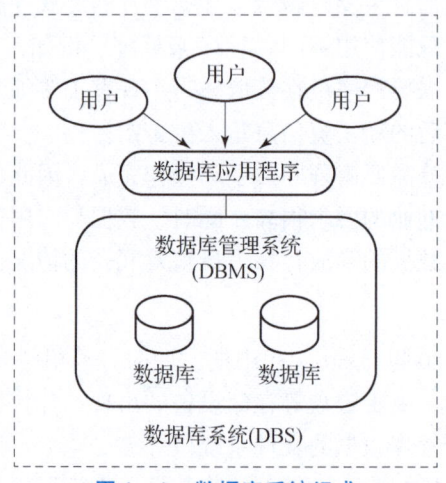

图 1-1 数据库系统组成

数据库系统应用广泛，在银行金融、企业管理、高校教学、电信业、航空业等领域中均有应用：

1. 银行金融

银行：存储用户信息、贷款、银行交易记录等信息。

信用卡使用：记录用户消费记录、还款清单等信息。

金融业：存储股票、债券出售和买入等信息；市场实时变化数据，客户交易等信息。

2. 企业管理

人事管理：存储员工基本信息、工资、津贴等信息。

生产制造：管理企业生产工业链，仓库入账出账等信息。

财务状况：存储付款、收款、资产等信息。

3. 高校教学

学生管理：存储学生信息、班级、专业等信息。

教师管理：存储教师基本信息、个人荣誉等。

教学管理：存储课程信息、学生成绩等。

1.1.5 SQL 语言

SQL(Structured Query Language，SQL) 是一种用于程序设计以及数据查询、存取、更新的语言，不仅具有操作一体化、使用方式灵活、非过程化等特点，而且语言简洁、语法格式简单。

SQL 最早的版本是由 IBM 公司开发，被叫做 Sequel。Sequel 语言一直发展至今，其名称已变为 SQL，现在有许多数据库管理软件支持 SQL 语言，SQL 已经很明显地确立了自己作为标准的关系数据库语言的地位。

SQL 语言主要包括以下几个部分：

（1）数据定义语言（Data Definition Language，DDL）：提供定义（CREATE）、删除（DROP）以及修改（ALTER）的命令，主要的操作对象是数据库和数据表。

（2）数据操纵语言（Data Manipulation Language，DML）：提供从数据库中查询信息，以及在数据库中插入（INSERT）、删除（DELETE）、修改（UPDATE）的命令。

（3）数据控制语言（Data Control Language，DCL）：提供回收用户权限（REVOKE）、禁止用户权限（DENY）和分配用户权限（GRANT）等命令，主要用于设置和分配数据库用户或角色的操作权限。

1.1.6 常见的关系型数据库管理系统

前面我们提到数据库根据不同的数据存储结构分成多种类型，数据库管理系统需要对不同类型进行有针对性的设计，关系型数据库管理系统是目前使用最为广泛的数据库管理系统，常见的有四个，分别是 Oracle、MySQL、SQL Server、Access。

1. Oracle

Oracle 是和 DB2 同期发展起来的数据库产品，也是第二个采用 SQL 的数据库产品。Oracle 从 DB2 等产品中吸取了很多优点，同时又避免了 IBM 的官僚体制与过度学术化，大胆地引进了许多新的理论与特性，所以 Oracle 无论是功能、性能还是可用性都是非常优良的。

Oracle 数据库系统主要有以下特点：

联机事务处理——查询密集的数据仓库：高效、可靠、安全。

较高的并行查询优化能力。

表扫描的异步预读。

高性能的空间管理能力。

允许多表视图上非模糊更新操作。

支持多线程客户应用程序。

先进的文件处理。

多媒体技术和面向对象技术的支持。

支持并行数据库和透明的分布式查询处理。

对 Java 的支持。

2. MySQL

MySQL 是一个小型关系型数据库管理系统，由瑞典的 MySQL AB 公司开发。目前，

MySQL 被广泛地应用在中小型系统中，特别是在网络应用中用户群更多。MySQL 没有提供一些中小型系统中使用的特殊功能，所以其资源占用非常小，更易于安装、使用和管理。MySQL 是开源的，是 PHP 和 Java 开发人员首选的数据库开发搭档，目前 Internet 上流行的网站构架方式是 LAMP（Linux + Apache + MySQL + PHP），即使用 Linux 作为操作系统，Apache 作为 Web 服务器，MySQL 作为数据库，PHP 作为服务器端脚本解释器。

MySQL 主要特点如下：
使用 C 和 C++ 编写，并使用了多种编译器进行测试，保证源代码的可移植性。
支持 Windows 等多种操作系统。
为多种编程语言提供了 API。
支持多线程，充分利用 CPU 资源。
优化的 SQL 查询算法，有效地提高查询速度。

3. SQL Server

Microsoft SQL Server 是微软推出的一款数据库产品，提供了很多外围工具来帮助用户对数据库进行管理，用户甚至无须直接执行任何 SQL 语句就可以完成数据库的创建、数据表的创建、数据的备份/恢复等工作；Microsoft SQL Server 的开发者队伍也是非常庞大的，因此，有众多可以参考的学习资料，学习成本非常低，这是其他数据库产品所不具有的优势；同时，从 Microsoft SQL Server 2005 开始，开发人员可以使用任何支持 .Net 的语言来编写存储过程，这进一步降低了 Microsoft SQL Server 的使用门槛。不过只能运行于 Windows 操作系统，一般无法在 Linux、UNIX、Mac 等系统上运行。

SQL Server 适合于开发大中型及分布式应用系统，具有强大的关系数据库创建、开发、设计和管理功能，其主要特点如下：
SQL Server 是客户机/服务器关系型数据库管理系统（RDBMS）。
支持分布式数据库结构。
SQL Server 与 Windows NT/2000 完全集成。
SQL Server 与 Microsoft BackOffice 服务器类集成。
多线程体系结构。

4. Microsoft Access

Access 是一种关系型数据库管理系统，是 Microsoft Office 的组成部分之一。Access 1.0 诞生于 20 世纪 90 年代初期，目前 Access 2010 及更高版本已经得到广泛使用。历经多次升级改版，其功能越来越强大，而操作更加简单，尤其是 Access 与 Office 高度集成，风格统一的操作界面使许多初学者更容易掌握。

Access 应用广泛，能操作其他数据源的数据，包括许多流行的数据库（如 dBASE、Paradox、FoxPro）和服务器、小型机及大型机上的许多 SQL 数据库。此外，Access 还提供 Windows 操作系统的高级应用程序开发系统（VBA）。Access 与其他数据库开发系统相比有一个明显的区别：用户基本上不用编写代码就可以在很短的时间里开发出一个功能强大且相当专业的数据库应用程序，并且这一过程是完全可视的，如果再添加一些简短的 VBA 代码，那么开发出的程序就与专业程序员潜心开发的程序一样。

Access 的特点包括：

存储方式单一。

支持面向对象。

界面友好、易操作。

集成环境、处理多种数据信息。

Access 支持 ODBC，利用数据库访问页对象生成 HTML 文件，轻松构建 Internet/Intranet 的应用。

【知识拓展天地】

1. 数据库技术职业素养

学习技术的同时，具备良好的职业道德同样重要。首先，尊重和保护数据隐私是每个数据库从业者必须遵守的基本准则。数据库中存储着大量敏感信息，包括个人身份信息、企业商业秘密等。从业者必须严格遵守相关法律法规，确保数据的保密性，不得擅自泄露或滥用用户数据。

其次，诚信和公正也是数据库从业者必备的职业道德。在处理数据和提供信息服务时，从业者必须保持客观公正的态度，不得因个人偏见或利益冲突而篡改或歪曲数据。同时，要坚守诚信原则，不参与任何形式的欺诈行为，维护行业的良好形象和声誉。

再次，数据库从业者还应具备高度的责任心和专业素养。从业者需要认真履行自己的职责，确保数据的准确性、完整性和可用性。工作中要时刻保持谨慎和细致的态度，避免因疏忽大意而导致数据丢失或损坏。同时，要不断提升自己的专业技能和知识水平，以应对不断变化的行业挑战和需求。

最后，遵守行业规范和自律也是数据库从业者必须遵循的职业道德。从业者应积极参与行业组织和活动，遵守行业规范，自觉接受监督和约束。同时，要积极推动行业自律机制的建设和完善，共同维护行业的健康发展和公共利益。

2. 数据库技术自主研发

华为作为全球领先的信息与通信技术解决方案供应商，近年来在数据库领域进行了大量的研发和创新工作。面对传统数据库在性能、扩展性和安全性等方面的挑战，华为积极投入资源，推动数据库技术的突破。

华为推出了自主研发的分布式数据库 GaussDB，该数据库采用了先进的分布式架构和高效的数据处理算法，具备高性能、高可用、高安全等特点。GaussDB 通过水平扩展和分布式计算，能够处理大规模的数据量和高并发的访问请求，满足了金融、电信、制造等行业对数据库的高性能需求。

此外，华为还在数据库智能化方面取得了重要进展。通过引入人工智能和机器学习技术，华为实现了数据库的自动化运维、优化和故障预测等功能。华为的数据库管理系统能够自动分析数据库的运行状态，预测潜在的性能瓶颈和故障风险，并给出相应的优化建议，大大提高了数据库的管理效率和稳定性。

在数据库安全方面，华为也做出了积极努力。其数据库产品采用了多层次的安全防护机制，包括数据加密、访问控制、安全审计等，确保了用户数据的安全性和隐私性。同时，华为还加强了与全球安全组织的合作，共同应对数据库安全挑战，提升了整个数据库生态系统的安全性。

华为在数据库技术创新方面的努力不仅体现在产品研发上，还体现在市场推广和产业化发展上。华为与众多行业合作伙伴建立了紧密的合作关系，推动了 GaussDB 等数据库产品在金融、电信、制造等领域的广泛应用。同时，华为还积极参与国际数据库技术的交流与合作，与全球同行共同推动数据库技术的发展和进步。

任务1.2　安装与配置 MySQL 数据库

【任务描述】

在日常工作学习中，无论是开发、运维还是测试，对数据库的学习和使用都是必不可少的。使用大型商业数据库虽然功能强大，但是价格昂贵，因此许多开源数据库由于其灵活性高、可以执行好等特点，被许多中小企业以及日常学习所选择。MySQL 作为当下最流行的关系型数据库管理系统之一，具有易用性好、速度快、体积小等优点。本书中所有任务实现将以 MySQL 数据库管理系统为平台实现。因此本任务的目的是在本地计算机上完整安装并配置 MySQL 服务器。

【任务分析】

安装 MySQL 服务器可以根据自身需要在官网上选择需要的版本下载，本书中全部使用目前 MySQL 官网上开源的最新版本 8.3.0。下载安装包后即可按引导步骤进行环境的安装与配置。需要注意的是，安装 MySQL 环境前需要确保本地主机中没有安装过其他 MySQL，如果需要更换版本需提前卸载原环境后再行安装。

【相关知识】

MySQL 提供了一个快速、多线程、多用户、支持 SQL（结构化查询语言）的数据库服务器，其具有以下几个优势：

（1）开源免费：MySQL 作为可以免费使用的开源软件，往往是开发者和中小企业的首选数据库解决方案。没有版权限制，可以满足各种需求，降低使用成本。

（2）跨平台支持：MySQL 环境支持在多个操作系统上运行，不仅可以满足 Windows 用户，同样还可以在 Linux、Mac 等平台上广泛使用。

（3）简单易操作：相比于其他大型数据库管理系统，MySQL 复杂程度低，更加易于学习，直观的命令行界面使用户可以轻松地管理服务器上的数据库。

1.2.1　MySQL 的安装与登录

1. 下载 MySQL 安装包

MySQL 社区版是提供给个人用户免费使用的开源软件，可以登录 MySQL 官方网站下载相应版本，下载页面如图 1-2 所示。书中使用 MySQL 8.3.0 版本，针对 Windows 系统，为了方便环境的配置，在主机联网的情况下选择 Install MSI 进行安装。

2. 安装 MySQL 环境

双击扩展名为 .msi 的安装包，根据安装向导选择产品类型，如 Typical 表示按照默认配置安装在 c 盘，Custom 表示可以自助选择所需要的功能，如图 1-3~图 1-6 所示。

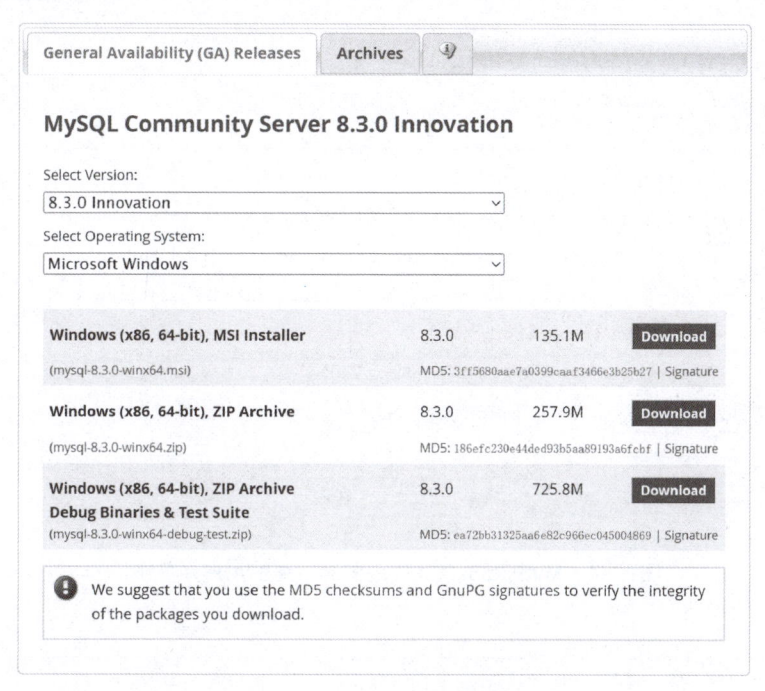

图 1-2　MySQL 下载页面

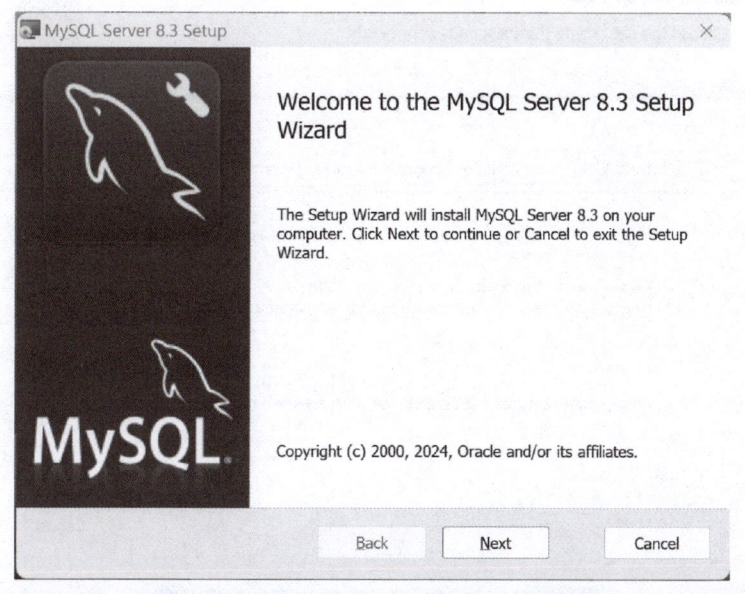

图 1-3　MySQL 8.3.0 安装向导-欢迎界面

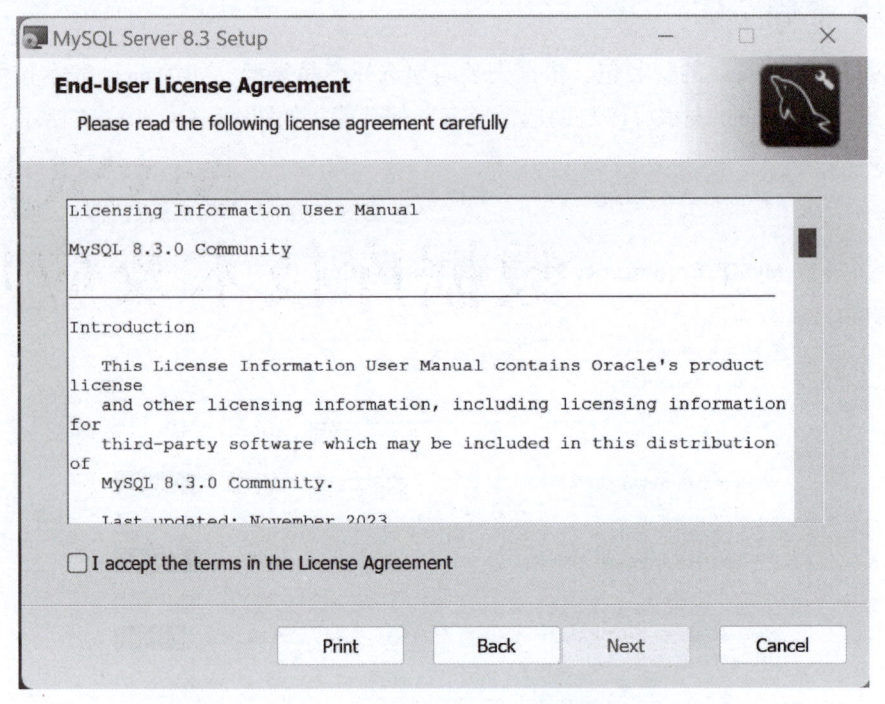

图1-4　MySQL 8.3.0 安装向导-终端用户许可协议

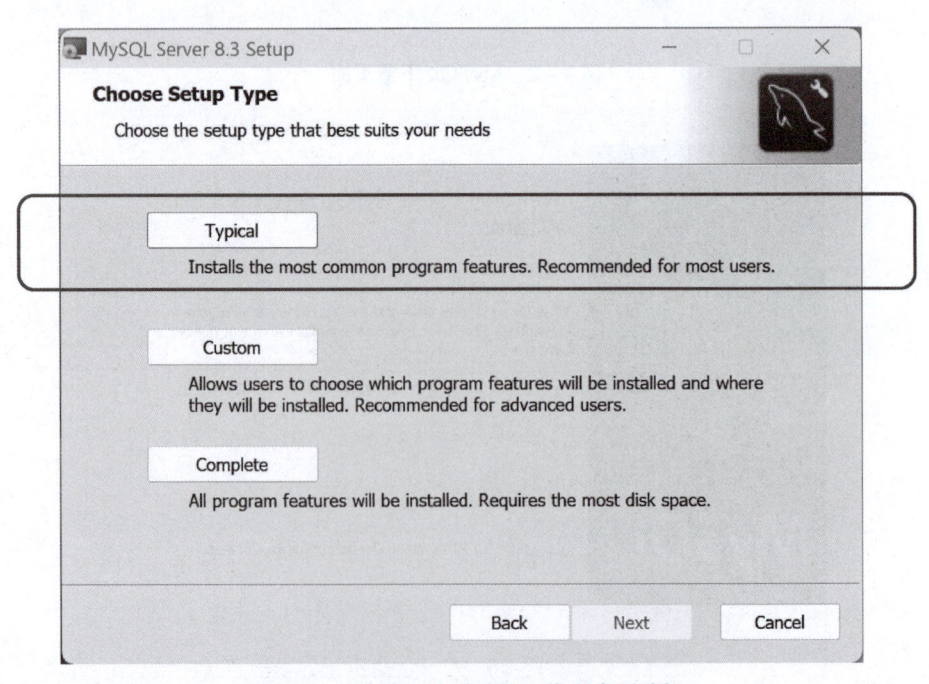

图1-5　MySQL 安装向导-产品类型选择

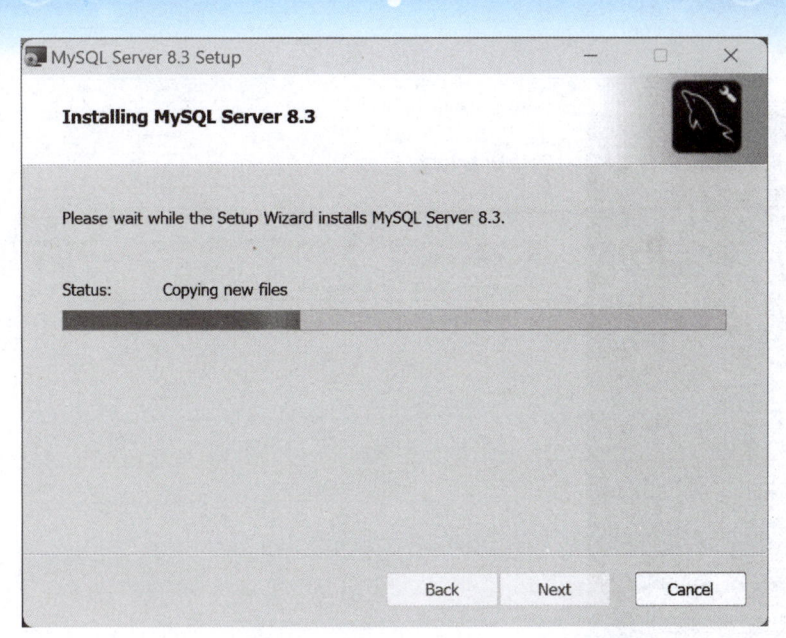

图1-6　MySQL 安装向导-安装 MySQL 服务器

3. 配置 MySQL 服务器

进入 MySQL 8.3.0 配置向导界面，可以根据提示信息设置 MySQL 服务器的安装路径，其余配置信息可选择默认配置。其中，超级用户 root 账号的密码需要单独设置，以确保主机启用 MySQL 服务器时顺利登录环境，如图 1-7~图 1-15 所示。

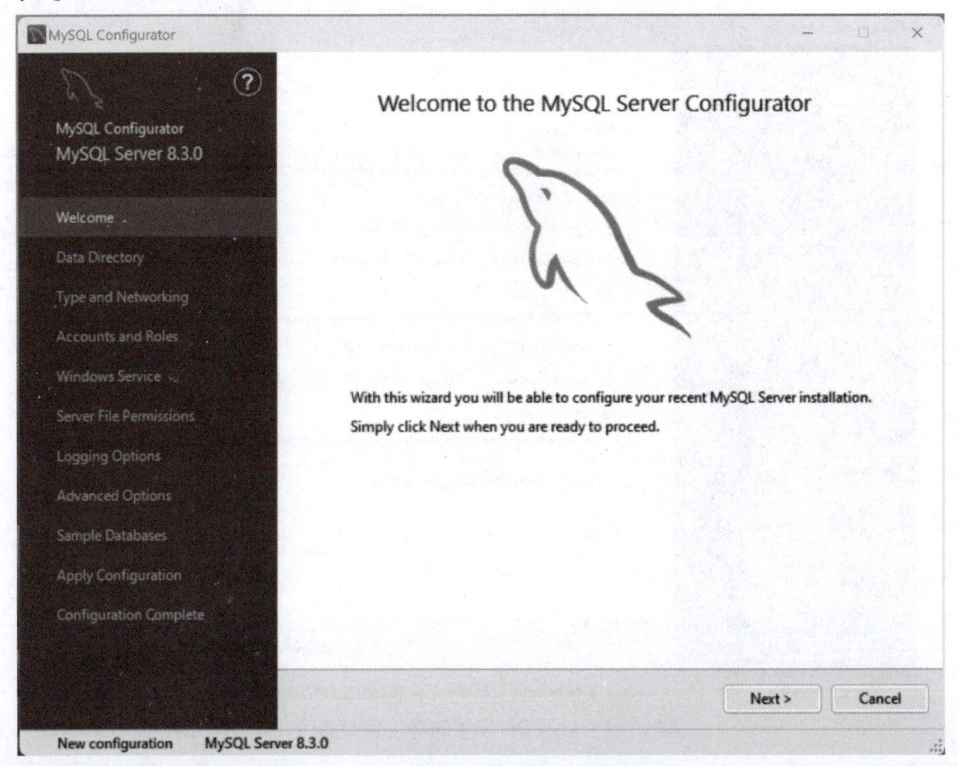

图1-7　MySQL 配置向导-欢迎界面

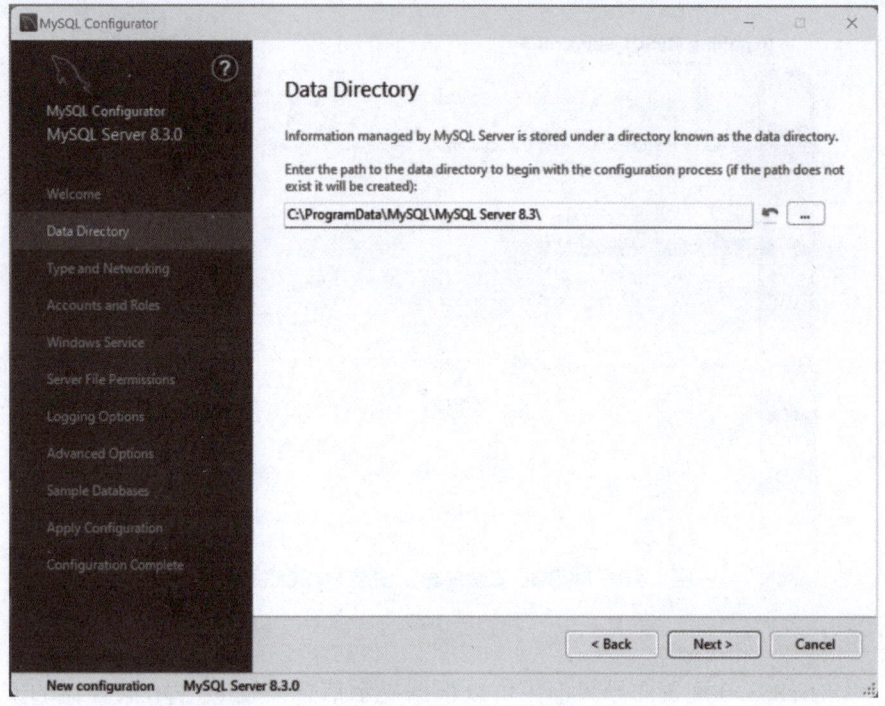

图 1-8　MySQL 配置向导-选择安装路径

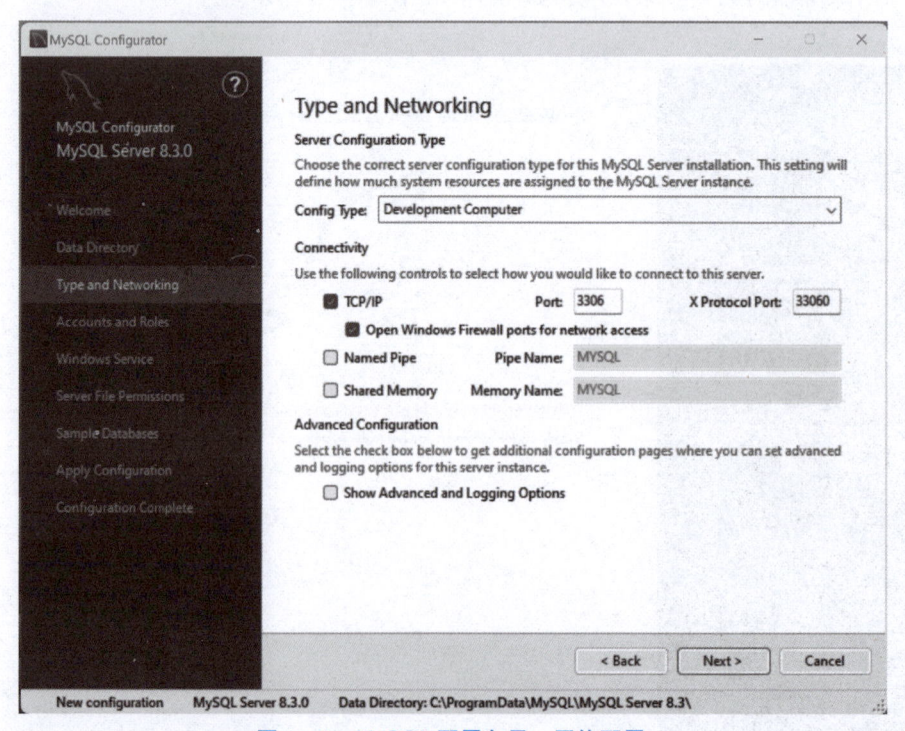

图 1-9　MySQL 配置向导-网络配置

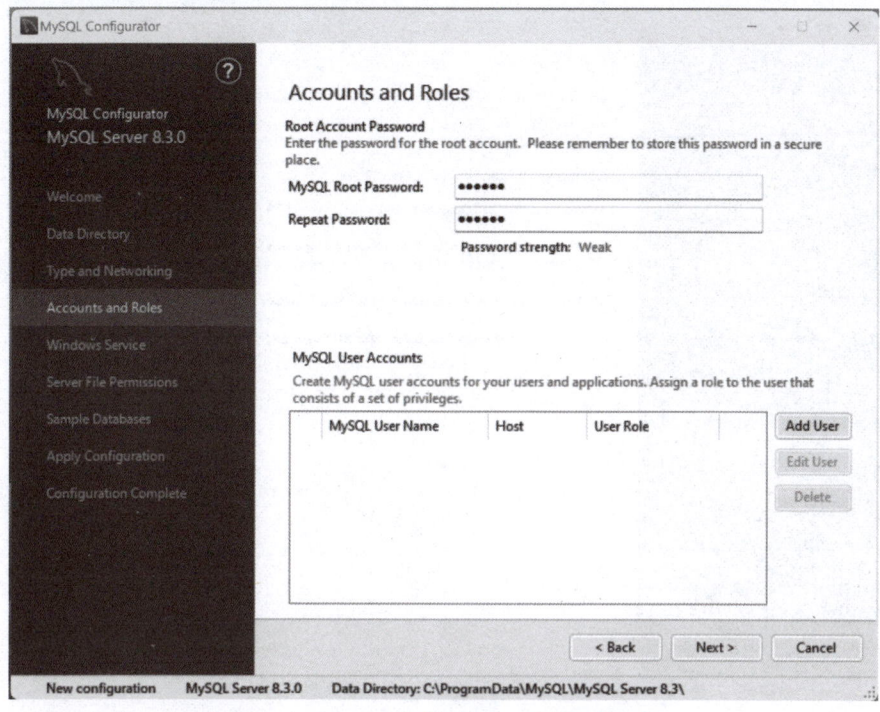

图 1–10　MySQL 配置向导 – 创建角色及密码

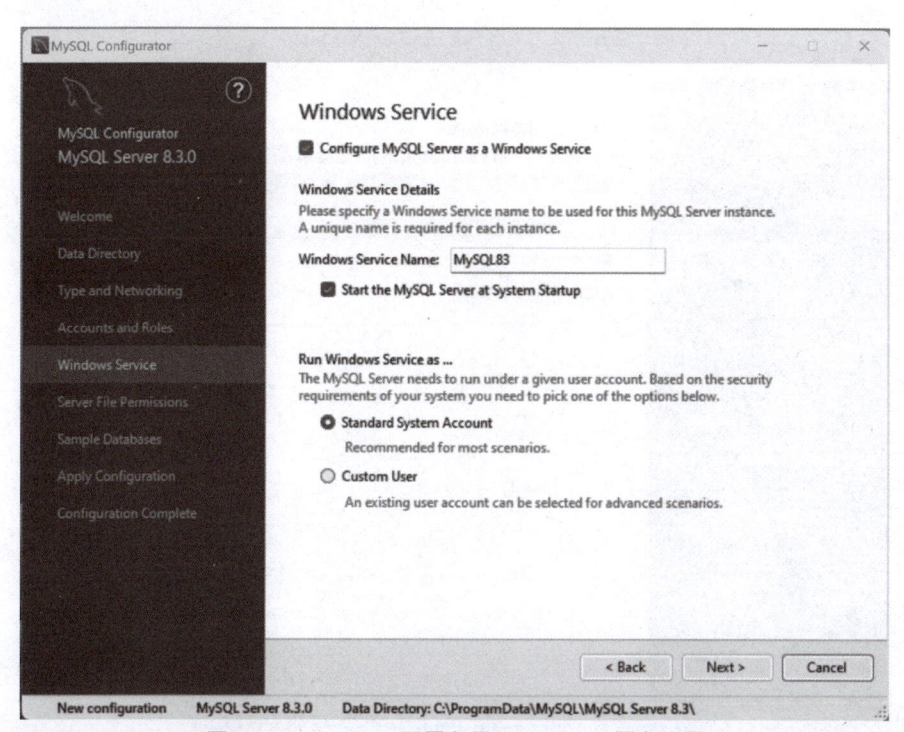

图 1–11　MySQL 配置向导 – Windows 服务配置

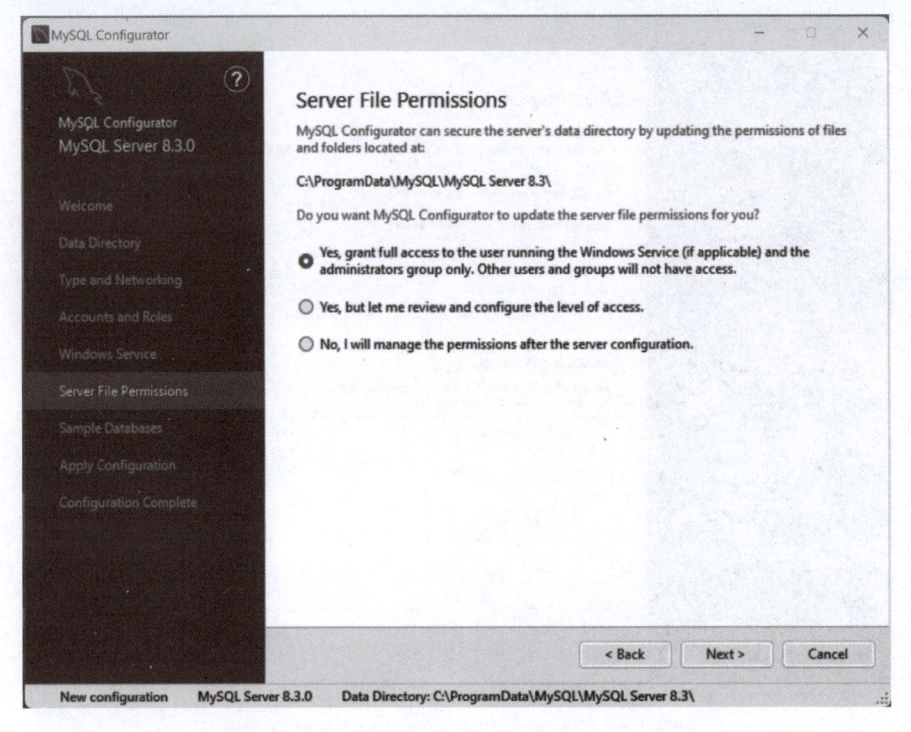

图 1–12　MySQL 配置向导–服务器文件权限设置

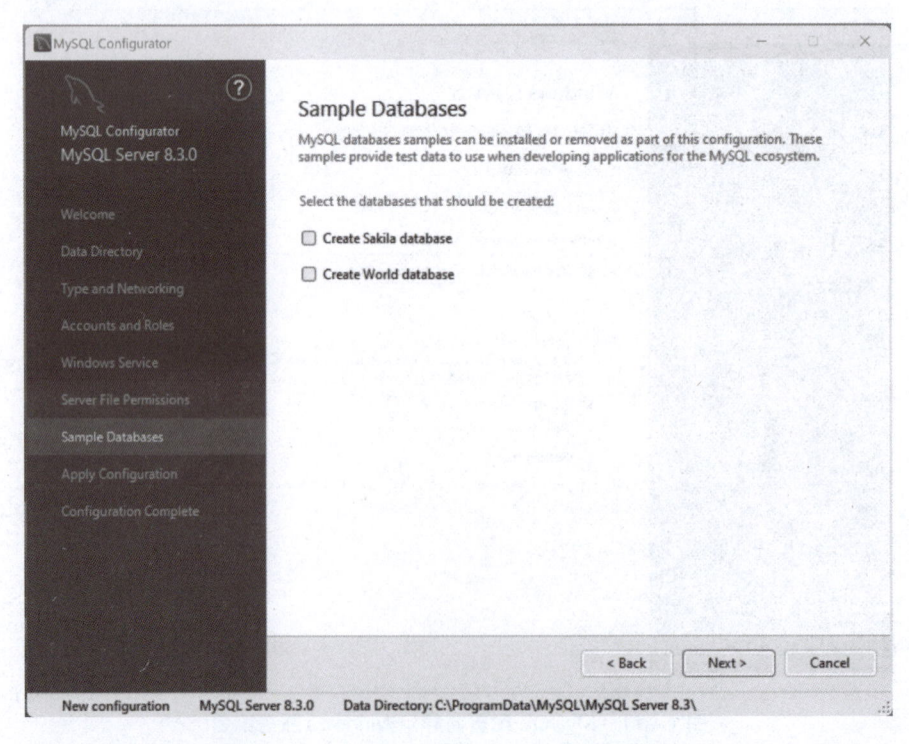

图 1–13　MySQL 配置向导–安装样例数据库

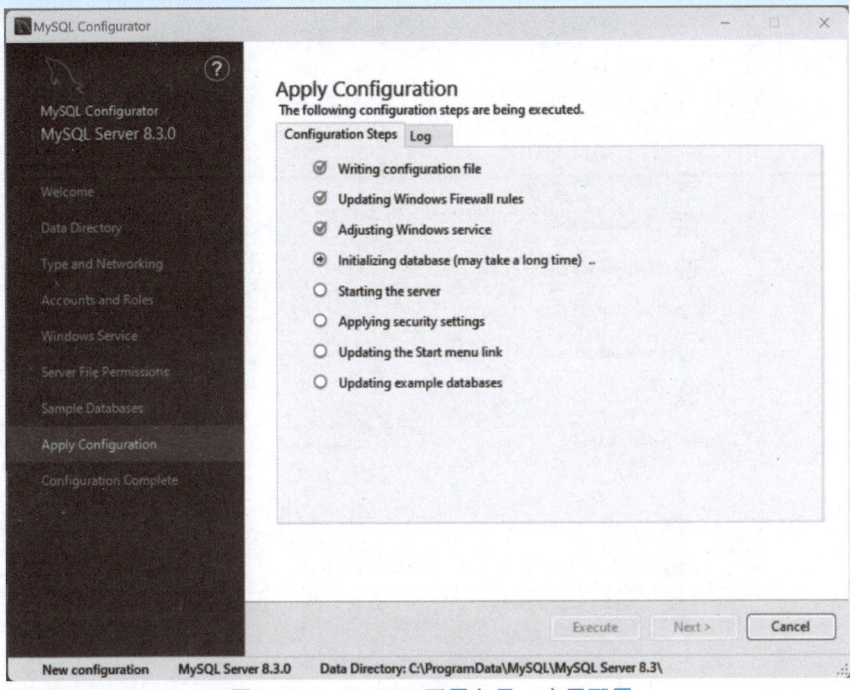

图 1-14　MySQL 配置向导-应用配置

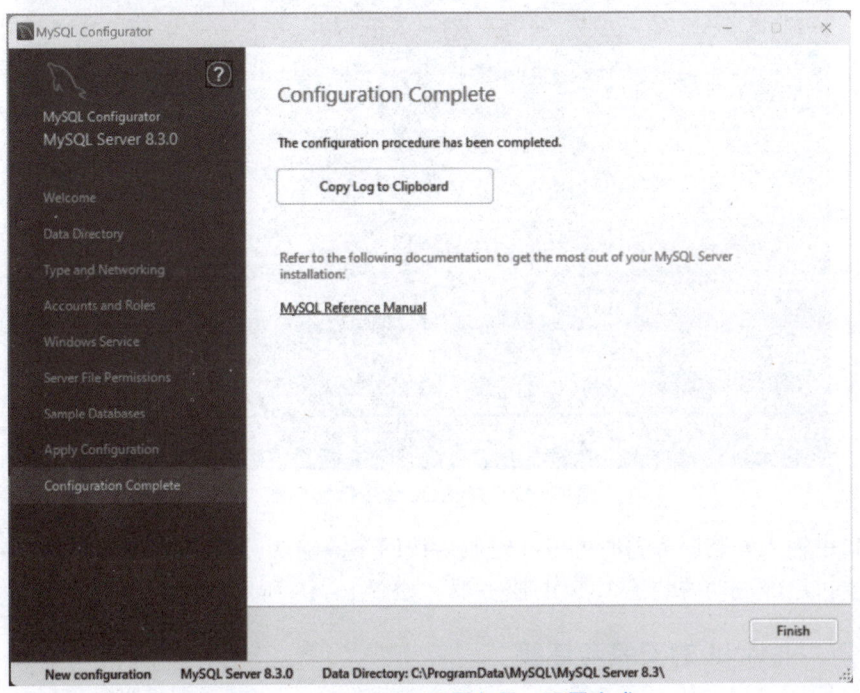

图 1-15　MySQL 配置向导-配置完成

单击"Finish"按钮,MySQL 8.3.0 服务器的安装与配置工作全部完成。为了验证 MySQL 8.3.0 服务器是否安装成功,可以双击开始菜单,选择"MySQL"文件夹,双击"MySQL 8.3 Command Line Client",如图 1-16 所示,进入如图 1-17 所示的 MySQL 命令行客户端窗口。

15

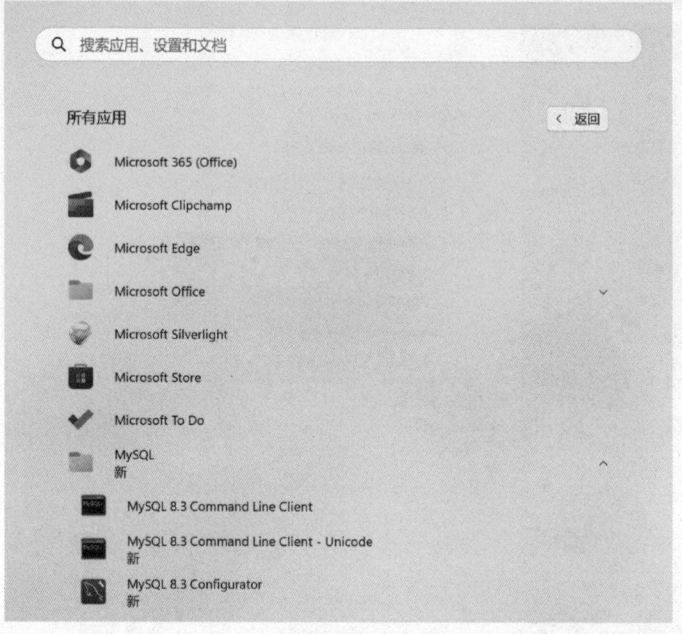

图 1-16 开始菜单

图 1-17 MySQL 命令行客户端

在窗口中输入安装服务器时的 root 密码后按回车键确认，若窗口中显示 "mysql >"，则表示当前主机已经成功安装了 MySQL 服务器，如图 1-18 所示。

1.2.2 Navicat 的安装与连接

MySQL 服务器只为使用者提供了命令行客户端工具（Command Line Client），用以管理和维护服务器上的数据库，这对使用者的专业能力要求较高，需要背诵各种指令来完成数据库修改、查询等操作，同时黑色窗口的形式也不利于直观查看各种对象及属性。因此，在使用 MySQL 进行数据库开发的同时，使用者还会选择数据库可视化工具（GUI），在与数据库进行交互时，能够直观地查看、创建和修改对象，让数据库操作变得更方便。

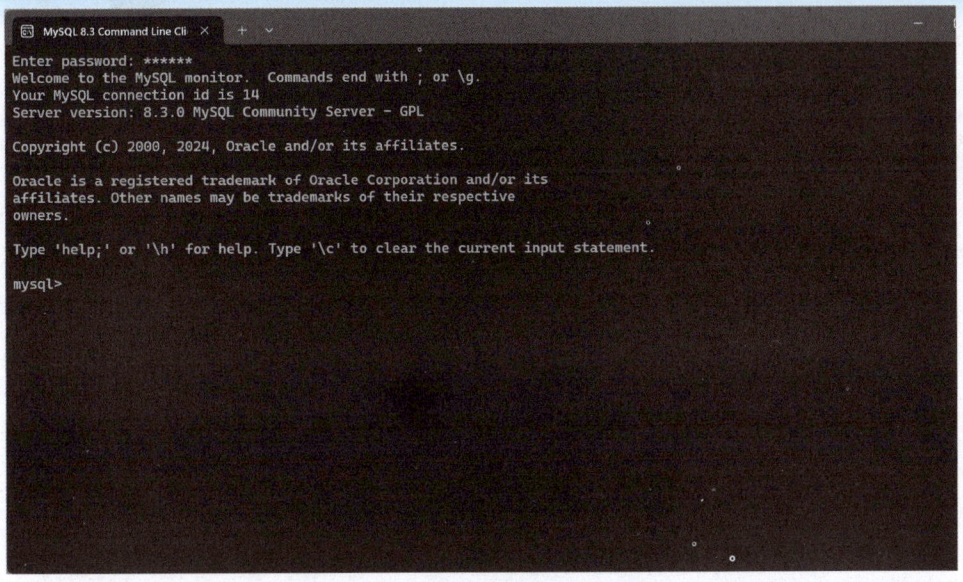

图 1-18 MySQL 服务器安装成功

Navicat Premium 是一套可创建多个连接的数据库开发工具，操作界面简洁直观，方便使用者轻松创建、管理和维护数据库。本书将以 Navicat Premium 12 为例介绍 MySQL 服务器的数据库可视化管理工具的使用。

1. Navicat 的安装

Navicat 的安装比较简单，双击 Navicat 安装包，进入安装向导后按照提示信息单击"下一步"按钮安装即可，如图 1-19 ~ 图 1-24 所示。

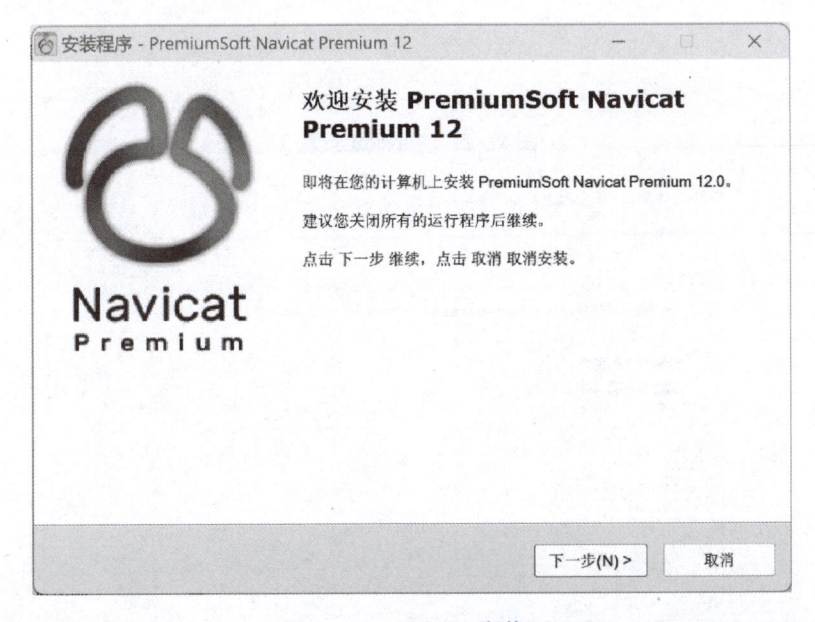

图 1-19 Navicat 安装 1

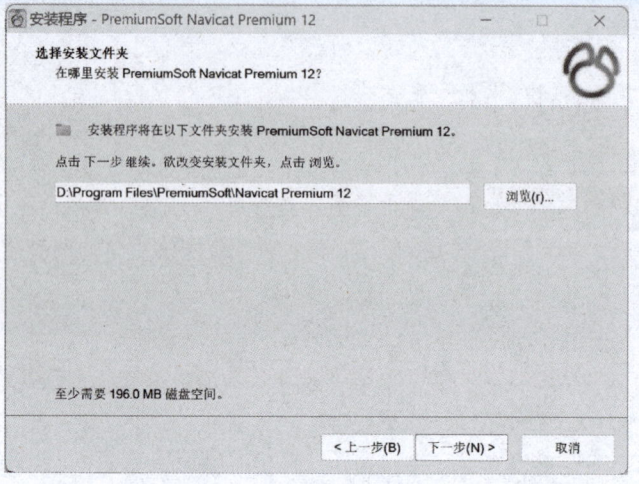

图 1-20　Navicat 安装 2

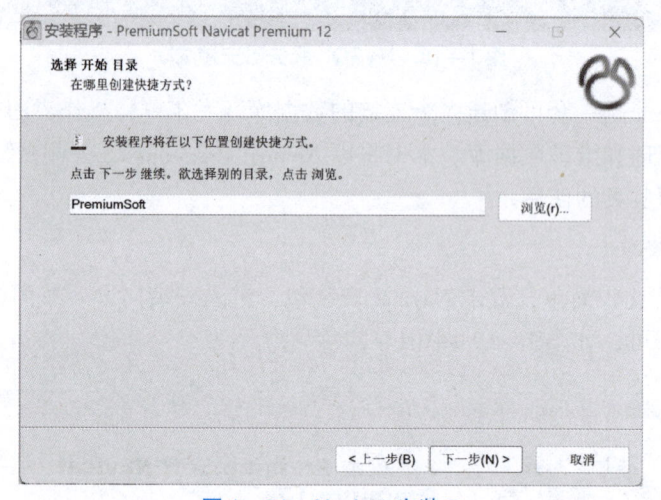

图 1-21　Navicat 安装 3

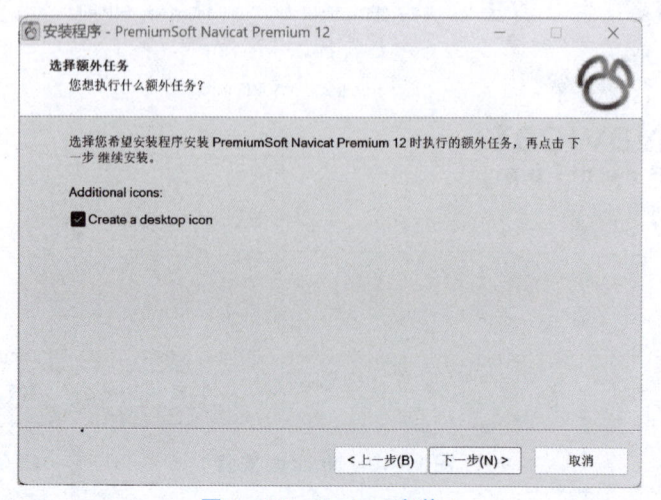

图 1-22　Navicat 安装 4

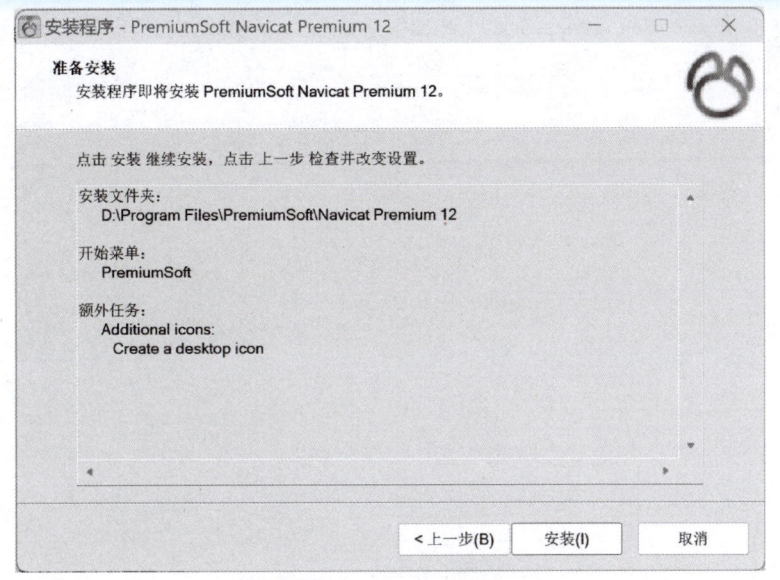

图 1 – 23　Navicat 安装 5

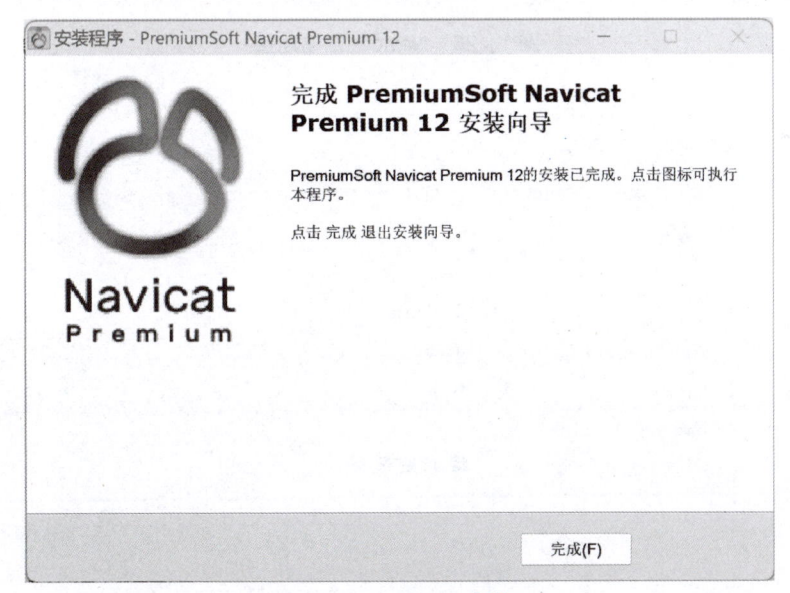

图 1 – 24　Navicat 安装 6

2. Navicat 连接 MySQL

启动 Navicat，单击工具栏中的"连接"按钮，根据需求可以选择想要连接的数据库服务器，本书中选择 MySQL 服务器，如图 1 – 25 所示。

在新建连接对话框中，输入超级用户 root 的登录密码，即可连接 MySQL 服务器，如图 1 – 26 所示。单击"测试连接"按钮可以验证登录密码是否有误，如图 1 – 27 所示。

测试通过后，单击"确定"按钮连接服务器，即可对服务器上的数据库进行管理和维护，如图 1 – 28 所示。

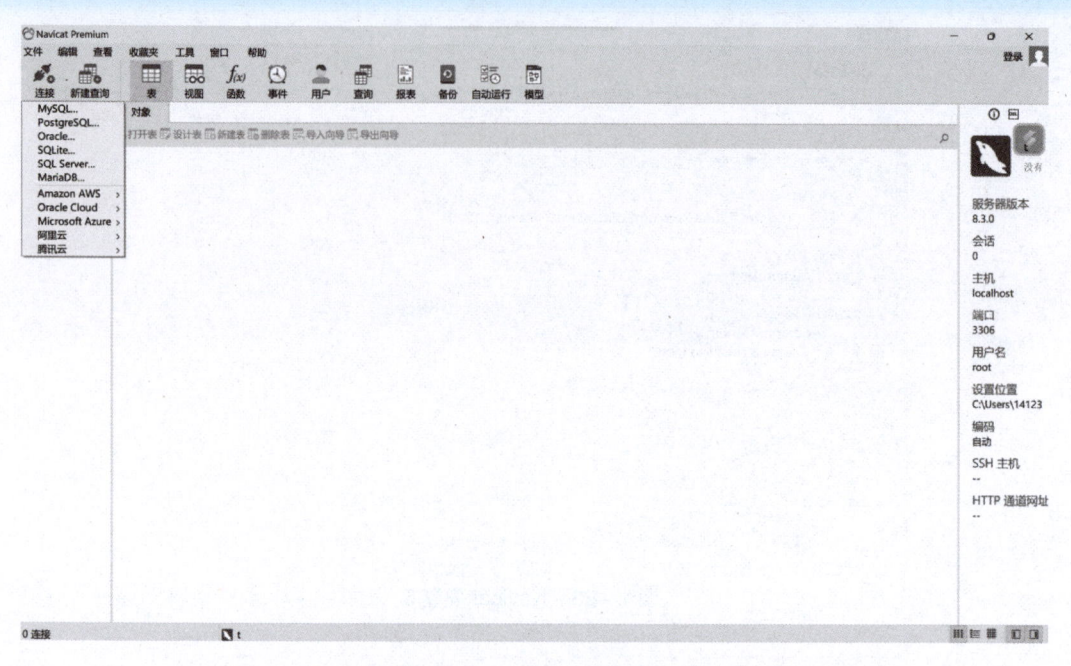

图 1-25　Navicat 创建连接

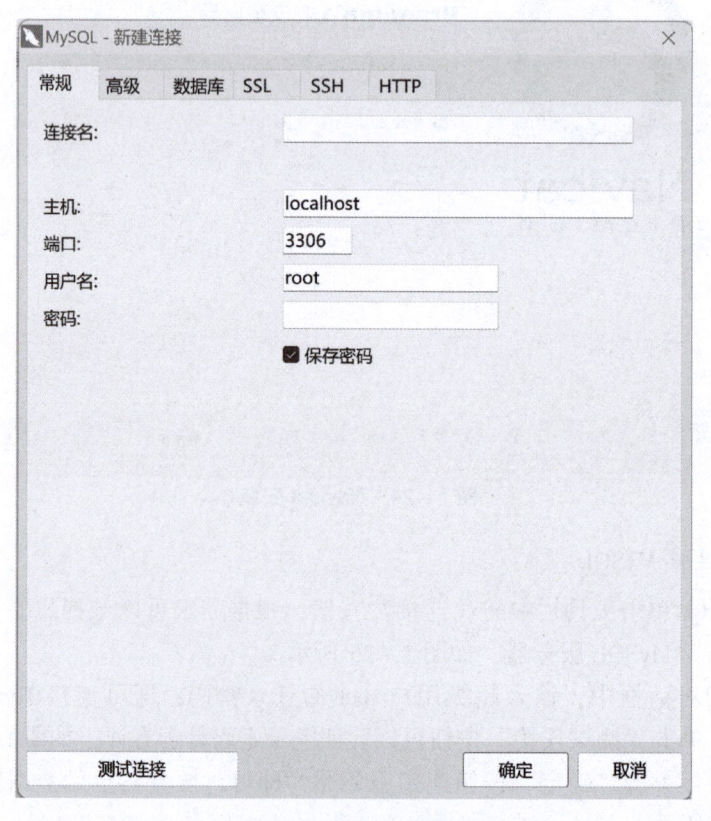

图 1-26　新建连接对话框

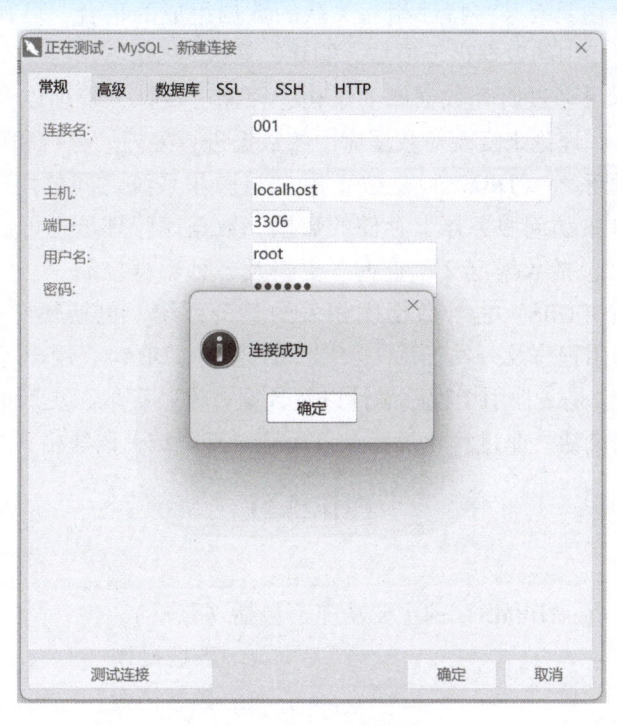

图 1-27　连接测试成功

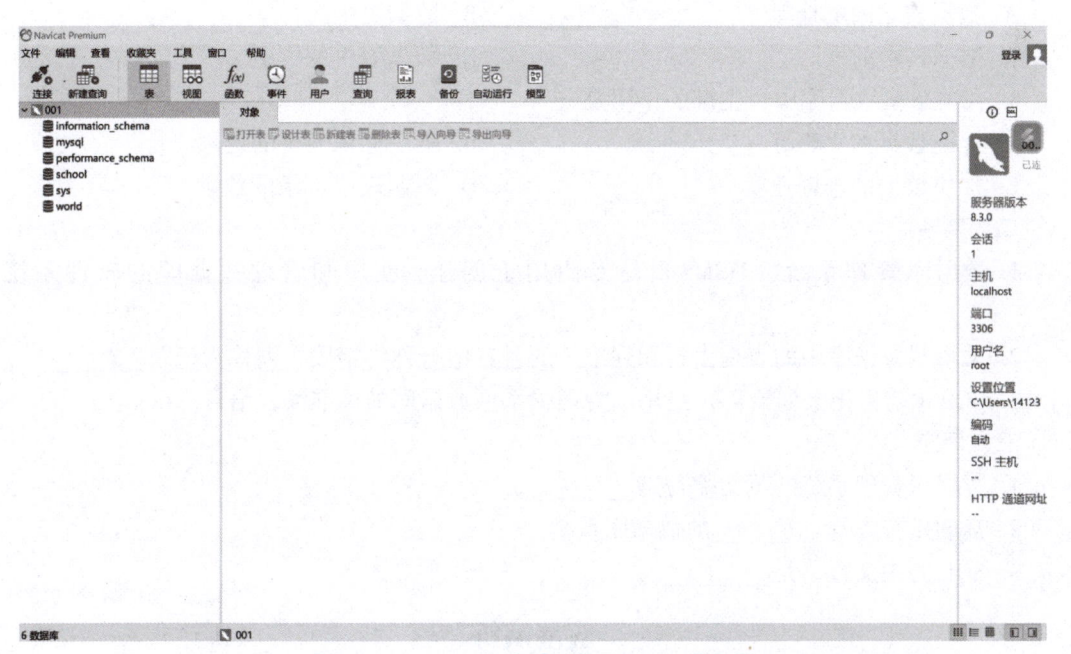

图 1-28　Navicat 成功连接 MySQL 服务器

小　　结

（1）数据，是指对客观事件进行记录并可以鉴别的符号，是对客观事物的性质、状态以及相互关系等进行记载的物理符号或这些物理符号的组合。

（2）数据库，是由具有某些特性相互关联的数据组成的集合，可视为存储和管理数据的仓库，用户可对仓库中的数据进行增加、删除、修改等操作。

（3）数据库技术是通过研究数据库的结构、存储、设计、管理以及应用的基本理论和实现方法，并利用这些理论来实现对数据库中的数据进行处理、分析和理解的技术。

（4）数据库管理系统（DBMS）是位于用户与操作系统之间的用于数据管理的软件，用户可以通过 DBMS 去访问服务器上存储的数据，数据库管理员也可以通过 DBMS 对数据库进行维护和管理，包括数据定义、查询、更新及各种数据控制。

（5）数据库系统（DBS）是与数据库相关的整个系统，包括硬件和软件，由数据库、数据库管理系统、应用程序及开发工具、数据库管理员（DBA）、用户等组成。

（6）SQL（SQL）是一种用于程序设计以及数据查询、存取、更新的语言，不仅具有操作一体化、使用方式灵活、非过程化等特点，而且语言简洁、语法格式简单。

理论练习

一、单选

1. 数据库管理系统（DBMS）的主要功能不包括（　　）。
   A. 数据定义　　　　　　　　　　B. 数据操作
   C. 数据存储　　　　　　　　　　D. 数据销毁

2. 关系型数据库中的"关系"指的是（　　）。
   A. 数据表之间的连接　　　　　　B. 数据表中的行
   C. 数据表中的列　　　　　　　　D. 数据表中的索引

3. 在关系型数据库中，主键的作用是（　　）。
   A. 保证数据的完整性　　　　　　B. 唯一标识表中的记录
   C. 加快数据的查询速度　　　　　D. 限制表中记录的数量

二、判断

1. 数据库管理系统（DBMS）是专门用于创建、使用和管理数据库的软件系统。（　　）

2. 关系型数据库中的表是由行和列组成的，其中行称为字段，列称为记录。（　　）

3. SQL（结构化查询语言）是用于管理关系型数据库的标准编程语言。（　　）

三、填空

1. 数据库管理系统的英文缩写是_____。

2. MySQL 是一个_____的数据库系统。

3. SQL 的中文含义是_____。

实战演练

1. 下载 MySQL 安装包，并在自己的笔记本电脑上安装 MySQL 服务器。

2. 成功登录 MySQL 服务器。

项目 2
设计数据库

学习导读

将现实世界中实际存在的事物及现象转化成计算机能够处理的数据,并存储进数据库中进行管理,这一过程被称为现实世界的抽象过程。在抽象过程中现实世界的事物与现象需要存储哪些信息,数据的组织结构需要遵守哪些规范准则,才能使数据库系统更加安全易用、便于存取,并且满足客户需求,是本项目需要讨论的主题。接下来我们将学习数据库设计的基本流程,如何绘制 ER 模型并转换成数据库关系模型,以及对关系模型进行规范化处理。

学习目标

了解数据库设计的基本流程。
了解数据模型的相关概念。
掌握 ER 模型的基本概念以及绘制方法。
掌握数据库关系模型的设计。
掌握数据库关系模型规范化方法。

素养目标设计

项目	任务	素养目标	融入方式	素养元素
项目二	2.1 设计关系型数据库	培养学生分析问题的逻辑思维以及创新思维	通过"关系型数据库抽象"过程引入	创新意识、科学思维
	2.2 规范化数据库	培养学生精益求精、科学严谨的学习工作态度	通过学生逐步完成"数据库规范化"流程引入	精益求精、大国工匠
	2.3 设计 School 数据库	培养学生正确分析问题、解决问题的能力	通过"学生信息管理系统"设计任务导入	独立思考、分析问题、解决问题

任务 2.1　设计关系型数据库

【任务描述】

在本任务中我们将详细介绍关系型数据库设计的基本流程，通过 ER 图的绘制将实体模型抽象到概念模型，并将 ER 图转换成关系型数据模型，从而实现现实世界抽象到计算机世界的目标。

【任务分析】

这一任务中所介绍的数据抽象过程及相关概念，能够使我们在后续任务中更好地理解数据操作与查询，了解这些数据操作的底层逻辑。因此掌握数据库设计的基本方法对后续学习至关重要。

【相关知识】

本任务将通过案例介绍数据库设计的基本流程，掌握目前常见的三种数据模型概念、概念模型的设计方法以及从概念模型转换到数据模型的方法。

2.1.1　数据库设计

在现实世界中描述一件事物是很简单的事，而如何将客观世界中的信息存放到数据库中，就需要进行一系列的加工、处理，根据事物与现象的不同特征进行抽象，然后才能存放在数据库中。然而这个数据加工的过程也不是即刻完成的，是需要经过多个层次，采用不同的模型对事物的特性进行表达的。数据库设计的过程，就是将现实世界中事物与现象经过一系列的抽象，规范合理存储到信息世界中的过程。这一过程应满足三方面的要求：一是能比较真实地模拟现实世界；二是容易理解；三是便于在计算机上实现。

将数据从现实世界存储进数据库的过程一般可以划分为三个阶段，分别为现实世界、信息世界和机器世界。抽象过程如图 2-1 所示。

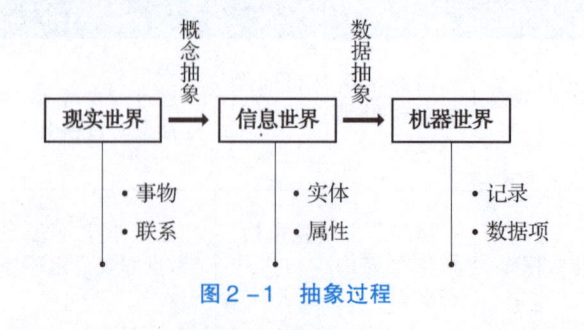

图 2-1　抽象过程

1. 现实世界

现实世界是指客观世界中存在的事物以及事物之间的联系。每件事物与现象都有其基本特征，例如使用的课桌，我们会记录课桌购入的日期、课桌的规格大小、存放地点等。根据

不同的记录需求,在不同的场景下需要特别关注的特征信息不同,对后续进一步的数据库设计也有不同影响。

2. 信息世界

现实世界中事物与联系在人脑中会被反应认知为信息,这些信息通过某些特定的"符号"被描述成一个个实体,事物的特征被描述成实体的属性。信息世界就是对现实世界的一次抽象,通过对现实世界的总结归纳抽象形成概念模型,方便进一步抽象成数据模型。

3. 机器世界

机器世界是将信息世界中产生的信息以数据的形式存储,也就是从概念模型转换成数据模型。与概念模型中的实体和属性相对应,在机器世界的数据模型中被称为记录和数据项。而为了构造最优的数据模型,还需要经过一系列的规范与加工,最终得到科学、合理的数据库关系模型。

2.1.2 概念模型

概念模型是人类通过对现实世界的理解和概括,所产生的对现实世界的事物及现象的建模。它是现实世界与机器世界的中间过程,是人们对现实世界各个事物及事物联系的抽象认识,要想将现实信息合理记录到数据库中,需要抽象出概念模型。它与现实世界联系更加紧密,能够很好地反映出设计人员的思想,表达模型设计的需求。设计概念模型最常用的工具是实体-联系图(ER 图),通过实体、属性和联系来描述现实世界,如图 2-2 所示。

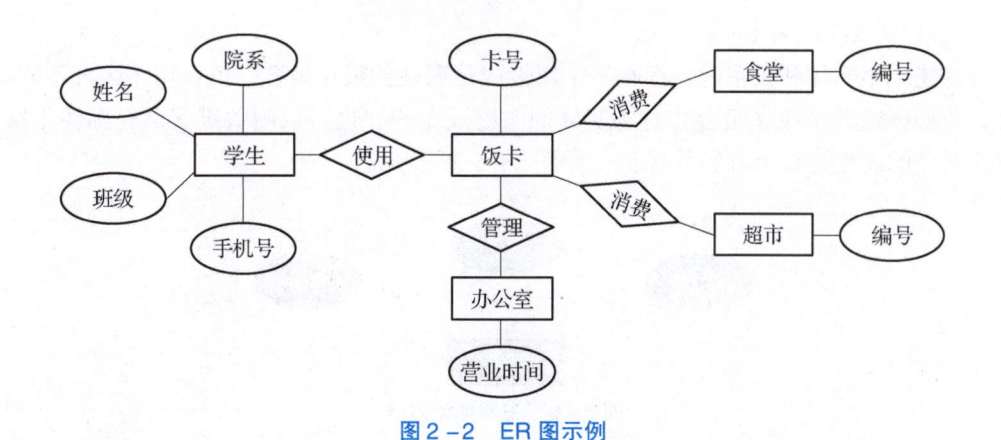

图 2-2 ER 图示例

下面我们将详细介绍 ER 图中的基本元素,ER 图如何表达事物之间的联系,以及绘制 ER 图的基本步骤。

1. ER 图的基本元素

(1) 实体(Entity)。

实体是对现实世界中客观存在的事物及现象的一种抽象,现实世界中的任何人、事、物都可以称为实体，例如学生、食堂、超市中的物品等。具有相同特征的实体的集合称为实体集（Entity Set），例如班级中全体学生是一个实体集，而其中某位同学是一个实体。在 ER 图中，用矩形框代表实体，如图 2-3 所示。

实体集名称

图 2-3　实体集的表示方式

（2）联系（Relation）。

联系是指现实世界中各个实体集之间的关系，这种关系分为三种，分别为一对一（1∶1）、一对多（1∶N）、多对多（M∶N）。在 ER 图中使用菱形框来表示联系，如图 2-4 所示。

联系名

图 2-4　联系的表示方法

（3）属性（Attribute）。

不论是实体还是联系，都需要若干描述的特征信息，在信息世界中我们将这些称为属性。在 ER 图中，用椭圆形或圆角矩形来表示实体联系的属性信息，如图 2-5 所示。对每个实体集和联系，使用无向边连接各个属性。

属性名称　或　属性名称

图 2-5　属性的表示方法

（4）主键（Primary Key）。

在描述一个实体和关系时，存在某个属性或是属性的最小组合，可以用于区分不同实体集合，我们将这种属性（组合）称为实体的主键或主码，也可以叫关键字。在标注主键时，可以在对应的属性连线上画斜线标记，如图 2-6 所示。

图 2-6　主码标记方法

2. 实体间的联系

（1）一对一的关系（1∶1）。

对于两个实体集 E1 和 E2 之间的联系 R，如果对于 E1 中的每个实体最多只能与 E2 中的一个实体相关联，而相反的，对于 E2 中的每个实体也最多只能与 E1 中的一个实体相关联，那么就称联系 R 是两个实体集之间一对一的联系。在 ER 图中会在联系 R 两端相连的无向边上都标注 1。如图 2-7 所示是一种一对一关系示例。

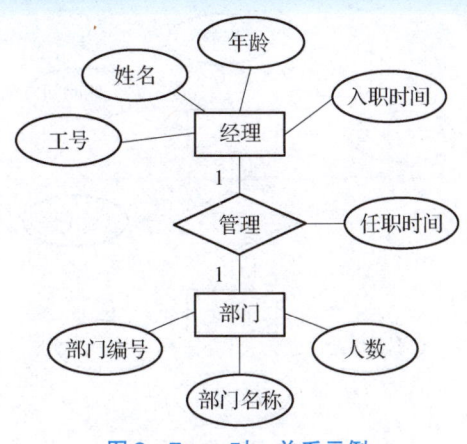

图2-7 一对一关系示例

(2) 一对多的关系（1∶N）。

对于两个实体集 E1 和 E2 之间的联系 R，如果对于 E1 中的每个实体都可以与 E2 中的多个实体相关联，而相反的，对于 E2 中的每个实体只能与 E1 中的一个实体相关联，那么就称联系 R 是两个实体集之间一对多的联系。ER 图中在 R 联系两端的无向边上标注 1 和 N，其中多的关系 N 标注在 E2 实体集一侧。如图 2-8 所示是一种一对多关系的示例。

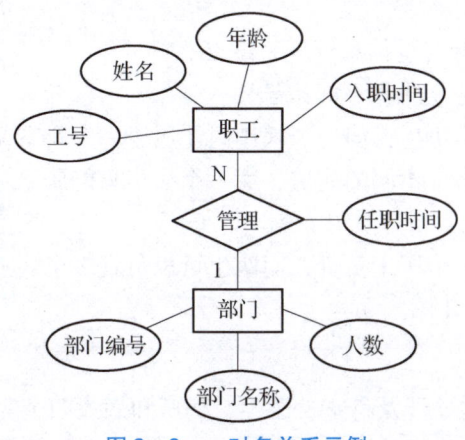

图2-8 一对多关系示例

(3) 多对多的关系（M∶N）。

对于两个实体集 E1 和 E2 之间的联系 R，对于 E1 中的每个实体都可以与 E2 中的多个实体相关联，并且对于 E2 中的每个实体也可以与 E1 中的多个实体相关联，那么就称联系 R 是两个实体集之间多对多的联系。在 ER 图中通过标注 M 和 N 来表示这种联系类型，如图 2-9 所示是一种多对多关系的示例。

3. 绘制 ER 图的基本步骤

通过上面的介绍我们已经基本了解了 ER 图的基本概念，总结 ER 图的绘制步骤，大概可以分为以下五点：

(1) 确定所有的实体集合。
(2) 选择实体集应包含的属性。

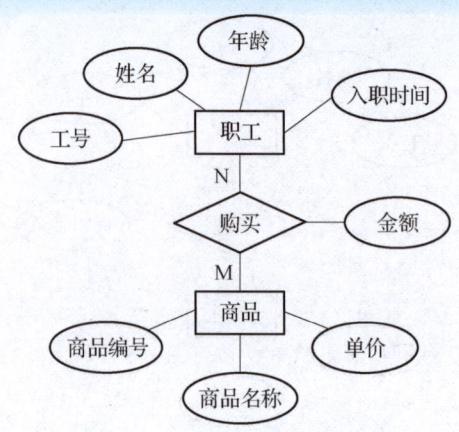

图 2-9 多对多关系示例

（3）确定实体集之间的联系。

（4）确定实体集的关键字，用下划线在属性上表明关键字的属性组合。

（5）确定联系的类型，在用线将表示联系的菱形框联系到实体集时，在线旁注明是 1 或 N（多）来表示联系的类型。

通过上述步骤，可以成功将现实世界中的某些信息抽象到信息世界，下面我们通过一个示例来进一步解释这个过程。

【ER 图设计示例】 设计医院信息管理系统 ER 图

设计医院信息管理系统需要满足如下需求：

（1）每个科室管理多个医生，但一个医生只能属于一个科室。

（2）每个科室下管理多个不同的病房，而一个病房只能属于一个科室。

（3）多个病人可以住在一个病房中。

（4）每个病人只能由一个医生负责，而医生可以负责多个病人。

根据这些信息，画出 ER 图。

1. 分析

在医院信息管理中，主要涉及科室、医生、病房和病人四个实体。分析四个实体之间的联系可以得出，科室与医生之间的属于关系，病人与医生之间的负责关系，病房与科室之间的组成关系，病人与病房之间的入住关系。

2. 设计 ER 图

（1）设计实体 ER 图（见图 2-10）。

（2）设计联系 ER 图（见图 2-11）。

2.1.3 数据模型

数据模型是数据在数据库中的组织结构，确定数据模型是对数据库进行物理实现的基础。目前常见的数据模型有三类：网状模型、层次模型与关系模型，不同的数据存储结构决定了数据模型的种类。

图 2-10　实体 ER 图

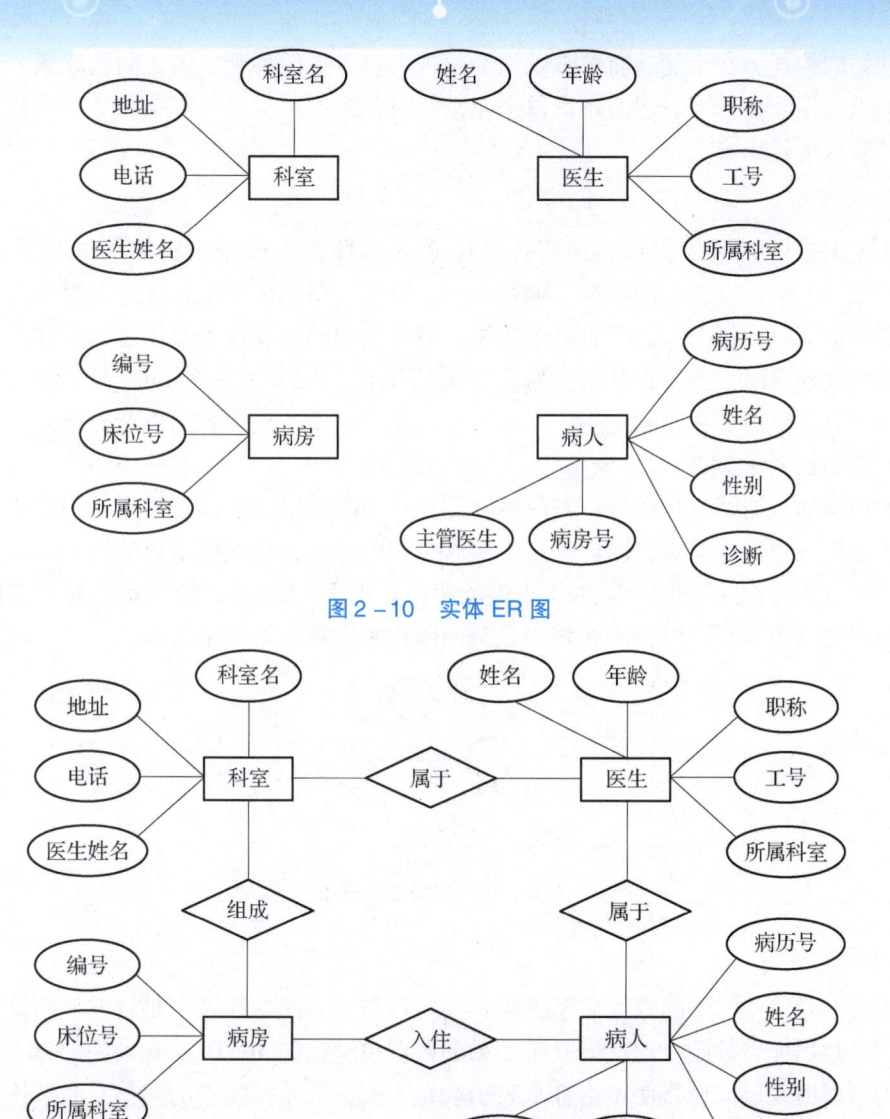

图 2-11　联系 ER 图

1. 网状模型

网状模型是最早被用于数据库管理系统的数据模型,其采用网状结构表示实体以及实体间的联系,如图 2-12 所示,节点表示实体,节点之间的连线表示实体之间的联系。在网状模型中,实体间的联系为多对多的联系（M∶N）,常用于处理数据类型为节点网状型数据模型的数据库。

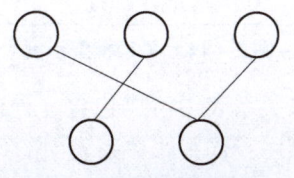

图 2-12　网状模型示例

网状结构的优势在于能够简单直观地反映现实世界中的各种实体之间的联系。但是这种结构的缺点也很明显，当表达的环境越来越复杂时，模型也会变得复杂，从而使数据库的管理与维护变得更加困难。

2. 层次模型

层次模型是以树形结构来表示实体间联系的一种数据模型，实体间的联系为一对一（1∶1）或一对多（1∶N）的联系。如图 2-13 所示，层次模型中包含一个根节点以及多个子节点和叶子节点，每个节点代表一个实体，节点之间的连线代表实体之间的联系。通常我们在设计层次模型时，需要将联系中对应 1 的实体作为父节点放在上面，而对应 N 的实体作为子节点放在下面。在实际应用中，父节点被删除时子节点的数据也会被删除，当没有父节点时不能先插入子节点。

层次模型的数据结构是树形，与网络模型相比清晰简单，且由于树形结构的优势，层次模型的查询效率更优。但是，同样是由于树形结构的特点，层次模型中的每个非根节点只能拥有一个父节点，即无法很好地表达现实生活中多对多（N∶N）的关系。并且在层次模型中进行数据的插入与删除时，需要较为复杂的编程来实现，不利于管理。

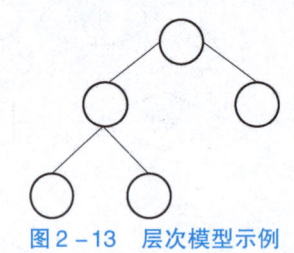

图 2-13　层次模型示例

3. 关系模型

关系模型是使用二维的数据表形式来存储实体与实体间的联系，是目前使用最多的数据模型，许多数据库管理系统均使用基于关系的数据模型，如 MySQL、Oracle、SQL Server 等。

与网络模型及层次模型使用指针来表示联系不同，关系模型中的实体、联系均使用二维数组的数据结构来表示，每一个二维表称为一种关系，它由行和列组成，其中每一列代表属性，每一行是一个元组，代表一条记录，而事物之间的联系则是通过相同含义的属性来连接的，如图 2-14 所示。

学生数据库成绩信息

学号	姓名	班级	成绩	
			平时成绩	期末成绩
20240001	张三	24级　大数据技术1班	90	95
20240002	李四	23级　大数据技术1班	88	85

图 2-14　关系模型示例

关系模型有以下特点：在一张关系表中可以包含一列或多列，也可以包含零行或多行；关系表中的行和列都没有特别的顺序；同一张关系表中的列名不能相同；关系表中不能有完全相同的行。

使用关系模型的优势就在于数据结构简单、清晰（优于网络模型），二维数据表来表示关系的方式使关系模型能够很好地表达实体间多对多的关系（优于层次模型），同时关系模型建立在严谨的数学理论基础上，具有扎实的理论基础。相比于树形与网络型的数据结构，关系模型只是线性数组的形式也使其在查询效率上稍显逊色，这是数据库技术在设计数据库管理系统实现查询功能时要重要考虑的方面。

2.1.4 数据库关系模型（关系型数据库）

关系型数据库是基于关系模型建立的，想要最终得到关系型数据库，需要将概念模型向关系模型转换。经过前面的介绍我们知道，关系模型的特点是使用二维数据表来存储数据，因此在概念模型转换到关系模型的过程中，我们为每一个实体建立一个二维表，我们将每个关系表称为一种关系模式，以如下的格式来表示：

关系名称(属性1,属性2,属性3……)

当涉及联系的转换时需要分情况来考虑：

1. 一对一联系的关系模型转换

对于1:1的联系有两种转换方式，将实体转换为关系模型中的二维表后，可以对联系单独创建二维表或将联系融入实体表中。以图2-7为例：

（1）对联系单独创建一个关系模式：构建联系的关系模式，需要联系的属性以及与它相连的任一实体集的主码，任一测的主码可以作为联系模式的主码。通过这种方法对图2-7中ER图转换的关系模式如下：

JL（<u>工号</u>，姓名，年龄，入职时间）；

GL（<u>工号</u>，部门编号，任职时间）；

BM（<u>部门编号</u>，部门名称，人数）。

（2）联系不单独创建关系模式：将联系的属性与一侧实体集主码作为属性，加入另一侧实体集的关系模式中。通过这种方法对图2-7中ER图转换的关系模式如下：

JL（<u>工号</u>，姓名，年龄，入职时间，任职时间，部门编号）；

BM（<u>部门编号</u>，部门名称，人数）。

或

JL（<u>工号</u>，姓名，年龄，入职时间）；

BM（<u>部门编号</u>，部门名称，人数，任职时间，工号）。

2. 一对多联系的关系模型转换

对于1:N的联系也可以有两种方法转换成关系模式，以图2-8为例：

（1）对联系单独创建一个关系模式：构建联系的关系模式，需要联系的属性以及与它相连的实体集的主码构成关系模式，其中N端的实体集主码作为联系的主码。通过这种方法对图2-8中ER图转换的关系模式如下：

ZG（<u>工号</u>，姓名，年龄，入职时间）；

GL（<u>工号</u>，部门编号，任职时间）；

BM（<u>部门编号</u>，部门名称，人数）。

（2）联系不单独创建关系模式：将联系的属性及1端实体集主码作为属性，加入N端实体集的关系模式中。通过这种方法对图2-8中ER图转换的关系模式如下：

ZG（工号，姓名，年龄，入职时间，任职时间，部门编号）；

BM（部门编号，部门名称，人数）。

3. 多对多联系的关系模型转换

针对M∶N的联系，在转换成关系模型时只能将联系单独设计为一个关系模式，联系的属性以及与它相连的实体集的主码共同构成关系模式，各实体集的主码共同构成该联系关系模式的主码。以图2-9为例：

ZG（工号，姓名，年龄，入职时间）；

GM（工号，商品编号，金额）；

SP（商品编号，商品名称，单价）。

任务2.2　规范化数据库

【任务描述】

经过前面的学习我们已经能够将现实世界存在的事物与现象转换到机器世界中，然后存储在数据库中。但是经过ER图直接转换的关系数据库还比较粗糙，例如存在信息冗余、出现删除错误或更新错误，因此在本次任务中我们将讨论数据库的规范化准则。

【任务分析】

规范化是指用形式更为简洁、结构更加规范的关系模式取代原有关系模式的过程。要实现关系模式的规范化，需要基于数据库技术中的范式理论逐步对粗糙的关系模式进行规范化操作。本次任务我们将学习三级范式的定义，并通过简单案例掌握三种范式的规范化过程，直观感受范式理论对数据库设计的重要性。

【相关知识】

通过规范化可以有效消除数据冗余减少存储空间，使数据组织结构更利于理解，从而方便进行拓展与数据更新，避免出现错误。关于数据库设计有三个最常用的范式理论，其中：

第一范式要求关系表中每列属性保持原子性；

第二范式要确保每列属性都与主键具有依赖性；

第三范式要确保每列属性都与主键直接相关。

2.2.1　数据依赖

1. 数据依赖

数据依赖（Data Dependency）是指关系模式中属性之间的相互依赖、相互决定的一种约束关系，是现实世界属性间相互联系的抽象，是数据内在的性质。不"好"的关系模式存在数据冗余、更新异常等问题，都是源于关系模式中存在数据依赖。数据依赖有多种类型，包括函数依赖、多值依赖、连接依赖等。

函数依赖是现实生活中普遍存在的一种依赖关系，引起关系模式中的异常程度最高。例如，存在一个描述学生成绩的关系模式，其中最后总评成绩 = 0.4 * 平时成绩 + 0.6 * 期末成绩。依据这种成绩的计算方式，平时成绩与期末成绩就可以确定学生的总评成绩，这种依赖关系类似数学中的函数 $f(x)$，自变量的值确定后，函数值也就随之确定。因此当我们在设计关系模式时，会考虑将这种依赖属性删除来避免数据存储上的冗余。

2. "不好"的关系模式存在的问题

存在以下关系模式：

商品（商品编号，数量，存放仓库编号，仓库管理员，订购人，订购人联系方式）。

其中，联系方式包括订购人的电话号码以及住址。该关系模式的主码是 {商品编号，仓库编号}。如表 2-1 所示是该关系模式的一个实例。

表 2-1 商品关系模式实例

商品编号	数量	仓库编号	仓库管理员	订购人	订购人联系方式
1	100	1	1	1	13504320001
2	200	1	1	1	13504320001
3	500	2	3	1	13504320001

从表 2-1 中可以发现以下异常：

（1）插入异常：假设想要在该数据表中新增一个仓库，而此时仓库中未存放任何商品，因此将数据插入表 2-1 时可能存在数据非空警告，从而产生插入异常。

（2）删除异常：假设商品 3 已经售卖清空，需要将表 2-1 中的信息删除。而这种操作会在删除表中记录的时候，将 2 号仓库的信息也同样删除，从而造成数据删除异常。

（3）数据冗余：观察表 2-1，在三条记录中都重复存储了订购人联系方式的信息。在以后的数据存储中，除了存储商品等信息还需要多次重复订购人联系方式的信息。这就是数据冗余问题。

（4）更新异常：若在后期调整订购人联系方式信息时，需要逐条更新每条记录。如果在系统中存在某条记录未更新，就会出现信息不对等问题，造成更新异常。

2.2.2 关系型数据库范式理论

在构建关系型数据库时，三大范式被广泛应用于打造稳定且高效的数据结构，它们为数据库设计提供了坚实的理论基础和实践指导，用于消除数据冗余、减少数据操作异常，并提升数据的逻辑清晰度和查询效率。

关系数据库规范化，就是按照范式理论逐级修改关系模式，使关系模式满足范式规则的过程。接下来我们将详细介绍三个范式理论的内容。

1. 第一范式（1NF）

第一范式要求关系模式中每个属性都是原子性的，即每个数据项中存储的信息是不可拆分的、单一数值的。第一范式是对数据库设计的最低要求，不满足第一范式的关系模式都是非规范的，不能称为关系型数据库。以表2-2学生数据库成绩信息为例。

表2-2 学生数据库成绩信息

学号	姓名	班级	成绩	
			平时成绩	期末成绩
20240001	张三	24级 大数据技术1班	90	95
20240002	李四	23级 大数据技术1班	88	85

观察表2-2，"班级"属性中存储了年级和班级信息，属于多值数据项的非规范化属性，"成绩"属性中包含了"平时成绩"和"期末成绩"两个数据项，属于组合型的非规范化属性。这两种形式都不满足第一范式的定义，因此需要对关系模式进行修改使该关系模式满足第一范式。

修改的方法就是将多值属性与组合属性分解成简单属性。如表2-3所示为修改后的关系模式。

表2-3 学生数据库成绩信息（满足1NF）

学号	姓名	年级	班级	平时成绩	期末成绩
20240001	张三	24级	大数据技术1班	90	95
20240002	李四	23级	大数据技术1班	88	85

关系模式仅仅满足第一范式，还不足以使关系模式完全规范，要消除模式中存在的函数依赖，还需要继续按照第二规范修改。

2. 第二范式（2NF）

第二范式要求，在关系模式满足第一范式的基础上，还要满足所有非主码属性都要完全依赖主码，即关系模式的主键可以唯一标识数据表中的每一条记录。以表2-4学生成绩信息为例。

表2-4 学生成绩信息

学号	班级	课程号	学分	成绩
20240101	202401	C001	2	95
20240101	202401	C002	3	87
20240102	202401	C002	3	90

为了分析学生成绩信息关系模式中存在的负责函数依赖，我们可以将关系模式转换成函数依赖图，如图2-15所示。由图可知，在学生成绩信息关系模式中，学生所在班级由学生

学号完全决定，学分属性由课程号属性完全决定，而成绩信息完全依赖于｛学号，课程号｝的组合。在这个关系模式中存在复杂的依赖关系，非主码属性不完全依赖于关系模式中的主键，不符合第二范式。

图2-15 学生成绩信息函数依赖图

因此，需要将学生成绩信息关系模式分解成多个符合第二范式的关系模式，从而消除其中的函数依赖。如图2-16所示，我们将学生成绩信息关系模式分解成三个关系模式：

学生（学号，班级）

课程（课程号，学分）

成绩（学号，课程号，成绩）

图2-16 分解后的关系模式函数依赖图

3. 第三范式（3NF）

第三范式要求，在关系模式已经满足第二范式的基础上，关系模式中所有的非主码属性都不依赖于其他非主码属性，即非主码属性之间都不存在函数依赖。以表2-5学生信息关系模式为例。

表2-5 学生信息

学号	班级	班主任
20240101	202401	1999001
20240201	202402	1997012

在这一关系模式中，对学生信息来说学号属性应该作为主码存储，学生所在班级以及学生班主任都由学生唯一确定，因此这个关系模式是满足第二范式的。而非主码属性班级与班主任之间还存在依赖关系，如图2-17所示，由此就造成了学号与班主任之间的依赖关系存在了一定的冗余，从而违反了第三范式。

图2-17 学生信息函数依赖图

因此为了符合第三范式，会将该关系模式分解成两个简单模式，如图 2-18 所示。

学生（学号，班级）

班级（班级，班主任）

图 2-18　分解后的关系模式

2.2.3　数据库规范化实例

【仓库商品管理数据库规范化】

某超市的仓库商品管理规则说明如下：

（1）一个仓库中可以存放多种商品，每种商品有对应的商品编号以及库存数量。

（2）每个仓库分配一名管理员，管理员有对应的管理员标号以及联系方式。

（3）每种商品都会记录对应的订购人编号及订购人电话号码。

根据这些需求，超市制定了一个管理信息表，如表 2-6 所示，请按照三大范式规范仓库商品管理数据库。

表 2-6　商品关系模式实例

商品编号	数量	仓库编号	仓库管理员	订购人	订购人联系方式
1	100	1	1	1	13504320001
2	200	1	1	1	13504320001
3	500	2	3	1	13504320001

1. 分析

（1）第一范式：分析表 2-6 中所设计的关系模式，可以看到每个数据项均为原子性的属性，因此属于第一范式。

（2）第二范式：分析表 2-6 可以发现，在该模式中，存在三类信息，如图 2-19 所示。

图 2-19　关系模式信息分类

由此可知，表 2-6 中的各个属性并不是全部依赖商品编码这个主键，不满足第二范式，因此需要将此表拆分为表 2-7~表 2-9。

表 2-7　商品信息表

商品编号	数量	仓库编号	订购人
1	100	1	1
2	200	1	1
3	500	2	1

表 2-8　仓库信息表

仓库编号	仓库管理员
1	1
1	1
2	3

表 2-9　订购人信息表

订购人	订购人联系方式
1	13504320001
1	13504320001
1	13504320001

（3）第三范式：进一步分析已经拆分出来的三个关系模式，可以发现这三个表中的每个非主键属性都完全依赖主键属性，因此满足第三范式。

2．设计仓库商品管理数据库

综合以上分析，得出规范的仓库商品管理数据库，如下所示：

商品信息表（商品编号，数量，仓库编号，订购人）；

仓库信息表（仓库编号，仓库管理员）；

订购人信息表（订购人，订购人联系方式）。

任务 2.3　设计 School 数据库

【任务描述】

学生信息管理系统的功能需求如下：

（1）系统需要记录学生的个人基本信息，其中学号可以对学生进行唯一标识；

（2）系统需要记录教师的个人基本信息，其中教师标号是教师的唯一标识；

（3）系统需要记录开设课程的基本信息，其中课程编号是每门课程的唯一标识；

（4）系统可以提供选课的功能，学生可以多门课程，而同一门课程可以由不同学生选择。在选课信息中还需要记录授课教师的工号，一位老师可以讲授多门课程，而一门课程只能由一位老师授课。

（5）针对每门选课的总评成绩，存在总评成绩 = 0.4 * 平时成绩 + 0.6 * 期末成绩的关系。

要求根据上述需求，设计关系型数据库。

【任务分析】

通过前面的学习，要设计出规范的关系型数据库，需要按照"设计 ER 图 – 转换为关系模型 – 规范化"的步骤完成。因此要先根据功能需求设计出 School 数据库的 ER 图，然后转换为关系模型，并按照三个范式理论对数据库进行规范化。

【相关知识】

1. ER 图设计规则
2. 三个范式理论

2.3.1 创建 School 数据库 E – R 图

根据管理系统功能需求的描述，可以分析出在该系统中一共包含三个实体：教师、学生、课程。当学生选修课程时，学生实体与课程实体之间将会建立选课的联系，学生与课程之间是多对多的联系。同时，在选课联系中还需要标识出授课教师，因此也同样与教师实体建立联系，并且由于每门课程只由一个老师授课，而一位老师可以讲授多门课程，因此教师与课程之间是一对多的联系。

根据上述分析，我们可以得到 School 数据库的 ER 图，如图 2 – 20 所示。

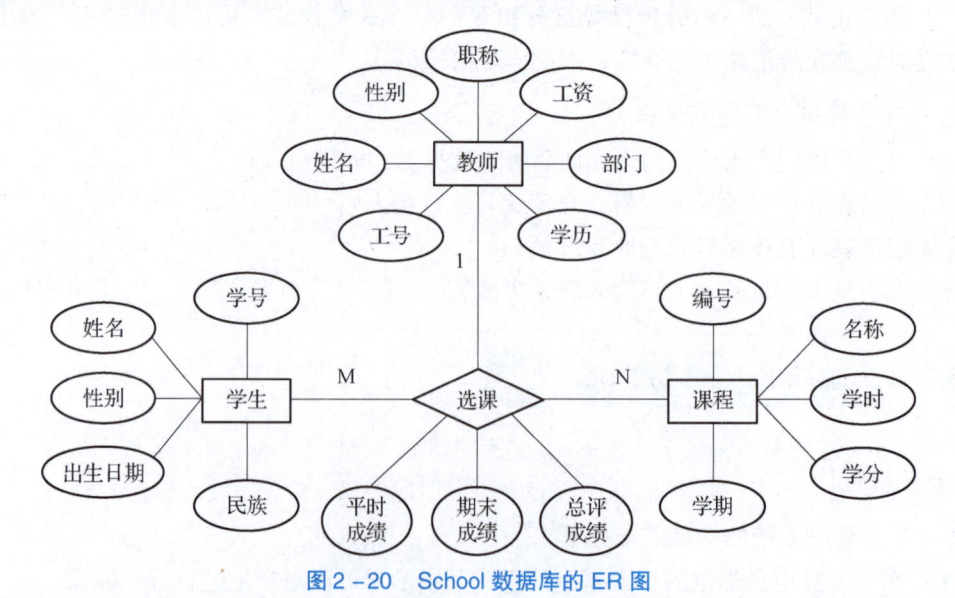

图 2 – 20 School 数据库的 ER 图

2.3.2 将 School 数据库 E – R 图转换为关系模型

先将每个实体的 ER 图转换为关系模式：

教师（<u>工号</u>，姓名，性别，职称，工资，部门，学历）；
学生（<u>学号</u>，姓名，性别，出生日期，民族）；
课程（<u>编号</u>，名称，学时，学分，学期）。

接下来按照 ER 图中的设计，学生实体与课程实体之间是多对多的关系，而教师与课程之间也存在一对多的关系，因此可以将选课关系单独转换为一个关系模式：

选课（<u>学号</u>，<u>课程编号</u>，工号，平时成绩，期末成绩，总评成绩）。

2.3.3 School 数据库规范化

在 School 数据库中，选课这一关系模式中的总评成绩除了依赖主键｛学号，课程编号｝以外，同时还与平时成绩、期末成绩之间存在函数依赖关系，关系模式不符合第三范式。因此可以将总评成绩这一冗余属性删除，最终规范后的关系模型如下：

教师（<u>工号</u>，姓名，性别，职称，工资，部门，学历）；
学生（<u>学号</u>，姓名，性别，出生日期，民族）；
课程（<u>编号</u>，名称，学时，学分，学期）；
选课（<u>学号</u>，<u>课程编号</u>，工号，平时成绩，期末成绩）。

小　结

（1）将数据从现实世界存储进数据库的过程一般可以划分为三个阶段，分别为现实世界、信息世界和机器世界。

（2）概念模型是人类通过对现实世界的理解和概括，所产生的对现实世界的事物及现象的建模。

（3）数据模型是数据在数据库中的组织结构，确定数据模型是对数据库进行物理实现的基础。目前常见的数据模型有三类：网状模型、层次模型与关系模型。不同的数据存储结构决定了数据模型的种类。

（4）关系型数据模型是使用二维的数据表形式来存储实体与实体间的联系，是目前使用最多的数据模型。

（5）关系模型的优势在于数据结构简单、清晰（优于网络模型），二维数据表来表示关系的方式使关系模型能够很好地表达实体间多对多的关系（优于层次模型）。

理论练习

一、单选

1. 在 ER 图中，用于表示实体属性的图形符号通常是（　　）。
   A. 矩形　　　　　　B. 椭圆　　　　　　C. 菱形　　　　　　D. 箭头
2. 在 ER 图中，以下不用于表示实体、属性或关系的符号是（　　）。
   A. 矩形　　　　　　B. 椭圆　　　　　　C. 三角形　　　　　D. 菱形
3. 在数据库设计中，第一范式强调每个属性应该是（　　）。
   A. 长度可变的　　　　　　　　　　　　B. 相互关联的
   C. 不可分解的　　　　　　　　　　　　D. 唯一标识的

二、判断

1. 在设计概念模型时使用的工具是 ER 模型。（　　）
2. 第一范式要求关系模式中的所有非主码属性都完全依赖主码属性。（　　）
3. 实体之间联系包括一对一、一对多、多对多。（　　）

三、填空

1. 常见的数据模型有网络模型、_____、_____。
2. 关系型数据模型是使用_____形式来存储实体与实体间的联系。
3. 第一范式要求关系模式中的各个属性都具有_____。

实战演练

【实战一】

现有一个汽车租赁公司，需要设计一个线上汽车租赁系统，车型和租金情况如表 2-10 所示。

表 2-10　车型和租金情况表

项目	轿车			客车（金杯、金龙）	
车型	别克商务舱 GL8	宝马 550i	别克林荫大道	<=16 座	>16 座
日租费（元/天）	600	500	300	800	1 500

设计该系统的功能需求如下：

（1）系统需要提供各种类型汽车的基本信息，包括车型和日租费。
（2）用户可以登录系统，系统要预存用户个人信息，包括姓名、性别及联系方式。
（3）系统要记录好具体的车辆租赁信息，包括租用人、车辆信息和费用。
（4）系统要记录好车辆归还信息。

请根据系统功能需求，设计出系统 ER 模型，并将 ER 模型转化为关系模型并规范化。

【实战二】

根据学校需求，现需要设计一个简单的图书馆管理数据库。设计该系统需要实现以下需求：

（1）系统需要记录图书信息，包括图书名、作者、出版社、出版日期、类别、定价、ISBN、简介和状态。
（2）系统记录借阅学生信息，包括学号、姓名、性别、出生日期和所在学院。
（3）记录不同图书类别，包括类别的编码和类别的名称。
（4）需要记录图书借还记录，包括借阅人、借阅图书、借阅日期和归还日期等。

请根据系统功能需求，设计出系统 ER 模型，并将 ER 模型转化为关系模型并规范化。

项目 3 创建数据库和表

学习导读

数据库是计算机系统中用于存储、检索和管理数据的核心组件。在现代信息化社会，无论是企业、政府还是个人，都需要对数据进行有效的管理和利用。因此，掌握数据库的基本概念和操作，对于计算机专业人士来说具有极高的实用价值。本项目旨在引导初学者了解数据库的基本概念，掌握数据库创建和管理的基本方法，为后续深入学习数据库管理打下坚实的基础。

学习目标

掌握创建和管理数据库的相关语句。
掌握创建和管理数据表的相关语句。
了解数据完整性约束的功能和作用。
掌握建立数据完整性约束的方法。
掌握使用图形化工具管理数据库和表的相关操作。

素养目标设计

项目	任务	素养目标	融入方式	素养元素
项目三	3.1 创建和维护数据库	培养学生职业道德	通过"创建数据库"引入网络安全法律法规的学习	品德修养、理想信念
	3.2 创建和操作数据库表	培养学生团队协作精神，同时培养良好的沟通技巧	通过学生"操作数据表"流程引入	协作精神、动手能力
	3.3 建立数据完整性约束	培养学生法治意识、道德伦理	通过"数据完整性约束"设计任务导入	法治意识、遵纪守法
	3.4 使用图形化工具管理数据库	培养学生辩证的角度看待问题	通过"使用Navicat管理数据库"设计任务导入	科学精神、探索精神

任务 3.1　创建和维护数据库

【任务描述】

创建学生数据库 studentdb。在关系数据库中，我们是先创建库，再创建表，本章主要介绍创建数据库的基本方法。

【相关知识】

创建数据库是数据库其他操作的基础，原则上是先创建库，再创建表，创建数据库的基本步骤为：

（1）需求分析：明确需要存储哪些数据，以及数据之间的关系。

（2）选择 DBMS：根据需求选择合适的数据库管理系统，如 MySQL、Oracle 等。

（3）设计数据库结构：包括设计表结构、定义字段类型、设置主键和外键等。

（4）使用 SQL 创建数据库：使用 DDL 语句创建数据库，指定数据库名称、字符集等属性。

（5）创建数据表：在数据库中创建表，并定义表的字段、数据类型、约束等。

本项目主要介绍如何在 MySQL 中创建数据库。

3.1.1　创建数据库语句

要进行数据库操作，首先要掌握创建数据库的语句：

```
CREATE { DATABASE | SCHEMA } [IF NOT EXISTS] 数据库名
[ [ DEFAULT ] CHARACTER SET 字符集 ]
[ [ DEFAULT ] COLLATE 字符集的校对规则 ];
```

创建语句说明：

（1）"{ }"为必选项；"[ ]"为可选项；"|"分隔各个参数项，表示只能选择其中一项。

（2）IF NOT EXISTS：只有目前不存在该数据库才创建。

（3）DEFAULT：指定默认值。

（4）CHARACTER SET 子句：指定数据库的字符集。

（5）COLLATE 子句：指定字符集的校对规则。

（6）语句可以分行，以英文分号";"结束。

【例 3-1】显示教师表中所有列。

创建一个名为 studentdb 的学生管理数据库，采用 MySQL 数据库默认的字符集和校对规则。

SQL 语句如下：

```
CREATE DATABASE studentdb;
```

执行 SQL 语句，结果如图 3－1 所示。

```
mysql> CREATE DATABASE studentdb;
Query OK, 1 row affected (0.02 sec)
```

图 3－1　执行创建数据库语句结果

命名规范：数据库和表的命名应遵循一定的规范，以便于管理和维护。

字符集选择：选择合适的字符集，确保能够正确存储和检索各种语言的数据。

下面将逐一介绍维护数据库语句中包含的各个子句。

3.1.2　维护数据库

1. 显示数据库

显示 MySQL 中的所有数据库的语句：

```
SHOW DATABASES;
```

【例 3－2】显示 MySQL 中所有数据库。

SQL 语句如下：

```
SHOW DATABASES;
```

执行 SQL 语句，结果如图 3－2 所示。

```
mysql> SHOW DATABASES;
+--------------------+
| Database           |
+--------------------+
| information_schema |
| mysql              |
| performance_schema |
| studentdb          |
| sys                |
+--------------------+
5 rows in set (0.00 sec)
```

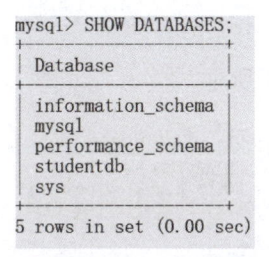

图 3－2　显示所有数据库

图 3－2 包括 4 个系统数据库：

（1）information_schema：主要保存 MySQL 的系统信息。

（2）mysql：主要存储 MySQL 的用户及其访问权限等信息。

（3）performance_schema：主要收集 MySQL 的性能数据。

（4）sys：包含一系列的存储过程、存储函数和视图，主要作用是展示 MySQL 的各类性能指标。

2. 选择数据库

【例 3－3】在使用数据库之前必须告诉 MySQL 要使用哪个数据库，使其成为当前默认的数据库。选择数据库的语句：

```
USE 数据库名；
```

选择数据库 studentdb 作为当前数据库，SQL 语句如下：

```
USE studentdb;
```

执行 SQL 语句，结果如图 3-3 所示。

```
mysql> USE studentdb;
Database changed
```

图 3-3　选择数据库

3. 修改数据库

当希望查询结果中的列使用自己选择的列标题时，可以在列名之后使用 AS 子句来更改查询结果的列名，其语法格式如下：

修改数据库的语句：

```
ALTER { DATABASE | SCHEMA } [ ULT ] CHARACTER SET 字符集
    [数据库名]
[ [ DEFA DEFAULT ] COLLATE 字符集的校对规则 ];
```

【例 3-4】修改数据库 studentdb 的字符集为 GBK，校对规则为 gbk_chinese_ci。

SQL 语句如下：

```
ALTER DATABASE studentdb
CHARACTER SET GBK
COLLATE gbk_chinese_ci;
```

执行 SQL 语句，结果如图 3-4 所示。

```
mysql> ALTER DATABASE studentdb
    -> CHARACTER SET GBK
    -> COLLATE gbk_chinese_ci;
Query OK, 1 row affected (0.01 sec)
```

图 3-4　修改数据库

4. 删除数据库

删除数据库的语句：

```
DROP { DATABASE | SCHEMA } [ IF EXISTS ] 数据库名;
```

【例 3-5】删除数据库 studentdb。

SQL 语句如下：

```
DROP DATABASE studentdb;
```

执行 SQL 语句，结果如图 3-5 所示。

```
mysql> DROP DATABASE studentdb;
Query OK, 0 rows affected (0.02 sec)
```

图 3-5　删除数据库

任务 3.2　创建和操作数据库表

【任务描述】

数据表是数据库中最重要和最基本的对象，是数据库中组织和存储数据的基本单位。建立数据库后，需要在数据库中创建数据表。本任务中主要创建的数据表有学生表、教师表、课程表。

【相关知识】

MySQL 支持的数据类型，MySQL 支持的数据类型非常丰富，这里主要介绍常用的三种：

1. 数值型

数值型数据可以分为整数和实数两类，如表 3 – 1 和表 3 – 2 所示。整数主要有 TINYINT、SMALLINT、MEDIUMINT、INT 和 BIGINT，其中，n 表示整数的显示位数。无论 n 设置为多少，其存储数据的取值范围都不会发生改变。

表 3 – 1　整数数据类型

数据类型	存储长度	取值范围	说明
TINYINT(n)	1 字节	有符号：$-2^7 \sim 2^7-1$ 无符号：$0 \sim 2^8-1$	默认的显示位数 n 为 4
SMALLINT(n)	2 字节	有符号：$-2^{15} \sim 2^{15}-1$ 无符号：$0 \sim 2^{16}-1$	默认的显示位数 n 为 6
MEDIUMINT(n)	3 字节	有符号：$-2^{23} \sim 2^{23}-1$ 无符号：$0 \sim 2^{24}-1$	默认的显示位数 n 为 9
INT(n)	4 字节	有符号：$-2^{31} \sim 2^{31}-1$ 无符号：$0 \sim 2^{32}-1$	默认的显示位数 n 为 11
BIGINT(n)	8 字节	有符号：$-2^{63} \sim 2^{63}-1$ 无符号：$0 \sim 2^{64}-1$	默认的显示位数 n 为 20

实数主要有单精度浮点数 FLOAT、双精度浮点数 DOUBLE 和定点数 DECIMAL。其中，m 表示显示位数，d 表示小数位数，且"显示位数 m = 整数位数 + 小数位数 d"。

定点数的优点是不存在误差，适合对精度要求极高的场景。

表 3 – 2　实数数据类型

数据类型	存储长度	取值范围	说明
FLOAT(m,d)	4 字节	$-3.4*10^{38} \sim 3.4*10^{38}$	单精度浮点数
DOUBLE(m,d) 或 REAL(m,d)	8 字节	$-1.797*10^{308} \sim$ $1.797*10^{308}$	双精度浮点数
DECIMAL(m,d) 或 NUMERIC(m,d)	($m+2$) 字节	由 m 和 d 决定	定点数

2. 日期和时间型

日期和时间型数据主要有 DATE、TIME、YEAR、DATETIME 和 TIMESTAMP，如表 3-3 所示。不同类型表示的时间内容不同，取值范围也不同，而且占用的字节数也不一样。

表 3-3 日期和时间数据类型

数据类型	存储长度	取值范围	说明
DATE	3 字节	1000-01-01 ~ 9999-12-31	只能存储日期，格式为 YYYY-MM-DD
TIME	3 字节	-838:59:59 ~ 838:59:59	只能存储时间，格式为 HH:MM:SS
YEAR	1 字节	1901 ~ 2155	存储年份，格式为 YYYY
DATETIME	8 字节	1000-01-01 00:00:00 ~ 9999-12-31 23:59:59	存储日期和时间的组合，格式为 YYYY-MM-DD HH:MM:SS
TIMESTAMP	4 字节	世界标准时间 1970-01-01 00:00:00 ~ 2038-01-19 03:14:07	存储日期和时间的组合，格式为 YYYY-MM-DD HH:MM:SS

3. 字符串型

有文本字符串和二进制字符串两种类型，如表 3-4 和表 3-5 所示。文本字符串主要包括 CHAR、VARCHAR、TINYTEXT、TEXT、MEDIUMTEXT 和 LONGTEXT。其中，n 表示可存储字符的个数，并且不区分英文还是中文。

表 3-4 文本字符串数据类型

数据类型	字符串长度范围	说明
CHAR(n)	0~255 个字符	固定长度文本字符串
VARCHAR(n)	0~65535（相当于 64 KB）个字符	可变长度文本字符串
TINYTEXT	0~255 个字符	系统自动按照文本实际长度存储，不需要指定长度
TEXT	0~65535 个字符	
MEDIUMTEXT	0~16777215（相当于 16 MB）个字符	
LONGTEXT	0~4294967295（相当于 4 GB）个字符	

CHAR 是固定长度，在不指定"(n)"时，默认是 CHAR(1)。

VARCHAR 是可变长度，必须指定"(n)"，n 只是限制最多能存储的字符数，如果实际字符数小于 n，则按实际存储。

二进制字符串主要包括 BINARY、VARBINARY、TINYBLOB、BLOB、MEDIUMBLOB 和 LONGBLOB。其中，m 表示可存储的字节数。

表 3-5　二进制字符串数据类型

数据类型	字符串长度范围	说明
BINARY(m)	0～255 个字符	固定长度二进制字符串
VARBINARY(m)	0～65535（相当于 64 KB）个字符	可变长度二进制字符串
TINYBLOB	0～255 个字符	主要存储图片/音频等信息
BLOB	0～65535 个字符	
MEDIUMBLOB	0～16777215（相当于 16 MB）个字符	
LONGBLOB	0～4294967295（相当于 4 GB）个字符	

BINARY 是固定长度，在不指定"（m）"时，默认占用 1 字节。

VARBINARY 是可变长度，必须指定"（m）"。m 只是限制最多能存储的字节数，如果实际存储的字节数小于 m，则按实际存储。

3.2.1　创建数据表

创建数据表的语句：

```
CREATE TABLE [ IF NOT EXISTS ] 表名（字段名称 1 数据类型 [ 约束条件 ]
[ ，字段名称 2 数据类型 [ 约束条件 ] …] ）；
```

创建语句说明：

其中，约束条件包括是否允许空值、默认值、自增属性、主键、唯一约束等，具体参数如下：

[NULL | NOT NULL][DEFAULT 默认值][AUTO_INCREMENT][PRIMARY KEY]
[UNIQUE]

（1）NULL | NOT NULL：指定该字段是否允许空值。如果不指定，默认允许空值。

（2）DEFAULT 子句：指定该字段的默认值。如果不指定，默认值为 NULL。

（3）AUTO_INCREMENT：设置整数类型的自增属性。每插入一条记录，该字段的值自动增加 1。

（4）PRIMARY KEY：设置该字段为主键。主键既不允许空值，也不允许重复。

（5）UNIQUE：设置该字段为唯一约束。唯一约束允许空值，但不允许重复。

【例 3-6】在数据库 studentdb 中创建学生表"学生"，如表 3-6 所示。

表 3-6　学生表

字段名称	数据类型	是否允许空值	键	默认值
学号	CHAR(12)	否	主键	
姓名	VARCHAR(50)	是		
性别	VARCHAR(1)	是		
出生日期	VARCHAR(20)	是		
民族	CHAR(12)	是		

建数据表的语句：

```
CREATE TABLE [ IF NOT EXISTS ] 表名（字段名称1 数据类型 [ 约束条件 ]
[ ，字段名称2 数据类型 [ 约束条件 ] …]）;
```

SQL 语句如下：

```
CREATE TABLE 学生
(
学号         CHAR(12) NOT NULL PRIMARY KEY ,
姓名         VARCHAR(50) ,
性别         VARCHAR(1) ,
出生日期     VARCHAR(20) ,
民族         CHAR(12) );
```

执行 SQL 语句，结果如图 3-6 所示。

```
mysql> CREATE TABLE 学生
    -> (
    ->    学号         CHAR(12)  NOT NULL  PRIMARY KEY ,
    ->    姓名         VARCHAR(50) ,
    ->    性别         VARCHAR(1) ,
    ->    出生日期     VARCHAR(20) ,
    ->    民族         CHAR(12) );
Query OK, 0 rows affected (0.06 sec)
```

图 3-6　创建学生表

3.2.2　操作数据表

1. 查看数据表

1）查看数据库中的表

```
SHOW TABLES [ { FROM | IN } 数据库名 ];
```

不指定数据库名时，默认显示当前数据库中所有数据表的名称。

【例 3-7】在数据库 studentdb 中查看已经创建好的数据表的名称。

```
SHOW TABLES FROM studentdb；
或
SHOW TABLES；
```

执行 SQL 语句，结果如图 3-7 所示。

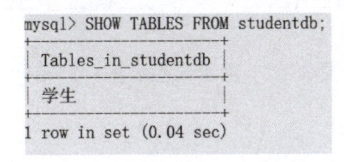

图 3-7　查看数据库中所有表

2）查看数据表的基本结构

SHOW COLUMNS 语句：

```
SHOW COLUMNS {FROM | IN} 表名 [{FROM | IN} 数据库名]；
```

DESCRIBE 语句：

```
{ DESCRIBE | DESC }
```

【例 3-8】查看学生表的基本结构。

SQL 语句如下：

```
SHOW COLUMNS FROM 学生；
或
DESC 学生；
```

执行 SQL 语句，结果如图 3-8 所示。

图 3-8　查看学生表的基本结构

3）查看数据表的详细结构

```
SHOW CREATE TABLE 表名；
```

【例 3-9】查看学生表的详细结构。

SQL 语句如下：

```
SHOW CREATE TABLE 学生；
```

执行 SQL 语句，结果如图 3-9 所示。

```
mysql> SHOW CREATE TABLE 学生;
+------+-------------+
| Table | Create Table |
+------+-------------+
| 学生 | CREATE TABLE `学生` (
  `学号` CHAR(12) NOT NULL,
  `姓名` VARCHAR(50) DEFAULT NULL,
  `性别` VARCHAR(1) DEFAULT NULL,
  `出生日期` VARCHAR(20) DEFAULT NULL,
  `民族` CHAR(12) DEFAULT NULL,
  PRIMARY KEY (`学号`)
) ENGINE=InnoDB DEFAULT CHARSET=utf8mb4 COLLATE=utf8mb4_0900_ai_ci |

1 row in set (0.00 sec)
```

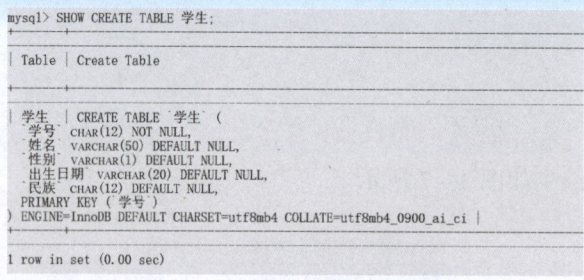

图 3-9 查看学生表的详细结构

2. 修改数据表

1）修改数据表的名称：

ALTER TABLE 原表名 RENAME [TO] 新表名；

【例 3-10】将学生表的名称修改为 student。

SQL 语句如下：

ALTER TABLE 学生 RENAME student；

执行 SQL 语句，结果如图 3-10 所示。

```
mysql> ALTER TABLE 学生 RENAME student;
Query OK, 0 rows affected (0.02 sec)
```

图 3-10 修改学生表名称

2）修改字段的数据类型

ALTER TABLE 表名 MODIFY [COLUMN] 字段名称 新的数据类型；

【例 3-11】将学生表 student 中的民族字段的数据类型由 CHAR（12）修改为 VARCHAR（20）。

SQL 语句如下：

ALTER TABLE student MODIFY 民族 VARCHAR(20)；

执行 SQL 语句，结果如图 3-11 所示。

```
mysql> ALTER TABLE student MODIFY 民族 VARCHAR(20);
Query OK, 0 rows affected (0.11 sec)
Records: 0  Duplicates: 0  Warnings: 0
```

图 3-11 修改学生表民族字段

3）修改字段的名称和数据类型

ALTER TABLE 表名 CHANGE [COLUMN] 原字段名称 新字段名称 新数据类型；

【例 3-12】将学生表 student 中的姓名字段的名称由"姓名"修改为 sname，数据类型修改为 VARCHAR（60）。

SQL 语句如下：

ALTER TABLE student CHANGE 姓名 sname VARCHAR(60)；

执行 SQL 语句，结果如图 3-12 所示。

```
mysql> ALTER TABLE student CHANGE 姓名 sname VARCHAR(60);
Query OK, 0 rows affected (0.02 sec)
Records: 0  Duplicates: 0  Warnings: 0
```

图 3-12　修改学生表字段名称和数据类型

4）添加字段

```
ALTER TABLE 表名 ADD [COLUMN] 新字段名称 数据类型 [约束条件]
[FIRST │ AFTER 已存在的字段名称 ];
```

默认在最后面添加，FIRST 指定为第一个字段，AFTER 指定在某个字段之后添加。

【例 3-13】在学生表 student 中添加字段 sid（作为第一个字段），数据类型为 INT，不允许为空值，取值唯一且自动递增。

SQL 语句如下：

```
ALTER TABLE student ADD sid INT NOT NULL UNIQUE
AUTO_INCREMENT FIRST;
```

执行 SQL 语句，结果如图 3-13 所示。

```
mysql> ALTER TABLE student ADD sid INT NOT NULL UNIQUE
    -> AUTO_INCREMENT FIRST;ALTER TABLE student ADD sid INT NOT NULL UNIQUE
Query OK, 0 rows affected (0.07 sec)
Records: 0  Duplicates: 0  Warnings: 0
```

图 3-13　学生表中添加 sid 字段

5）删除字段

```
ALTER TABLE 表名 DROP 字段名称;
```

【例 3-14】将学生家庭情况表 student 中的 sid 字段删除。

```
ALTER TABLE student DROP sid;
```

执行 SQL 语句，结果如图 3-14 所示。

```
mysql> ALTER TABLE student DROP sid;
Query OK, 0 rows affected (0.07 sec)
Records: 0  Duplicates: 0  Warnings: 0
```

图 3-14　删除学生表中 sid 字段

3. 复制数据表

1）将查询到的原表中的所有数据复制到新表中

```
CREATE TABLE 新表名 SELECT * FROM 原表名;
```

不会复制原表的主键设置，因此在新表中需要单独设置主键。

【例 3-15】将学生表 student 的结构和数据复制到新表 newstudent1 中。
SQL 语句如下：

```
CREATE TABLE newstudent1 SELECT * FROM student;
```

执行 SQL 语句，结果如图 3-15 所示。

```
mysql> CREATE TABLE newstudent1 SELECT * FROM student;
Query OK, 0 rows affected (0.04 sec)
Records: 0  Duplicates: 0  Warnings: 0
```

图 3-15　复制学生表 1

2）完整地复制原表的结构（包括主键）到新表

CREATE TABLE 新表名 LIKE 原表名；

【例 3-16】将学生表 student 的结构完整地复制到新表 newstudent2 中。
SQL 语句如下：

CREATE TABLE newstudent2 LIKE student；

执行 SQL 语句，结果如图 3-16 所示。

```
mysql> CREATE TABLE newstudent2 LIKE student;
Query OK, 0 rows affected (0.10 sec)
```

图 3-16　复制学生表 2

4．删除数据表

删除数据表的语句：

DROP TABLE [IF EXISTS] 表名 1 [, 表名 2 …]；

【例 3-17】将数据表 newstudent1 和 newstudent2 删除。
SQL 语句如下：

DROP TABLE newstudent1 , newstudent2 ；

执行 SQL 语句，结果如图 3-17 所示。

```
mysql> DROP TABLE newstudent1 , newstudent2;
Query OK, 0 rows affected (0.05 sec)
```

图 3-17　删除数据

任务 3.3　建立数据完整性约束

【任务描述】

数据完整性约束是一组完整性规则的集合，用于定义数据模型必须遵守的语义约束，并规定根据数据模型所构建的数据库中数据内部及其数据相互间联系所必须满足的语义约束。其主要目的是防止不符合规范的数据进入数据库，确保数据库中存储的数据正确、有效、相容。

【相关知识】

数据完整性约束包括以下几个方面：
实体完整性：规定表的每一行在表中是唯一的实体，通常通过主键约束和候选键约束来实现。这意味着关系的主属性（即主键的组成部分）不能为空，必须具有唯一性。

参照完整性：确保两个表之间的数据一致性，通过保证两个表的主关键字和外关键字的数据一致来实现。这有助于防止数据丢失或无意义的数据在数据库中扩散。

用户定义完整性：针对特定关系数据库的约束条件，反映某一具体应用必须满足的语义要求。这些约束条件根据数据库系统的应用环境而有所不同。

此外，数据完整性约束还包括域完整性，即表中的列必须满足特定的数据类型约束，如取值范围、精度等规定。同时，与表有关的约束还包括列约束（如非空约束）和表约束（如主键、外键、检查约束和唯一约束）。

总的来说，数据完整性约束是数据库系统必须遵守的规则，它限定了数据库的状态以及状态变化，从而维护数据的正确性、有效性和相容性。

本项目主要介绍如何在 MySQL 中进行数据完整性约束的建设。

3.3.1 主键约束

1. 在创建数据表时指定主键约束——一张表中能标识唯一一行的标志

1）在定义字段的同时指定单字段主键约束

字段名称 数据类型 PRIMARY KEY

【例 3-18】创建数据表——院系表（见表 3-7）department1，在定义院系代码 deptno 字段的同时指定其为主键约束，并且忽略其他约束条件。

表 3-7 院系表

字段名称	数据类型	是否允许空值	键	默认值
deptno	CHAR(3)	否	主键	
deptname	VARCHAR(50)	是	唯一	
director	VARCHAR(50)	是		院长

SQL 语句如下：

```
CREATE TABLE department1
(
deptno CHAR(3) PRIMARY KEY,
deptname VARCHAR(50),
director VARCHAR(50)
);
```

执行 SQL 语句，结果如图 3-18 所示。

```
mysql> CREATE TABLE department1
    -> (
    -> deptno CHAR(3) PRIMARY KEY,
    -> deptname VARCHAR(50),
    -> director VARCHAR(50)
    -> );
Query OK, 0 rows affected (0.02 sec)
```

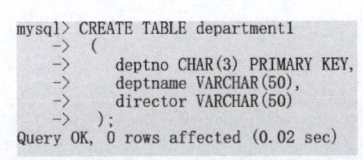

图 3-18 创建表时添加主键约束

2. 在修改数据表时指定主键约束

```
ALTER TABLE 表名 ADD PRIMARY KEY( 字段名称1 [ ,字段名称2 …]);
```

【例3-19】先忽略所有约束条件创建数据表——院系表（见表3-7）department2，然后在修改数据表 department2 时指定主键约束为 deptno。

SQL 语句如下：

```
CREATE TABLE department2
(
    deptno CHAR(3),
    deptname VARCHAR(50),
    director VARCHAR(50)
);
ALTER TABLE department2
ADD PRIMARY KEY(deptno);
```

执行 SQL 语句，结果如图 3-19 所示。

```
mysql> CREATE TABLE department2
    -> (
    ->     deptno CHAR(3),
    ->     deptname VARCHAR(50),
    ->     director VARCHAR(50)
    -> );
Query OK, 0 rows affected (0.04 sec)

mysql> ALTER TABLE department2
    -> ADD PRIMARY KEY(deptno);
Query OK, 0 rows affected (0.10 sec)
Records: 0  Duplicates: 0  Warnings: 0
```

图 3-19　修改数据表时指定主键约束

3.3.2　唯一约束

【相关知识】一张表只能有一个主键约束，但可以有多个唯一约束。主键约束不允许为空值，唯一约束允许为空值。

1. 在创建数据表时指定唯一约束

1）在定义字段的同时指定唯一约束

```
字段名称    数据类型    UNIQUE
```

【例3-20】创建数据表——院系表3（见表3-7）department3，在定义字段的同时指定院系代码 deptno 为主键约束，指定院系名称 deptname 为唯一约束，并且忽略其他约束条件。

SQL 语句如下：

```
CREATE TABLE department3
(
    deptno CHAR(3) PRIMARY KEY,
    deptname VARCHAR(50) UNIQUE,
    director VARCHAR(50)
);
```

执行 SQL 语句,结果如图 3-20 所示。

```
mysql> CREATE TABLE department3
    -> (
    ->     deptno CHAR(3) PRIMARY KEY,
    ->     deptname VARCHAR(50) UNIQUE,
    ->     director VARCHAR(50)
    -> );
Query OK, 0 rows affected (0.04 sec)
```

图 3-20 定义字段的同时指定唯一约束

2)在创建数据表时指定唯一约束

[CONSTRAINT 约束名] UNIQUE(字段名称)

【例 3-21】创建数据表——院系表 4(见表 3-7)department4,在定义完所有字段后指定院系代码 deptno 为主键约束,院系名称 deptname 为唯一约束,并且忽略其他约束条件。

SQL 语句如下:

```
CREATE TABLE department4
(
    deptno CHAR(3),
    deptname VARCHAR(50),
    director VARCHAR(50),
    PRIMARY KEY(deptno),
    UNIQUE(deptname)
);
```

执行 SQL 语句,结果如图 3-21 所示。

```
mysql> CREATE TABLE department4
    -> (
    ->     deptno CHAR(3),
    ->     deptname VARCHAR(50),
    ->     director VARCHAR(50),
    ->     PRIMARY KEY(deptno),
    ->     UNIQUE(deptname)
    -> );
Query OK, 0 rows affected (0.05 sec)
```

图 3-21 在创建数据表时指定唯一约束

3)在定义完所有字段后指定唯一约束

[CONSTRAINT 约束名] UNIQUE(字段名称)

【例 3-22】创建数据表——院系表 5(见表 3-7)department5,在定义完所有字段后指定院系代码 deptno 为主键约束,院系名称 deptname 为唯一约束,并且将唯一约束命名为 constr1。

SQL 语句如下:

```
CREATE TABLE department5
(
    deptno CHAR(3),
    deptname VARCHAR(50),
    director VARCHAR(50),
    PRIMARY KEY(deptno),
    CONSTRAINT constr1 UNIQUE(deptname)
);
```

执行 SQL 语句，结果如图 3-22 所示。

```
mysql> CREATE TABLE department5
    -> (
    ->     deptno CHAR(3),
    ->     deptname VARCHAR(50),
    ->     director VARCHAR(50),
    ->     PRIMARY KEY(deptno),
    ->     CONSTRAINT constr1 UNIQUE(deptname)
    -> );
Query OK, 0 rows affected (0.09 sec)
```

图 3-22 在定义完所有字段后指定唯一约束

3.3.3 非空约束

1. 在创建数据表时指定非空约束

字段名称　数据类型　NOT NULL

【例 3-23】创建数据表——学生表 student4，只考虑学号 sno（指定主键约束）、姓名 sname、性别 sex、出生日期 birthdate 字段，并指定非空约束为"姓名 sname 不能为空值"。

SQL 语句如下：

```
CREATE TABLE student4
(
    sno CHAR(12) PRIMARY KEY,
    sname VARCHAR(50) NOT NULL,
    sex CHAR(1),
    birthdate DATE
);
```

执行 SQL 语句，结果如图 3-23 所示。

```
mysql> CREATE TABLE student4
    -> (
    ->     sno CHAR(12) PRIMARY KEY,
    ->     sname VARCHAR(50) NOT NULL,
    ->     sex CHAR(1),
    ->     birthdate DATE
    -> );
Query OK, 0 rows affected (0.03 sec)
```

图 3-23 在创建数据表时指定非空约束

2. 在修改数据表时指定非空约束

ALTER TABLE 表名 MODIFY [COLUMN] 字段名称 数据类型 NOT NULL;

【例 3-24】修改数据表——学生表 student4，指定非空约束为"性别 sex 不能为空值"。
SQL 语句如下：

ALTER TABLE student4 MODIFY sex CHAR(1) NOT NULL;

执行 SQL 语句，结果如图 3-24 所示。

```
mysql> ALTER TABLE student4 MODIFY sex CHAR(1) NOT NULL;
Query OK, 0 rows affected (0.07 sec)
Records: 0  Duplicates: 0  Warnings: 0
```

图 3-24 在修改数据表时指定非空约束

3.3.4 外键约束

外键约束用于让两张相关联的数据表之间保持数据的一致性，即参照完整性。

当插入、修改、删除一张表中的数据时，参照引用相关联的另一张表中的数据来检查表中的数据操作是否正确。简单来说，就是要求子表（一对多关系中的 N 端）中每一条记录的外键值要么为空值，要么是父表（一对多关系中的"1"端）中已经存在的主键值。

例如，学生表 student 和院系表 department 之间存在一对多联系，父表是 department，子表是 student，因此 student 表中的院系代码要么为空值，要么是 department 表中已经存在的主键值。

在指定外键约束时，需要满足下列条件。

（1）父表必须是已经创建的数据表。

（2）子表中外键的字段个数必须和父表中主键的字段个数相同。

（3）子表中外键字段的数据类型必须和父表中主键字段的数据类型相同。

（4）父表和子表必须使用存储引擎 InnoDB。

1. 在创建数据表时指定外键约束

```
[ CONSTRAINT 约束名 ] FOREIGN KEY( 字段名称1 [ ，字段名称2 …])
REFERENCES 父表名( 父表字段名称1 [ ，父表字段名称2 …])
[ ON DELETE ｛ RESTRICT ｜ CASCADE ｜ SET NULL ｜ NO ACTION ｜ SET DEFAULT ｝]
[ ON UPDATE ｛ RESTRICT ｜ CASCADE ｜ SET NULL ｜ NO ACTION ｜ SET DEFAULT ｝];
```

（1）ON DELETE 子句：为外键定义父表执行 DELETE（删除）语句时的参照动作。

（2）ON UPDATE 子句：为外键定义父表执行 UPDATE（修改）语句时的参照动作。

（3）RESTRICT：限制。删除或修改父表主键值时，如果子表存在该值，则拒绝删除或修改。

（4）CASCADE：级联。删除或修改父表主键值时，如果子表存在该值，则自动删除或修改子表中的值。

（5）SET NULL：设置为空值。删除或修改父表主键值时，如果子表存在该值，则设置子表中的值为空值。

（6）NO ACTION：不采取动作。其作用和 RESTRICT 一样。

（7）SET DEFAULT：设置为默认值。其作用是将子表中与之对应的外键字段值设置为默认值。

【例 3-25】创建学生表 student，如表 3-8 所示，在定义完所有字段后指定主键约束和外键约束，并且忽略其他约束条件。

表 3-8 学生表

字段名称	数据类型	是否允许空值	键	默认值	说明
sno	CHAR(12)	否	主键		学号
sname	VARCHAR(50)	是			姓名

续表

字段名称	数据类型	是否允许空值	键	默认值	说明
sex	CHAR(1)	是		男	性别
birthdate	DATE	是			出生日期
party	VARCHAR(50)	是			政治面貌
classno	VARCHAR(20)	是			班级
deptno	CHAR(3)	是	外键		院系代码
enterscore	INT	是			入学总分
awards	TEXT	是			奖惩情况

SQL 语句如下：

```
CREATE TABLE student
(
    sno CHAR(12),
    sname VARCHAR(50),
    sex CHAR(1),
    birthdate DATE,
    party VARCHAR(50),
    classno VARCHAR(20),
    deptno CHAR(3),
    enterscore INT,
    awards TEXT,
    PRIMARY KEY(sno),
    FOREIGN KEY(deptno) REFERENCES department(deptno)
);
```

这里没有指定外键的参照动作，默认情况下：
（1）不能在子表的外键字段中输入父表的主键字段中不存在的值。
（2）如果子表中存在匹配的外键字段值，则不能从父表中删除该主键字段值。
（3）如果子表中存在匹配的外键字段值，则不能在父表中修改该主键字段值。

2. 在修改数据表时指定外键约束

ALTER TABLE 表名 ADD 外键约束；

【例 3-26】创建数据表 student1，只考虑学号 sno（指定主键约束）、姓名 sname、性别 sex 和院系代码 deptno 字段，然后在修改该数据表时指定外键约束。

SQL 语句如下：

```
CREATE TABLE student1
(
    sno CHAR(12) PRIMARY KEY,
    sname VARCHAR(50),
```

```
    sex CHAR(1),
    deptno CHAR(3)
);
ALTER TABLE student1
ADD FOREIGN KEY(deptno) REFERENCES department(deptno)
ON DELETE SET NULL
ON UPDATE CASCADE;
```

3.3.5　删除数据完整性约束

删除不同的数据完整性约束的语法格式。

（1）删除主键约束：ALTER TABLE 表名 DROP PRIMARY KEY。

（2）删除外键约束：ALTER TABLE 表名 DROP FOREIGN KEY 约束名。

（3）删除唯一约束：ALTER TABLE 表名 DROP UNIQUE 约束名。

（4）删除检查约束：ALTER TABLE 表名 DROP CHECK 约束名。

使用 SHOW CREATE TABLE 语句查看并确定具体的约束名。

【例3-27】针对已经创建好的数据表 student1，删除其中的检查约束。

（1）查看检查约束名称。

SQL 语句如下：

```
SHOW CREATE TABLE student1;
```

（2）删除"student1_chk_1"检查约束。

SQL 语句如下：

```
ALTER TABLE student1 DROP CHECK student1_chk_1;
```

任务 3.4　使用图形化工具管理数据库

【任务描述】

使用图形化工具 Navicat 来管理数据库可以极大地提高数据库操作的效率和便捷性。在 MySQL 中的大部分命令，都能使用 Navicat 图形化界面完成，而且不需要大量记忆命令语句，本任务主要介绍应用 Navicat 图形化工具管理数据库和表的相关操作。

【相关知识】

使用图形化工具 Navicat 可以方便地管理数据库，包括连接数据库、创建和编辑数据库、创建和编辑表、执行 SQL 查询等操作。这些操作都可以通过直观的图形界面来完成，无须编写复杂的代码，提高了数据库管理的效率和便捷性。

3.4.1　使用图形化工具连接数据库

（1）打开 Navicat，单击左上角的"连接"按钮，选择需要连接的数据库类型（如

MySQL等)。

(2) 在弹出的如图3-25所示的对话框中,输入连接名、主机/IP地址、端口、用户名和密码等信息。注意,对于本地数据库,主机/IP地址通常填写"localhost"或"127.0.0.1",端口默认为3306(MySQL)。

(3) 单击"测试连接"按钮,确保连接信息正确无误。如果连接成功,将显示一个成功的消息。

(4) 单击"确定"按钮,完成数据库连接。

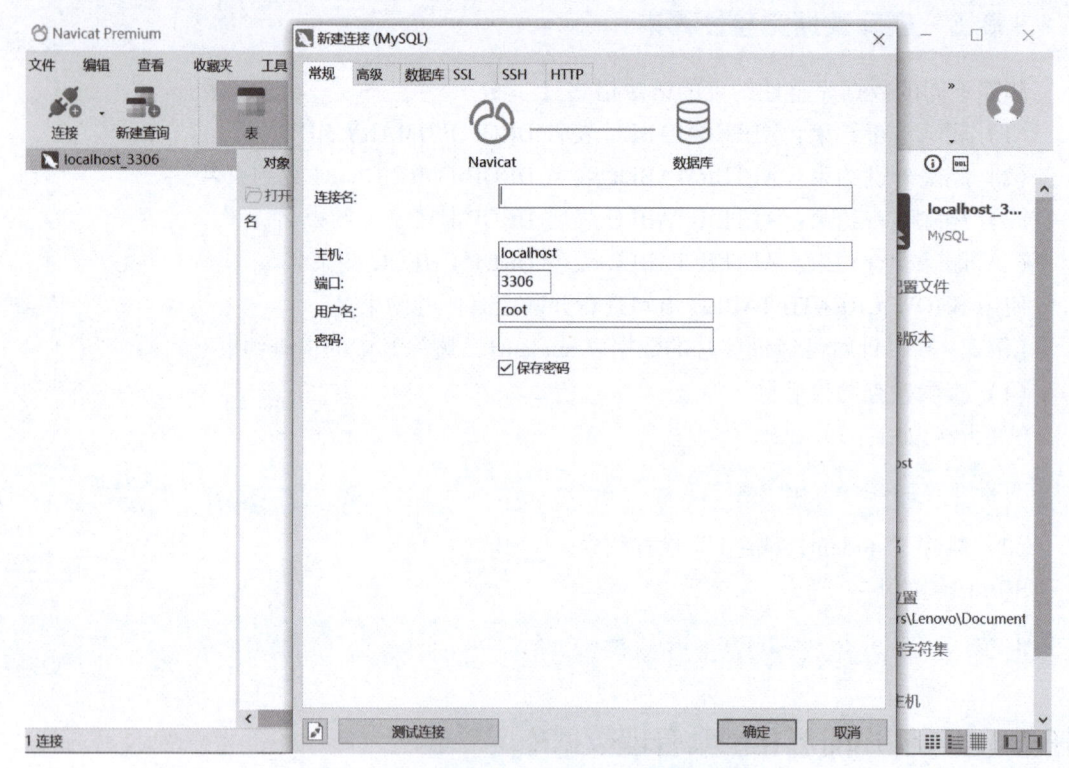

图3-25 Navicat for MSQL 连接到数据库

3.4.2 使用图形化工具管理数据库

在Navicat左侧的导航栏中,可以看到已连接的数据库列表。双击要管理的数据库名称,即可进入该数据库的管理界面。

在数据库管理界面,可以执行以下操作:

(1) 新建数据库:右键单击"数据库"文件夹,选择"新建数据库"选项,填写数据库名称和相关参数,即可创建一个新的数据库。

(2) 编辑数据库:右键单击数据库名称,选择"编辑数据库"选项,可以修改数据库的属性,如字符集、排序规则等。

(3) 删除数据库:右键单击数据库名称,选择"删除数据库"选项,可以删除该数据库及其所有对象(如表、视图等)。相关操作如图3-26所示。

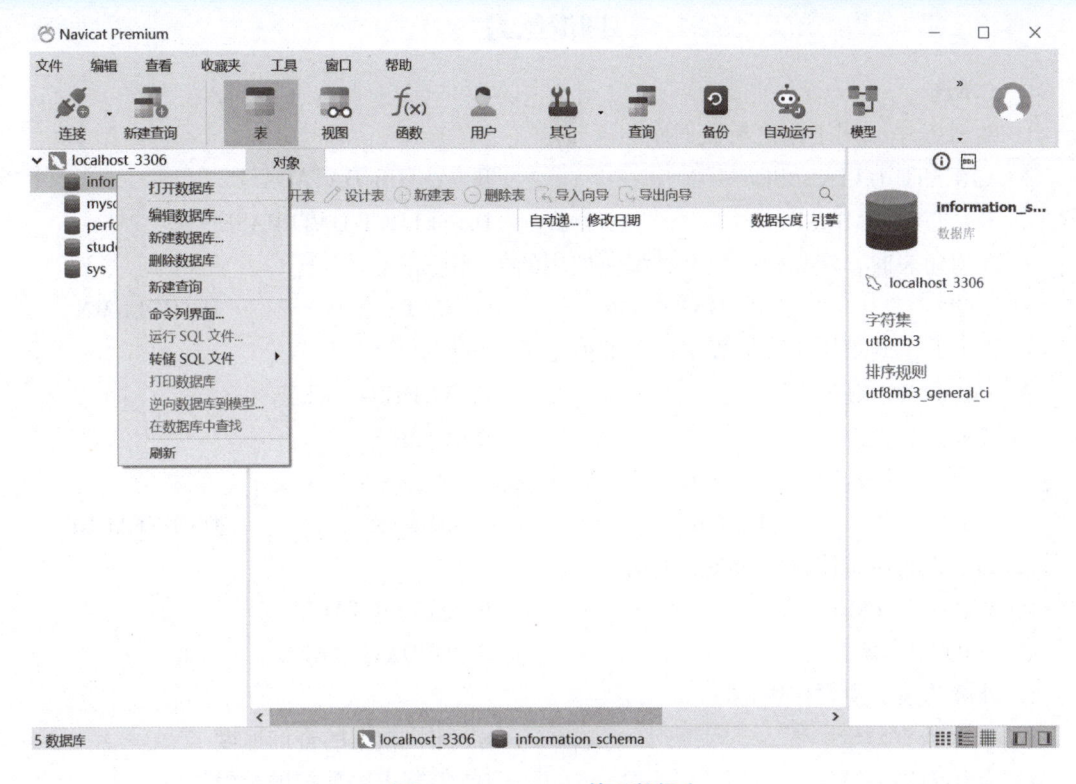

图 3-26　Navicat 管理数据库

小　　结

创建数据库和表是数据库设计和管理中的关键步骤。在创建数据库之前，需要明确要存储哪些数据以及如何组织这些数据，以便为数据库选择合适的结构。创建数据库时，需要为其选择一个合适的名称，并指定所需的字符集和排序规则等信息。

数据库中通常包含多个表，每个表代表一种特定类型的数据。在创建表之前，需要仔细考虑表中应包含的列（也称字段），并确定每列所需的数据类型和约束条件等信息。创建表时，需要为其指定一个唯一的名称，并定义每列及其相应的属性，例如是否允许为空、默认值、主键等。为了提高查询效率，设计表结构时应尽量避免过度分解或冗余。

在创建表的过程中，字段的数据类型和约束条件的选择至关重要。数据类型的选择应基于数据的实际情况，确保能够有效地存储和处理数据。约束条件的设置则可以保证数据的完整性和一致性，例如主键约束、唯一约束和外键约束等。这些约束条件有助于防止无效或不符合规范的数据进入数据库。

此外，为了提高数据库的查询性能，可以考虑使用索引。索引是一种数据结构，可以加速对表中数据的检索速度。在创建索引时，需要注意选择合适的索引类型（如普通索引、唯一索引等），并遵循一定的设计原则，如组合索引的最左原则等。

总之，创建数据库和表是一个需要仔细考虑和规划的过程。通过合理的设计和管理，可以确保数据库的稳定性、安全性和性能，从而满足业务需求和数据管理的要求。

理论练习

一、单选

1. 在 SQL 中，用于创建新数据库的语句是（　　）。
   A. CREATE DATABASE　　　　　　B. ALTER DATABASE
   C. DROP DATABASE　　　　　　　D. SELECT DATABASE

2. 在创建表时，定义列的数据类型所使用的关键字是（　　）。
   A. TYPE　　　　B. DATATYPE　　　　C. DATA　　　　D. COLUMN

3. 以下哪个约束用于确保表中某列的值是唯一的？（　　）
   A. PRIMARY KEY　　　　　　　　B. FOREIGN KEY
   C. UNIQUE　　　　　　　　　　D. CHECK

4. 在定义表结构时，如果某列的值可以为空，应该使用哪个关键字？（　　）
   A. NULL　　　　B. EMPTY　　　　C. BLANK　　　　D. DEFAULT

5. 哪个语句用于修改已存在的表结构？（　　）
   A. CREATE TABLE　　　　　　　B. ALTER TABLE
   C. DROP TABLE　　　　　　　　D. UPDATE TABLE

6. 外键约束的主要作用是（　　）。
   A. 确保数据的唯一性　　　　　　B. 加快数据的查询速度
   C. 确保引用完整性　　　　　　　D. 限制表中数据的数量

7. 关于主键的说法，以下哪项是正确的？（　　）
   A. 一个表可以有多个主键　　　　B. 主键的值可以重复
   C. 主键的值必须是唯一的　　　　D. 主键不是表的一部分

8. 以下哪个语句用于重命名已存在的表？（　　）
   A. ALTER TABLE RENAME　　　　B. RENAME TABLE
   C. CHANGE TABLE NAME　　　　D. MODIFY TABLE NAME

9. 若要限制表中某列的数据范围，应使用哪种约束？（　　）
   A. UNIQUE　　　B. NOT NULL　　　C. CHECK　　　D. FOREIGN KEY

10. 在 SQL 中，用于删除一个已存在数据库的语句是（　　）。
    A. DROP DATABASE　　　　　　B. DELETE DATABASE
    C. REMOVE DATABASE　　　　　D. ERASE DATABASE

二、判断

1. 一个数据库只能包含一个表。（　　）
2. 在创建表时，必须为每列指定数据类型。（　　）
3. 在 MySQL 中，可以使用 CREATE DATABASE 语句创建数据库。（　　）
4. 外键约束用于确保两个表之间的数据一致性。（　　）
5. 创建表时，可以不设置主键。（　　）

三、填空

1. 在创建表时，用于标识表中每一行唯一性的列称为_____。

2. 在 SQL 中，用于创建数据库的语句是_____ DATABASE。

实战演练

观察表 3-9～表 3-13，根据题目要求进行实战演练。

表 3-9 院系表

字段名称	数据类型	是否允许空值	键	默认值
deptno	CHAR(3)	否	主键	
deptname	VARCHAR(50)	是	唯一	
director	VARCHAR(50)	是		院长

表 3-10 学生表

字段名称	数据类型	是否允许空值	键	默认值
sid	CHAR(12)	否	主键	
sname	VARCHAR(50)	是		
sex	CHAR(1)	是		
birthdate	DATA	是		
nation	CHAR(12)	是		

表 3-11 课程表

字段名称	数据类型	是否允许空值	键
cno	CHAR(8)	否	主键
cname	VARCHAR(50)	是	
hours	TINYINT	是	

表 3-12 教师表

字段名称	数据类型	是否允许空值	键
tno	CHAR(8)	否	主键
tname	VARCHAR(50)	是	
sex	CHAR(1)	是	
title	VARCHAR(5)	是	
deptno	CHAR(3)	是	外键 department(deptno)

表 3-13 成绩表

字段名称	数据类型	是否允许空值	键
sno	CHAR(12)	否	组合主键,外键 student(sno)
cno	CHAR(8)	否	组合主键,外键 course(cno)
grade	TINYINT	是	
schoolyear	CHAR(9)	是	
semester	CHAR(1)	是	

一、创建数据库

1. 创建学生成绩管理数据库 scoredb,如果前面已经创建,先使用 DROP DATABASE 语句删除该数据库后再创建。

二、添加数据完整性约束

1. 创建院系表 department,只要求同时创建主键和唯一约束。
2. 创建学生表 student,只要求同时创建主键和默认值约束,不必创建外键。
3. 创建课程表 course,要求同时创建主键。
4. 创建教师表 teacher,只要求同时创建主键,不必创建外键。
5. 创建选修成绩表 score,只要求同时创建主键,不必创建外键。

三、添加数据完整性约束

1. 为学生表 student 添加外键约束,使其院系代码 deptno 字段的值必须是院系表 department 中院系代码 deptno 字段已经存在的值,并且要求当修改院系表 department 中的 deptno 字段值时,学生表 student 中的 deptno 字段的值也要随之变化。

2. 为教师表 teacher 指定外键约束,使其院系代码 deptno 字段的值必须是院系表 department 中院系代码 deptno 字段已经存在的值,并且要求当修改院系表 department 中的 deptno 字段的值时,教师表 teacher 中的 deptno 字段的值也要随之变化。

3. 为选修成绩表 score 指定外键约束,使其学号 sno 字段的值必须是学生表 student 中学号 sno 字段已经存在的值,并且要求当删除或修改学生表 student 中的学号 sno 字段的值时,如果选修成绩表 score 中该学生有相关的记录,则不得删除或修改。

4. 查询"数据结构"课程的成绩记录,显示学号、姓名、课程名、成绩。

5. 为选修成绩表 score 指定外键约束,使其课程编号 cno 字段的值必须是课程表 course 中课程编号 cno 字段已经存在的值,并且要求当删除课程表 course 中某个课程编号 cno 记录时,如果选修成绩表 score 中该课程有相关记录,则同时删除。

6. 为讲授课程表 course 指定外键约束,使其教师工号 tno 字段的值必须是教师表 teacher 中教师工号 tno 字段已经存在的值。

7. 为院系表 department 指定默认值约束,即指定负责人 director 的默认值为"院长"。

8. 为学生表 student 指定检查约束,即指定性别 sex 字段的值只能是"男"或"女"。

项目 4 数据操作

学习导读

在数据处理和分析的过程中，数据的增删改操作是至关重要的一环。MySQL 提供的数据操作语言（Data Manipulation Language，DML）能帮助我们有效地管理数据，使其更加符合我们的需求。

一、数据增加

数据增加操作，即向数据库中添加新的数据记录。在关系型数据库中，这通常通过 INSERT 语句实现。

二、数据删除

数据删除操作，即从数据库中移除不再需要的数据记录。在关系型数据库中，这通常通过 DELETE 语句实现。

三、数据修改

数据修改操作，即更新数据库中的现有数据记录。在关系型数据库中，这通常通过 UPDATE 语句实现。

学习目标

掌握插入、修改、删除语句的基本方法。
能灵活运用 INSERT 语句实现单表插入。
能熟练运用 UPDATE 语句进行数据修改。
能运用 DELETE 语句实现数据的删除。

素养目标设计

项目	任务	素养目标	融入方式	素养元素
项目四	4.1 数据插入	培养学生诚实守信精神	通过"数据插入"案例引入数据真实性对于个人、组织的重要性	敬业爱岗、责任意识

续表

项目	任务	素养目标	融入方式	素养元素
项目四	4.2 数据修改	培养学生认真仔细、精益求精的科学探索精神	通过"修改指定记录的数据"流程引入	动手能力、认真精神
	4.3 数据删除	培养学生正确的价值观、专业的工作态度	通过"删除满足指定条件的数据"设计任务导入	职业道德、专业素养
	4.4 使用Navicat操作数据	培养学生举一反三的学习态度，科学有效的反思精神	通过"插入数据"设计任务导入	化繁为简、探索精神

样本数据

根据本书对数据库 studentdb 及其表结构的讨论，假设该数据库的样本数据如表 4-1~表 4-4 所示。本项目学习运用 DML 实现 studentdb 数据库的数据操作。

表 4-1 学生表

学号	姓名	性别	出生日期	民族
220001	赵秀杰	女	2004/10/2	汉
220002	张伟	男	2004/3/2	汉
220003	徐鹏	男	2002/9/10	蒙
220004	王欣平	女	2003/2/3	汉
220005	赵娜	女	2003/10/11	汉
220006	陈龙洋	男	2005/9/4	回
220007	李佳琦	男	2004/8/23	汉
220008	何泽	男	2004/9/12	汉
220009	李鑫	男	2004/5/7	汉
220010	王一	女	2003/7/6	满
220011	王迪	女	2004/12/6	回
220012	刘思琦	女	2003/10/25	汉
220013	王阔	男	2003/12/11	汉

续表

学号	姓名	性别	出生日期	民族
220014	许晓坤	男	2004/3/2	汉
220015	田明林	女	2004/7/8	满
220016	段宇霏	女	2004/9/9	汉
220017	王振	男	2003/9/10	汉
220018	刘兴	男	2004/11/9	满
220019	高薪杨	男	2004/5/16	汉
220020	刘丽	女	2003/11/14	汉
220021	高铭	男	2004/5/23	汉
220022	张斯	女	2004/7/26	回
220023	张浩	男	2005/9/28	汉
220024	陈辰	女	2003/12/15	汉
220025	李奕辰	男	2004/10/27	汉
220026	赵娜	女	2005/2/21	蒙
220027	陈甲	男	2003/11/19	汉
220028	刘卜元	男	2005/10/29	汉
220029	许多多	女	2006/5/23	汉
220030	迟道	男	2007/6/9	汉
220031	高兴	男	2006/12/31	回
220032	董宇灰	男	2007/8/7	汉

表 4-2 教师表

教师编号	姓名	性别	职称	工资	部门	学历
11001	王绪	男	副教授	7 600	信息技术学院	硕士研究生
11002	张威	男	讲师	6 800	信息技术学院	硕士研究生
11003	胡东兵	男	教授	8 160	信息技术学院	硕士研究生
11005	张鹏	男	副教授	7 850	信息技术学院	本科
11006	于文成	男	讲师	6 700	汽车营销学院	本科

续表

教师编号	姓名	性别	职称	工资	部门	学历
11007	田静	女	教授	8 580	机械工程学院	博士研究生
12001	李铭	男	教授	8 300	汽车营销学院	博士研究生
12002	张霞	女	副教授	7 500	汽车营销学院	硕士研究生
12003	王莹	女	教授	7 900	汽车营销学院	博士研究生
12004	杨兆熙	女	助教	5 350	汽车营销学院	硕士研究生
12005	梁秋实	男	讲师	6 750	机械工程学院	硕士研究生
12006	高思琪	女	助教	5 500	机械工程学院	博士研究生
13001	高燃	女	助教	5 300	信息技术学院	本科
13002	王步林	男	副教授	7 650	汽车营销学院	博士研究生
13003	王博	男	教授	8 900	信息技术学院	本科
13004	刘影	女	副教授	7 800	机械工程学院	硕士研究生
13005	高尚	男	讲师	6 400	汽车营销学院	博士研究生
13006	孙威	男	副教授	7 550	机械工程学院	本科
13007	陈丽辉	女	教授	9 100	信息技术学院	硕士研究生
14001	吴索	女	助教	5 350	汽车营销学院	博士研究生

表 4-3 课程表

课程编号	课程名称	学时	学分	学期
25004	高等数学	48	3	1
25006	体育	32	2	1
37001	数控车削技术	48	3	2
37002	CAM 应用技术	64	4	1
37003	数控多轴加工技术	32	2	2
37004	特种加工技术	48	3	3
45001	汽车销售实务	64	4	2
45002	商务礼仪	32	2	1
45003	汽车保险与理赔	48	3	4

续表

课程编号	课程名称	学时	学分	学期
45004	汽车电子商务	32	2	4
45005	汽车消费心理分析	32	2	2
67001	数据结构	48	3	2
67002	数据库设计及应用	64	4	3
67003	程序设计	64	4	2
67005	软件工程	32	2	4
67006	专业导论	16	1	1

表 4-4 选课表

学号	课程编号	教师编号	成绩
220001	25004	11001	67
220002	45002	12001	86
220002	67001	12001	45
220003	25004	11001	76
220003	45003	12003	77
220004	37002	13006	79
220004	67001	12001	87
220005	25004	11001	87
220005	25006		
220005	37003	13004	72
220006	67001	12001	89
220007	25004	11001	54
220008	67001	12001	60
220009	25004	11001	90
220010	25006	11002	88
220011	25006	11002	77
220012	25006	11002	56
220012	37001	12005	78

续表

学号	课程编号	教师编号	成绩
220013	25006	11002	69
220013	45001	14001	65
220013	67006		
220014	67002	11003	89
220015	67002	11003	87
220016	67002	11003	88
220017	67002	11003	79
220018	67002	11003	90
220019	67001		
220019	67003	11007	78
220020	67005	12002	67
220021	67003	11007	76
220022	67005	12002	45
220023	67003	11007	85
220024	67005	12002	76
220025	67003	11007	93
220026	67005	12002	87
220027	25004		
220027	67006	12003	50
220028	67006		

任务4.1 数据插入

【相关知识】

数据库是为更方便有效地管理信息而存在的，数据库插入语句是 INSERT INTO，用于向表中插入新的数据行，在进行数据库插入操作时，可以有不同的形式，比如按指定的列插入数据，为所有列插入数据，也可插入单行数据或者多行数据等，下面我们来具体学习各种插入形式。

MySQL 从数据表中插入数据的基本语句是 INSERT 语句。在 INSERT 语句中，可以根据自己对于数据的需求，使用不同的插入语句。INSERT 语句的基本语法格式如下：

```
INSERT［IGNORE］［INTO］表名(字段名称1[,字段名称2…])；
VALUES({表达式1│DEFAULT}[,{表达式2│DEFAULT}…])；
```

（1）IGNORE：当插入不符合数据完整性约束的数据时，不执行该语句，当作一条警告处理。

（2）字段名称：省略时表示要插入全部字段的数据，否则必须指定要插入数据的字段名称。

（3）VALUES 子句：指定各个字段要插入的具体数据。数据的顺序与字段名称的顺序一致。

（4）表达式：可以是常量、变量或者一个表达式，也可以是空值。字符串型或日期和时间型数据常量必须用英文单引号或双引号引起来。

（5）DEFAULT：插入该字段的默认值。

4.1.1　插入一条记录的全部数据

【任务描述】

【例 4-1】向教师表（见表 4-2）中插入一条完整的教师数据（15001，王浩楠，男，讲师，6500，信息技术学院，本科）。

【任务分析】

这里要设置插入的教师信息（'15001'，'王浩楠'，'男'，'讲师'，'6500'，'信息技术学院'，'本科'）。

SQL 语句如下：

```
INSERT INTO 教师
VALUES('15001','王浩楠','男','讲师','6500','信息技术学院','本科');
```

执行 SQL 语句，结果如图 4-1 所示。

教师编号	姓名	性别	职称	工资	部门	学历
11001	王绪	男	副教授	7600	信息技术学院	硕士研究生
11002	张威	男	讲师	6800	信息技术学院	硕士研究生
11003	胡东兵	男	教授	8160	信息技术学院	硕士研究生
11005	张鹏	男	副教授	7850	信息技术学院	本科
11006	于文成	男	讲师	6700	汽车营销学院	本科
11007	田静	女	教授	8580	机械工程学院	博士研究生
12001	李铭	男	教授	8300	汽车营销学院	博士研究生
12002	张霞	女	副教授	7500	汽车营销学院	硕士研究生
12003	王莹	女	教授	7900	汽车营销学院	博士研究生
12004	杨兆熙	女	助教	5350	汽车营销学院	硕士研究生
12005	梁秋实	男	讲师	6750	机械工程学院	硕士研究生
12006	高思琪	女	助教	5500	汽车营销学院	硕士研究生
13001	高燃	女	助教	5300	信息技术学院	本科
13002	王步林	男	副教授	7650	汽车营销学院	硕士研究生
13003	王博	男	教授	8900	信息技术学院	本科
13004	刘影	女	副教授	7200	机械工程学院	硕士研究生
13005	高尚	男	讲师	6400	汽车营销学院	博士研究生
13006	孙威	男	副教授	7550	机械工程学院	本科
13007	陈丽辉	女	教授	9100	信息技术学院	硕士研究生
14001	吴索	女	助教	5350	汽车营销学院	博士研究生
15001	王浩楠	男	讲师	6500	信息技术学院	本科

图 4-1　插入教师表中一条数据的全部信息

4.1.2　插入一条记录的部分数据

1. 选择指定的表

从 INSERT 语句基本语法可以看出，最简单的 INSERT 语句是：

INSERT INTO 表名 VALUES ('字段名称1','字段名称2'…)

【例4-2】向课程表（见表4-3）中插入一条课程数据（'67007','大数据技术','48','3','2'）。

SQL 语句如下：

INSERT INTO 课程
VALUES ('67007','大数据技术','48','3','2');

执行 SQL 语句，结果如图4-2所示。

```
+--------+------------------+------+------+------+
| 课程编号 | 课程名称          | 学时 | 学分 | 学期 |
+--------+------------------+------+------+------+
| 25004  | 高等数学          | 48   | 3    | 1    |
| 25006  | 体育              | 32   | 2    | 1    |
| 37001  | 数控车削技术      | 48   | 3    | 2    |
| 37002  | CAM应用技术       | 64   | 4    | 1    |
| 37003  | 数控多轴加工技术  | 32   | 2    | 2    |
| 37004  | 特种加工技术      | 48   | 3    | 3    |
| 45001  | 汽车销售实务      | 64   | 4    | 2    |
| 45002  | 商务礼仪          | 32   | 2    | 1    |
| 45003  | 汽车保险与理赔    | 48   | 3    | 4    |
| 45004  | 汽车电子商务      | 32   | 2    | 4    |
| 45005  | 汽车消费心理分析  | 32   | 2    | 2    |
| 67001  | 数据结构          | 48   | 3    | 2    |
| 67002  | 数据库设计及应用  | 64   | 4    | 3    |
| 67003  | 程序设计          | 64   | 4    | 2    |
| 67005  | 软件工程          | 32   | 2    | 4    |
| 67006  | 专业导论          | 16   | 1    | 1    |
| 67007  | 大数据技术        | 48   | 3    | 2    |
+--------+------------------+------+------+------+
```

图4-2 显示插入课程

【例4-3】向学生表（见表4-1）中插入一条学生数据（'220033','王莱'），仅插入学号和姓名字段的数据。

SQL 语句如下：

INSERT INTO 学生(学号,姓名)
VALUES ('220033','王莱');

执行 SQL 语句，结果如图4-3所示。

4.1.3 插入多条数据

【例4-4】向学生表（见表4-1）中插入3条学生数据（'220034','马逊','男','2003-04-12','汉'）、（'220035','周海明','男','2005-12-12','汉'）和（'220036','姜泥','女','2003-11-03','汉'）。

SQL 语句如下：

INSERT INTO 学生
VALUES ('220034','马逊','男','2003-04-12','汉'),
('220035','周海明','男','2005-12-12','汉'),
('220036','姜泥','女','2003-11-03','汉');

执行 SQL 语句，结果如图4-4所示。

学号	姓名	性别	出生日期	民族
220001	赵秀杰	女	2004-10-02	汉
220002	张伟	男	2004-03-02	汉
220003	徐鹏	男	2002-09-10	蒙
220004	王欣平	女	2003-02-03	汉
220005	赵娜	女	2003-10-11	汉
220006	陈龙洋	男	2005-09-04	回
220007	李佳琦	男	2004-08-23	汉
220008	何泽	男	2004-09-12	汉
220009	李鑫	男	2004-05-07	汉
220010	王一	女	2003-07-06	满
220011	王迪	女	2004-12-06	回
220012	刘思琦	女	2003-10-25	汉
220013	王阔	男	2003-12-11	汉
220014	许晓坤	男	2004-03-02	汉
220015	田明林	女	2004-07-08	满
220016	段宇霏	女	2004-09-09	汉
220017	王振	男	2003-09-10	汉
220018	刘兴	男	2004-11-09	满
220019	高薪杨	男	2004-05-16	汉
220020	刘丽	女	2003-11-14	汉
220021	高铭	男	2004-05-23	汉
220022	张斯	女	2004-07-26	回
220023	张浩	男	2005-09-28	汉
220024	陈辰	女	2003-12-15	汉
220025	李奕辰	男	2004-10-27	汉
220026	赵娜	女	2005-02-21	蒙
220027	陈甲	NULL	NULL	NULL
220028	刘卜元	NULL	NULL	NULL
220029	许多多	女	2006-05-23	汉
220030	迟道	男	2007-06-09	汉
220031	高兴	男	2006-12-31	回
220032	董宇灰	男	2007-08-07	汉
220033	王莱	NULL	NULL	NULL

图 4-3 显示插入的学生数据

学号	姓名	性别	出生日期	民族
220001	赵秀杰	女	2004-10-02	汉
220002	张伟	男	2004-03-02	汉
220003	徐鹏	男	2002-09-10	蒙
220004	王欣平	女	2003-02-03	汉
220005	赵娜	女	2003-10-11	汉
220006	陈龙洋	男	2005-09-04	回
220007	李佳琦	男	2004-08-23	汉
220008	何泽	男	2004-09-12	汉
220009	李鑫	男	2004-05-07	汉
220010	王一	女	2003-07-06	满
220011	王迪	女	2004-12-06	回
220012	刘思琦	女	2003-10-25	汉
220013	王阔	男	2003-12-11	汉
220014	许晓坤	男	2004-03-02	汉
220015	田明林	女	2004-07-08	满
220016	段宇霏	女	2004-09-09	汉
220017	王振	男	2003-09-10	汉
220018	刘兴	男	2004-11-09	满
220019	高薪杨	男	2004-05-16	汉
220020	刘丽	女	2003-11-14	汉
220021	高铭	男	2004-05-23	汉
220022	张斯	女	2004-07-26	回
220023	张浩	男	2005-09-28	汉
220024	陈辰	女	2003-12-15	汉
220025	李奕辰	男	2004-10-27	汉
220026	赵娜	女	2005-02-21	蒙
220027	陈甲	NULL	NULL	NULL
220028	刘卜元	NULL	NULL	NULL
220029	许多多	女	2006-05-23	汉
220030	迟道	男	2007-06-09	汉
220031	高兴	男	2006-12-31	回
220032	董宇灰	男	2007-08-07	汉
220033	王莱	NULL	NULL	NULL
220034	马逊	男	2003-04-12	汉
220035	周海明	男	2005-12-12	汉
220036	姜泥	女	2003-11-03	汉

图 4-4 插入的多条学生数据

4.1.4 插入查询结果中的数据

插入查询结果中的数据，基本语法如下：

```
INSERT [IGNORE][INTO]表名1(字段名1[,字段名称2,…])
SELECT (字段名称1[,字段名称2,…]) FROM 表名2;
```

【例4-5】新建数据表"教师1"，其结构与教师表（见表4-2）完全相同，然后将数据表"教师"中的所有数据插入数据表"教师1"中。

SQL 语句如下：

```
CREATE TABLE 教师1 LIKE 教师;
INSERT INTO 教师1 SELECT * FROM 教师;
```

执行 SQL 语句，结果如图4-5所示。

教师编号	姓名	性别	职称	工资	部门	学历
11001	王绪	男	副教授	7600	信息技术学院	硕士研究生
11002	张威	男	讲师	6800	信息技术学院	硕士研究生
11003	胡东兵	男	教授	8160	信息技术学院	硕士研究生
11005	张鹏	男	副教授	7850	信息技术学院	本科
11006	于文成	男	讲师	6700	汽车营销学院	本科
11007	田静	女	教授	8580	机械工程学院	博士研究生
12001	李铭	男	教授	8300	汽车营销学院	硕士研究生
12002	张霞	女	副教授	7500	汽车营销学院	硕士研究生
12003	王莹	女	教授	7900	汽车营销学院	硕士研究生
12004	杨兆熙	女	助教	5350	汽车营销学院	硕士研究生
12005	梁秋实	男	讲师	6750	机械工程学院	硕士研究生
12006	高思琪	女	助教	5500	机械工程学院	博士研究生
13001	高燃	女	助教	5300	信息技术学院	本科
13002	王步林	女	副教授	7650	汽车营销学院	博士研究生
13003	王博	男	教授	8900	信息技术学院	本科
13004	刘影	女	副教授	7800	信息技术学院	硕士研究生
13005	高尚	男	讲师	6400	汽车营销学院	博士研究生
13006	孙威	男	副教授	7550	机械工程学院	本科
13007	陈丽辉	女	教授	9100	信息技术学院	硕士研究生
14001	吴索	女	助教	5350	汽车营销学院	博士研究生
15001	王浩楠	男	讲师	6500	信息技术学院	本科

图4-5 插入教师表查询结果中的数据

4.1.5 插入并替换已存在的数据

REPLACE 语句的语法格式与 INSERT 语句基本相同。但在插入的数据不满足主键约束时，REPLACE 语句可以在插入数据之前将与新数据冲突的旧数据删除，使新数据能够正常插入。

【例4-6】向学生表（见表4-1）中插入两条学生数据（'220009'，'李鑫'，'男'，'2004-05-07'，'汉'）和（'220037'，'董蔚来'，'男'，'2003-01-02'，'汉'），其中有一条数据与数据库中已有的数据完全相同。

SQL 语句如下：

```
REPLACE INTO 学生
VALUES ('220009','李鑫','男','2004-05-07','汉'),
('220037','董蔚来','男','2003-01-02','汉');
```

执行 SQL 语句，结果如图4-6所示。

学号	姓名	性别	出生日期	民族
220001	赵秀杰	女	2004-10-02	汉
220002	张伟	男	2004-03-02	汉
220003	徐鹏	男	2002-09-10	蒙
220004	王欣平	女	2003-02-03	汉
220005	赵娜	女	2003-10-11	汉
220006	陈龙洋	男	2005-09-04	回
220007	李佳琦	男	2004-08-23	汉
220008	何泽	男	2004-09-12	汉
220009	李鑫	男	2004-05-07	汉
220010	王一	女	2003-07-06	满
220011	王迪	女	2004-12-06	回
220012	刘思琦	女	2003-10-25	汉
220013	王阔	男	2003-12-11	汉
220014	许晓坤	男	2004-03-02	汉
220015	田明林	女	2004-07-08	满
220016	段宇霏	女	2004-09-09	汉
220017	王振	男	2003-09-10	满
220018	刘兴	男	2004-11-09	满
220019	高薪杨	男	2004-05-16	汉
220020	刘丽	女	2003-11-14	汉
220021	高铭	男	2004-05-23	汉
220022	张斯	女	2004-07-26	回
220023	张浩	男	2005-09-28	汉
220024	陈辰	女	2003-12-15	汉
220025	李奕辰	男	2004-10-27	汉
220026	赵娜	女	2005-02-21	蒙
220027	陈甲	NULL	NULL	NULL
220028	刘卜元	NULL	NULL	NULL
220029	许多多	女	2006-05-23	汉
220030	迟道	男	2007-06-09	汉
220031	高兴	男	2006-12-31	回
220032	董宇灰	男	2007-08-07	汉
220033	王莱	NULL	NULL	NULL
220034	马逊	男	2003-04-12	汉
220035	周海明	男	2005-12-12	汉
220036	姜泥	女	2003-11-03	汉
220037	董蔚来	男	2003-01-02	汉

图 4-6 插入并替换学生数据

任务 4.2 数据修改

【相关知识】

UPDATE 语句：

```
UPDATE 表名 SET 字段名称1=值1[,字段名2=值2…]
[WHERE 条件];
```

（1）SET 子句：用于指定要修改的字段名称及其值。

（2）WHERE 子句：用于限定要修改数据的记录，只有满足条件的记录才会被修改。如果省略 WHERE 子句，则默认修改所有的记录。

4.1.2 修改指定记录的数据

【例 4-7】 将教师表（见表 4-2）中代码部门为信息技术学院的院系名称修改为"能

源动力与机械工程学院"。
SQL 语句如下：

```
UPDATE 教师 SET 部门 = '能源动力与机械工程学院'
WHERE 部门 = '信息技术学院';
```

执行 SQL 语句，结果如图 4-7 所示。

教师编号	姓名	性别	职称	工资	部门	学历
11001	王绪	男	副教授	7600	能源动力与机械工程学院	硕士研究生
11002	张威	男	讲师	6800	能源动力与机械工程学院	硕士研究生
11003	胡东兵	男	教授	8160	能源动力与机械工程学院	硕士研究生
11005	张鹏	男	副教授	7850	能源动力与机械工程学院	本科
11006	于文成	男	讲师	6700	汽车营销学院	本科
11007	田静	女	教授	8580	机械工程学院	博士研究生
12001	李铭	男	教授	8300	汽车营销学院	博士研究生
12002	张霞	女	副教授	7500	汽车营销学院	硕士研究生
12003	王莹	女	教授	7900	汽车营销学院	博士研究生
12004	杨兆熙	女	助教	5350	汽车营销学院	硕士研究生
12005	梁秋实	男	讲师	6750	机械工程学院	硕士研究生
12006	高思琪	女	助教	5500	机械工程学院	博士研究生
13001	高燃	女	助教	5300	能源动力与机械工程学院	本科
13002	王步林	男	副教授	7650	汽车营销学院	博士研究生
13003	王博	男	教授	8900	能源动力与机械工程学院	本科
13004	刘影	女	副教授	7800	机械工程学院	硕士研究生
13005	高尚	男	讲师	6400	汽车营销学院	博士研究生
13006	孙威	男	副教授	7550	机械工程学院	本科
13007	陈丽辉	女	教授	9100	能源动力与机械工程学院	硕士研究生
14001	吴素	女	助教	5350	汽车营销学院	博士研究生
15001	王浩楠	男	讲师	6500	能源动力与机械工程学院	本科

图 4-7 修改部分的教师数据

4.2.2 修改全部记录的数据

修改全部记录的数据时，不需要使用 WHERE 子句。

【例 4-8】将教师表（见表 4-2）中所有姓名均修改为"院长+姓名"的形式。
SQL 语句如下：

```
UPDATE 教师 SET 姓名 = CONCAT('院长',姓名);
```

CONCAT 函数的功能是将多个字符串连接成一个字符串。
执行 SQL 语句，结果如图 4-8 所示。

教师编号	姓名	性别	职称	工资	部门	学历
11001	院长王绪	男	副教授	7600	能源动力与机械工程学院	硕士研究生
11002	院长张威	男	讲师	6800	能源动力与机械工程学院	硕士研究生
11003	院长胡东兵	男	教授	8160	能源动力与机械工程学院	硕士研究生
11005	院长张鹏	男	副教授	7850	能源动力与机械工程学院	本科
11006	院长于文成	男	讲师	6700	汽车营销学院	本科
11007	院长田静	女	教授	8580	机械工程学院	博士研究生
12001	院长李铭	男	教授	8300	汽车营销学院	博士研究生
12002	院长张霞	女	副教授	7500	汽车营销学院	硕士研究生
12003	院长王莹	女	教授	7900	汽车营销学院	博士研究生
12004	院长杨兆熙	女	助教	5350	汽车营销学院	硕士研究生
12005	院长梁秋实	男	讲师	6750	机械工程学院	硕士研究生
12006	院长高思琪	女	助教	5500	机械工程学院	博士研究生
13001	院长高燃	女	助教	5300	能源动力与机械工程学院	本科
13002	院长王步林	男	副教授	7650	汽车营销学院	博士研究生
13003	院长王博	男	教授	8900	能源动力与机械工程学院	本科
13004	院长刘影	女	副教授	7800	机械工程学院	硕士研究生
13005	院长高尚	男	讲师	6400	汽车营销学院	博士研究生
13006	院长孙威	男	副教授	7550	机械工程学院	本科
13007	院长陈丽辉	女	教授	9100	能源动力与机械工程学院	硕士研究生
14001	院长吴素	女	助教	5350	汽车营销学院	博士研究生
15001	院长王浩楠	男	讲师	6500	能源动力与机械工程学院	本科

图 4-8 修改的全部教师数据

任务 4.3 数据删除

【相关知识】

数据库数据删除注意事项：

1. 备份数据库

在删除数据库中的数据之前，必须创建完整的数据库备份，以防万一发生误操作或者需要恢复数据。

2. 控制并发影响

避免全表锁定：尽量避免使用无条件 DELETE 语句删除大量数据，因为它可能导致长时间的表锁定，影响其他并发操作。

分批次删除：对于大量数据，可以考虑分批删除，配合 LIMIT 子句或其他策略来降低对系统性能的影响。

3. 选择合适删除方式

DELETE 语句：根据具体需求，合理编写 WHERE 子句指定删除范围。

TRUNCATE TABLE：如果要删除整个表的所有数据，使用 TRUNCATE TABLE 能快速释放空间，但同样要注意其不可逆性。

DROP TABLE：仅在确定不需要表结构的情况下使用，一旦执行，数据和表结构都无法恢复。

4. 监控与确认

在删除操作后，及时监控数据库的状态，确认数据删除成功，同时检查是否有未预期的影响。

5. 事务管理

确保在事务中执行删除操作，以便在出现问题时能够回滚。

6. 共同注意事项

权限控制：确保只有授权用户或角色才能执行数据删除操作。

合规要求：遵循相关法律法规以及内部政策，如某些行业要求数据留存一定时期后才允许删除。

审计追踪：确保删除操作记录在案，方便日后审查和追溯。

安全删除：对于含有敏感信息的数据，需确保其从存储介质中彻底销毁，避免通过技术手段恢复的可能性。

总之，无论何时进行数据删除操作，都需要谨慎行事，制订周密计划并按照最佳实践来进行，确保数据安全的同时也要满足业务需求和法律要求。

4.3.1 删除满足指定条件的数据

```
DELETE FROM 表名 [ WHERE 条件 ];
```

【例 4-9】将学生表（见表 4-1）中代码民族为汉的数据删除。

SQL 语句如下：

DELETE FROM 学生 WHERE 民族 = '汉';

执行 SQL 语句，结果如图 4-9 所示。

```
+--------+--------+--------+------------+--------+
| 学号   | 姓名   | 性别   | 出生日期   | 民族   |
+--------+--------+--------+------------+--------+
| 220003 | 徐鹏   | 男     | 2002-09-10 | 蒙     |
| 220006 | 陈龙洋 | 男     | 2005-09-04 | 回     |
| 220010 | 王一   | 女     | 2003-07-06 | 满     |
| 220011 | 王迪   | 女     | 2004-12-06 | 回     |
| 220015 | 田明林 | 女     | 2004-07-08 | 满     |
| 220018 | 刘兴   | 男     | 2004-11-09 | 满     |
| 220022 | 张斯   | 女     | 2004-07-26 | 回     |
| 220026 | 赵娜   | 女     | 2005-02-21 | 蒙     |
| 220027 | 陈甲   | NULL   | NULL       | NULL   |
| 220028 | 刘卜元 | NULL   | NULL       | NULL   |
| 220031 | 高兴   | 男     | 2006-12-31 | 回     |
| 220033 | 王莱   | NULL   | NULL       | NULL   |
+--------+--------+--------+------------+--------+
12 rows in set (0.00 sec)
```

图 4-9 删除民族为汉的学生数据

4.3.2 删除全部数据

1. 使用 DELETE 语句删除全部数据

DELETE FROM 表名；

【例 4-10】使用 DELETE 语句删除学生表（见表 4-1）中的所有学生数据。

SQL 语句如下：

DELETE FROM 学生；

执行 SQL 语句，结果如图 4-10 所示。

```
mysql> select *
    -> from 学生;
Empty set (0.00 sec)
```

图 4-10 删除全部学生数据

2. 使用 TRUNCATE 语句删除全部数据

TRUNCATE [TABLE] 表名；

（1）使用不带 WHERE 子句的 DELETE 语句，会删除数据表中的所有数据，但仍然会在数据库中保留数据表的定义；

（2）使用 TRUNCATE 语句，会删除原来的数据表并重新创建数据表，执行速度比 DELETE 语句快。

【例 4-11】使用 TRUNCATE 语句删除 department1 表中的所有院系数据。

SQL 语句如下：

```
TRUNCATE department1;
```

任务4.4 使用Navicat操作数据

【任务描述】

在任务3中我们学习了如何应用图形化工具管理数据库，本任务我们来学习如使用Navicat图形化工具操作数据，包括本章中学习的数据插入、修改、删除等操作。

【相关知识】

在数据库管理界面，右键单击要管理的表名称，即可进入该表的管理界面。

在表管理界面，可以执行以下操作：

（1）新建数据表：单击"新建表"按钮，输入表名称和相关参数（如字段名、字段类型等），即可创建一个新的数据表。

（2）编辑数据表：右键单击表名称，选择"设计表"选项，可以修改表的字段属性、添加或删除字段等。

（3）删除数据表：右键单击表名称，选择"删除表"选项，可以删除该表及其所有数据。

4.4.1 插入数据

（1）选择数据库和数据表：在左侧的导航树中，选择你想要插入数据的数据库，然后进一步选择你想要插入数据的数据表。

（2）插入数据：有两种方法可以实现数据插入。

①在数据表视图中，选择"数据"选项卡，然后单击"插入记录"按钮。在弹出的插入记录对话框中，填写要插入的数据。每一行代表一个记录，每一列代表表中的一个字段。确保提供所有必填字段的值，然后单击"确定"按钮保存插入的数据。

②另一种方法是使用SQL语句进行插入。在数据库连接下，右键单击数据库，选择"新建查询"菜单。在SQL编辑器中输入INSERT INTO语句，单击"执行"按钮执行查询，完成数据插入。

【例4-12】使用插入语句并应用Navicat插入教师表（见表4-2）中如下信息，教师编号"15001"，教师姓名"王浩楠"，性别"男"，职称"讲师"，工资"6500"，部门"信息技术学院"，学历"本科"。

SQL语句如下：

```
INSERT INTO 教师
VALUES ('15001','王浩楠','男','讲师','6500','信息技术学院','本科');
```

结果如图4-11所示。

教师编号	姓名	性别	职称	工资	部门	学历
11001	王绪	男	副教授	7600	信息技术学院	硕士研究生
11002	张威	男	讲师	6800	信息技术学院	硕士研究生
11003	胡东兵	男	教授	8160	信息技术学院	硕士研究生
11005	张鹏	男	副教授	7850	信息技术学院	本科
11006	于文成	男	讲师	6700	汽车营销学院	本科
11007	田静	女	教授	8580	机械工程学院	博士研究生
12001	李铭	男	教授	8300	汽车营销学院	博士研究生
12002	张霞	女	副教授	7500	汽车营销学院	硕士研究生
12003	王莹	女	教授	7900	汽车营销学院	博士研究生
12004	杨兆熙	女	助教	5350	汽车营销学院	硕士研究生
12005	梁秋实	男	讲师	6750	机械工程学院	硕士研究生
12006	高思琪	女	助教	5500	机械工程学院	博士研究生
13001	高燃	女	助教	5300	信息技术学院	本科
13002	王步林	男	副教授	7650	汽车营销学院	硕士研究生
13003	王博	男	教授	8900	信息技术学院	本科
13004	刘影	女	副教授	7800	机械工程学院	硕士研究生
13005	高尚	男	讲师	6400	汽车营销学院	博士研究生
13006	孙威	男	副教授	7550	机械工程学院	本科
13007	陈丽辉	女	教授	9100	信息技术学院	硕士研究生
14001	吴索	女	助教	5350	汽车营销学院	博士研究生
15001	王浩楠	男	讲师	6500	信息技术学院	本科

图 4-11 表中插入数据

4.4.2 修改数据

(1) 选择数据表：在左侧的导航树中，选择你想要修改数据的数据表。

(2) 修改数据：有两种方法可以实现数据修改。

①在数据表视图中，直接定位到你想要修改的记录和字段，然后输入新的值。修改完成后，单击保存按钮或按下 Ctrl + S 保存修改。

②另一种方法是使用 SQL 语句进行修改。在数据库连接下，右键单击数据库，选择"新建查询"菜单。在 SQL 编辑器中输入 UPDATE 语句，指定要修改的字段和新的值，以及要修改的条件（如果有的话），单击"执行"按钮执行查询，完成数据修改。

【例 4-13】使用修改语句并应用 Navicat 修改教师表（见表 4-2）中部门为信息技术学院的教师部门为能源动力与机械工程学院。

SQL 语句如下：

```
UPDATE 教师 SET 部门 = '能源动力与机械工程学院'
WHERE 部门 = '信息技术学院';
```

结果如图 4-12 所示。

4.4.3 删除数据

(1) 选择数据表：在左侧的导航树中，选择你想要删除数据的数据表。

(2) 删除数据：有两种方法可以实现数据删除。

①在数据表视图中，直接定位到你想要删除的记录，然后右键单击该行记录，选择"删除记录"选项。系统会询问你是否确定删除，单击"是"即可删除记录。

项目4　数据操作

教师编号	姓名	性别	职称	工资	部门	学历
11001	王绪	男	副教授	7600	能源动力与机械	硕士研究生
11002	张威	男	讲师	6800	能源动力与机械	硕士研究生
11003	胡东兵	男	教授	8160	能源动力与机械	硕士研究生
11005	张鹏	男	副教授	7850	能源动力与机械	本科
11006	于文成	男	讲师	6700	汽车营销学院	本科
11007	田静	女	教授	8580	机械工程学院	博士研究生
12001	李铭	男	教授	8300	汽车营销学院	博士研究生
12002	张霞	女	副教授	7500	汽车营销学院	硕士研究生
12003	王莹	女	教授	7900	汽车营销学院	硕士研究生
12004	杨兆熙	女	助教	5350	汽车营销学院	硕士研究生
12005	梁秋实	男	讲师	6750	机械工程学院	硕士研究生
12006	高思琪	女	助教	5500	机械工程学院	博士研究生
13001	高燃	女	助教	5300	能源动力与机械	本科
13002	王步林	男	副教授	7650	汽车营销学院	博士研究生
13003	王博	男	教授	8900	能源动力与机械	本科
13004	刘影	女	副教授	7800	机械工程学院	硕士研究生
13005	高尚	男	讲师	6400	汽车营销学院	博士研究生
13006	孙威	男	副教授	7550	机械工程学院	本科
13007	陈丽辉	女	教授	9100	能源动力与机械	硕士研究生
14001	吴索	女	助教	5350	汽车营销学院	博士研究生
15001	王浩楠	男	讲师	6500	能源动力与机械	本科

图4-12　修改表中的数据

②另一种方法是使用 SQL 语句进行删除。在数据库连接下，右键单击数据库，选择"新建查询"菜单。在 SQL 编辑器中输入 DELETE FROM 语句，指定要删除的条件，单击"执行"按钮执行查询，完成数据删除。

【例4-14】使用删除语句并应用 Navicat 删除学生表（见表4-1）中民族为汉族的学生信息。

SQL 语句如下：

```
DELETE FROM 学生 WHERE 民族 = '汉';
```

结果如图4-13所示。

学号	姓名	性别	出生日期	民族
220003	徐鹏	男	2002-09-10	蒙
220006	陈龙洋	男	2005-09-04	回
220010	王莱	(Null)	(Null)	(Null)

图4-13　删除表中的数据

小　结

数据增、删、改操作是数据库管理中最为基础和核心的操作，以下是这些操作的小结：
（1）数据增加：
插入单行数据：使用 INSERT INTO 语句，后跟表名、列名以及对应的值。如果省略列名，则需要按照表中列的顺序依次插入所有值。
插入多行数据：可以通过多次执行单行插入操作或者使用特定的数据库语法（如 MySQL 中的多值插入）来一次性插入多行数据。

复制现有表的数据：可以使用 INSERT INTO...SELECT 语句，从现有表中查询数据并插入新的表中。

(2) 数据删除：

删除单行数据：使用 DELETE FROM 语句，后跟表名和删除条件。删除条件通常是一个 WHERE 子句，用于指定要删除的行。

删除整表数据：使用 TRUNCATE TABLE 语句，后跟表名。这将删除表中的所有行，但保留表的结构、列、约束和索引等。

(3) 数据修改：

修改表中的数据使用 UPDATE 语句。该语句需要指定表名、要修改的列以及新的值，同样也需要一个 WHERE 子句来指定哪些行需要被修改。没有 WHERE 子句会导致整表的数据都被修改，因此需要谨慎使用。

在进行数据增、删、改操作时，需要注意以下几点：

(1) 数据完整性：确保操作不会破坏数据的完整性，例如，避免删除被其他表引用的数据，或在修改数据时保持数据类型的一致性。

(2) 数据安全性：对敏感数据进行操作时，需要确保操作的安全性，避免数据泄露或被非法修改。

(3) 性能考虑：对于大数据量的表，增、删、改、查操作可能会影响性能，因此需要考虑使用索引、分区等优化技术来提高操作效率。

(4) 事务处理：对于涉及多个操作的复杂逻辑，可以使用事务来确保数据的一致性和完整性。事务可以包含多个增、删、改、查操作，并且这些操作要么全部成功，要么全部失败回滚，从而避免数据的不一致状态。

(5) 备份数据：在进行任何数据修改操作之前，最好先备份原始数据，以防万一操作失误导致数据丢失。

(6) 检查 WHERE 子句：DELETE 和 UPDATE 语句的 WHERE 子句非常重要，它决定了哪些记录将被删除或更新。因此，在执行这些操作之前，一定要仔细检查 WHERE 子句的条件，确保不会误删或误改数据。

(7) 权限控制：数据增、删、改操作通常涉及敏感数据的处理，因此需要对操作人员进行权限控制，确保只有经过授权的人员才能执行这些操作。

总之，熟练掌握数据的增、删、改操作是数据库管理的基础技能，对于数据库管理员和开发人员来说都是必不可少的。同时，也需要不断学习和掌握新的技术和工具，以应对不断变化的数据库管理需求。

理论练习

一、单选

1. 在 SQL 中，用于向表中添加新记录的语句是（　　）。

A. SELECT　　　　B. INSERT　　　　C. UPDATE　　　　D. DELETE

2. 若要修改表中已存在的数据，应使用以下哪个 SQL 语句？（　　）

A. INSERT　　　　B. UPDATE　　　　C. DELETE　　　　D. SELECT

3. 哪个 SQL 语句用于从表中删除指定的记录？（　　）
   A. INSERT　　　　B. UPDATE　　　　C. DELETE　　　　D. TRUNCATE
4. 要删除表中的所有数据，但保留表结构，应使用（　　）。
   A. DELETE　　　　B. TRUNCATE　　　C. DROP　　　　　D. REMOVE
5. 在 UPDATE 语句中，用于指定要修改的数据的条件的关键字是（　　）。
   A. WHERE　　　　B. SET　　　　　　C. INSERT　　　　D. SELECT

二、判断

1. 使用 INSERT 语句可以向 MySQL 表中插入一行或多行数据。（　　）
2. DELETE 语句可以删除 MySQL 表中的特定行，而不会影响表的结构。（　　）
3. UPDATE 语句只能修改 MySQL 表中某一列的值，不能同时修改多列。（　　）
4. 在使用 UPDATE 语句修改表数据时，如果不指定 WHERE 子句，将会修改表中的所有行。（　　）
5. DELETE 语句和 TRUNCATE TABLE 语句都可以用来删除表中的所有数据，但它们在性能上没有任何区别。（　　）

三、填空

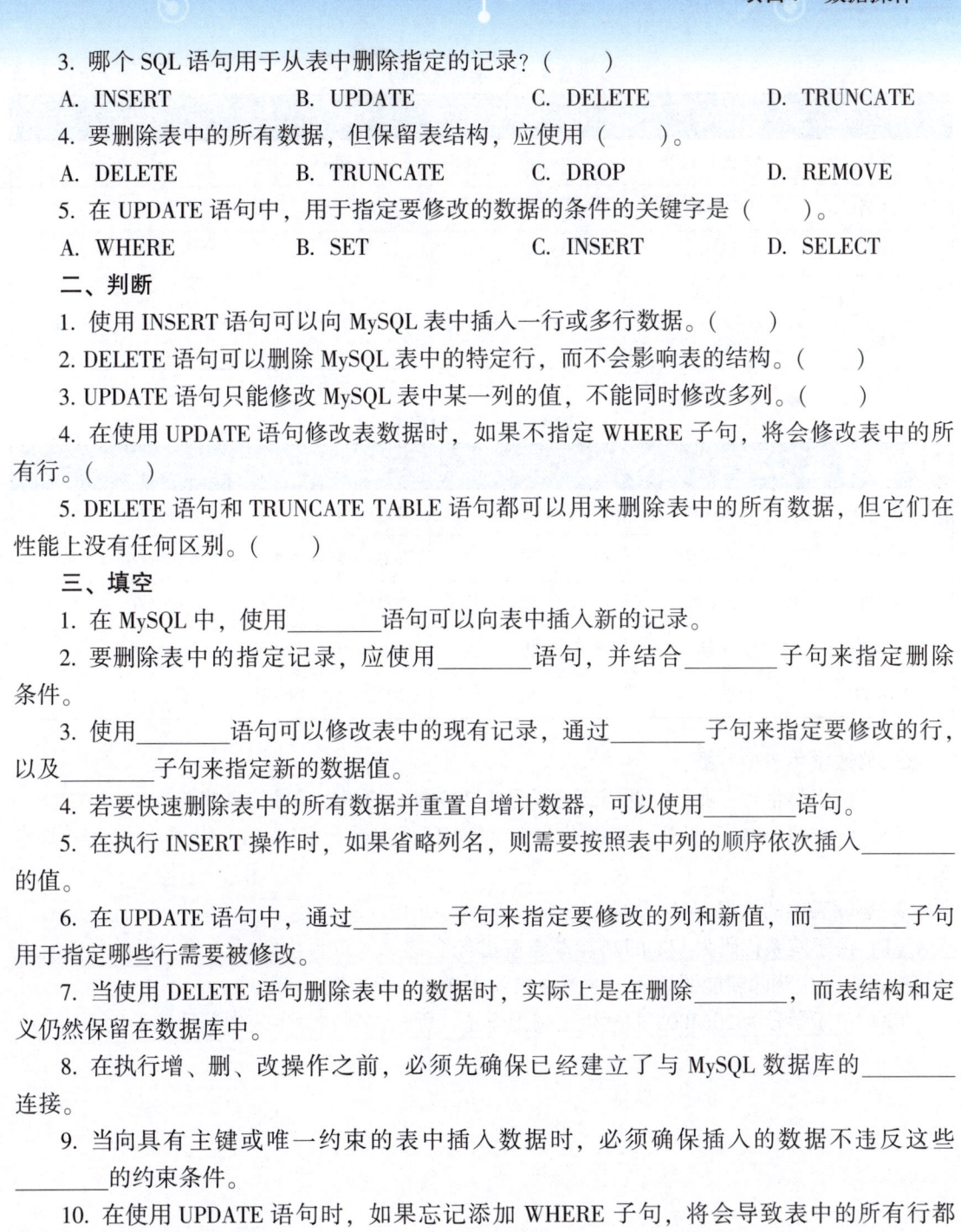

1. 在 MySQL 中，使用_____语句可以向表中插入新的记录。
2. 要删除表中的指定记录，应使用_____语句，并结合_____子句来指定删除条件。
3. 使用_____语句可以修改表中的现有记录，通过_____子句来指定要修改的行，以及_____子句来指定新的数据值。
4. 若要快速删除表中的所有数据并重置自增计数器，可以使用_____语句。
5. 在执行 INSERT 操作时，如果省略列名，则需要按照表中列的顺序依次插入_____的值。
6. 在 UPDATE 语句中，通过_____子句来指定要修改的列和新值，而_____子句用于指定哪些行需要被修改。
7. 当使用 DELETE 语句删除表中的数据时，实际上是在删除_____，而表结构和定义仍然保留在数据库中。
8. 在执行增、删、改操作之前，必须先确保已经建立了与 MySQL 数据库的_____连接。
9. 当向具有主键或唯一约束的表中插入数据时，必须确保插入的数据不违反这些_____的约束条件。
10. 在使用 UPDATE 语句时，如果忘记添加 WHERE 子句，将会导致表中的所有行都被_____。

实战演练

1. 按照如表 4-5 所示的学生表结构，向学生表中插入如表 4-6 所示的 5 条学生数据信息。

表4-5 学生表结构

字段名称	数据类型	是否允许空值	键	默认值
学号	CHAR(12)	否	主键	
姓名	VARCHAR(50)	是		
性别	CHAR(1)	是		
出生日期	DATA	是		
民族	CHAR(12)	是		

表4-6 学生数据表

学号	姓名	性别	出生年月	民族
2064001	宋洪博	男	2003-05-15	汉
2064002	刘向志	男	2003-05-10	汉
2064003	李媛媛	女	2003-12-15	汉
2064004	王琦	男	2003-03-01	回
2064005	张亮	男	2002-05-19	汉

2. 修改学生表中数据：

（1）由于学生转专业，因此需要将学号为2064005的学生学号信息修改为2063033。

（2）学校进行院系调整，需要将新能源学院的院系代码deptno由原来的108调整为111。

3. 删除表中的数据。

（1）由于院系代码为111的新能源学院已经全部并入可再生能源学院，因此要在院系表department中删除新能源学院，注意在删除之前要备份原表。

（2）由于学号为2064004的学生王琦退学了，因此需要在学生表中删除该学生。

项目 5 数据查询

学习导读

将数据存储在数据库中的主要目的就是在需要数据的时候能方便有效地对数据进行检索、统计或组织输出，这种操作称为数据查询。数据查询是数据库最重要的功能。本项目介绍 MySQL 中的 SELECT 语句以及数据查询方法，将从最简单的单表查询入手，再到多表查询以及子查询，来介绍如何从表或视图中迅速方便地检索数据。根据需要，还可以对检索到的数据进行分类、汇总和排序。

学习目标

熟练掌握 SELECT 语句的语法。
掌握条件查询基本方法。
能灵活运用 SELECT 语句实现单表的查询。
能熟练运用 SELECT 语句进行数据的排序、分类统计等操作。
能运用 SELECT 语句实现多表查询和子查询。

素养目标设计

项目	任务	素养目标	融入方式	素养元素
项目五	5.1 单表查询	培养逻辑思维能力和表达能力	通过"查询信息技术学院教师信息"任务导入	逻辑思维、终身学习
	5.2 分类汇总与排序	培养统计分析数据的能力	通过"查询教师表中最低工资和最高工资"任务导入	分类汇总、化繁为简

续表

项目	任务	素养目标	融入方式	素养元素
项目五	5.3 常用系统函数	理解一个复杂的系统可以拆解成多个简单的模块来实现	通过"查询学生表中的年龄数据"任务导入	系统思维、科学精神
	5.4 多表查询	理解事物的联系是普遍存在的,引导学生用类比的方法进行知识迁移	通过对"学生表""课程表""选课表"进行多表查询任务导入	普遍联系、相互依赖、相互制约

任务 5.1 单表查询

【任务描述】

在教师表中,查询部门是"信息技术学院"的记录,并显示教师编号、姓名、部门。

【任务分析】

这里要设置查询条件:部门 = '信息技术学院',然后选择输出的列:教师编号、姓名、部门。SQL 语句如下。

```
SELECT 教师编号,姓名,部门 FROM 教师 WHERE 部门 = '信息技术学院';
```

执行 SQL 语句,结果如图 5-1 所示。

```
+----------+--------+--------------+
| 教师编号 | 姓名   | 部门         |
+----------+--------+--------------+
| 11001    | 王绪   | 信息技术学院 |
| 11002    | 张威   | 信息技术学院 |
| 11003    | 胡东兵 | 信息技术学院 |
| 11005    | 张鹏   | 信息技术学院 |
| 13001    | 高燃   | 信息技术学院 |
| 13003    | 王博   | 信息技术学院 |
| 13007    | 陈丽辉 | 信息技术学院 |
+----------+--------+--------------+
7 rows in set
```

图 5-1 部门是"信息技术学院"的记录

【相关知识】

数据库是为更方便有效地管理信息而存在的,使用数据库和表的主要目的是存储数据,以便在需要时进行检索、统计或组织输出。数据查询是数据库最重要的功能,通过 SQL 语句可以从表或视图中迅速方便地检索数据。

5.1.1 SELECT 语句

MySQL 从数据表中查询数据的基本语句是 SELECT 语句。在 SELECT 语句中,可以根据自己对于数据的需求,使用不同的查询条件。SELECT 语句的基本语法格式如下:

```
SELECT [DISTINCT] * |{字段名 1,字段名 2,字段名 3,…}
FROM 表名
[WHERE 条件表达式 1]
[GROUP BY 字段名[HAVING 条件表达式 2]]
[ORDER BY 字段名[ASC|DESC]]
[LIMIT[OFFSET] 记录数]
```

SELECT 语句功能强大,有很多子句,所有被使用的子句必须按语法说明中显示的顺序严格排序。例如,一个 HAVING 字句必须位于 GROUP BY 子句之后,并位于 ORDER BY 句之前。

下面将逐一介绍 SELECT 语句中包含的各个子句。

5.1.2 选择列

1. 选择指定的列

从 SELECT 语句基本语法可以看出,最简单的 SELECT 语句是:

```
SELECT * |{字段名 1,字段名 2,字段名 3,…}
```

*号表示选择表的所有列(字段),如果要选择列(字段)输出,在字段名之间要用逗号分隔。

【例 5-1】显示教师表中所有列。

SQL 语句如下。

```
SELECT * FROM 教师;
```

执行 SQL 语句,结果如图 5-2 所示。

教师编号	姓名	性别	职称	工资	部门	学历
11001	王绪	男	副教授	7600	信息技术学院	硕士研究生
11002	张威	男	讲师	6800	信息技术学院	硕士研究生
11003	胡东兵	男	教授	8160	信息技术学院	硕士研究生
11005	张鹏	男	副教授	7850	信息技术学院	本科
11006	于文成	男	讲师	6700	汽车营销学院	本科
11007	田静	女	教授	8580	机械工程学院	博士研究生
12001	李铭	男	教授	8300	汽车营销学院	博士研究生
12002	张霞	女	副教授	7500	汽车营销学院	硕士研究生
12003	王莹	女	教授	7900	汽车营销学院	博士研究生
12004	杨兆熙	女	助教	5350	汽车营销学院	硕士研究生
12005	梁秋实	男	讲师	6750	机械工程学院	硕士研究生
12006	高思琪	女	助教	5500	机械工程学院	硕士研究生
13001	高燃	女	助教	5300	信息技术学院	本科
13002	王步林	男	副教授	7650	汽车营销学院	博士研究生
13003	王博	男	教授	8900	信息技术学院	本科
13004	刘影	女	副教授	7800	机械工程学院	硕士研究生
13005	高尚	男	讲师	6400	汽车营销学院	博士研究生
13006	孙威	男	副教授	7550	机械工程学院	本科
13007	陈丽辉	女	教授	9100	信息技术学院	硕士研究生
14001	吴素	女	助教	5350	汽车营销学院	博士研究生

20 rows in set

图 5-2 显示教师表中所有列

【例 5-2】在教师表中，查询教师的教师编号、姓名、职称。
SQL 语句如下。

```
SELECT 教师编号,姓名,职称 FROM 教师;
```

执行 SQL 语句，结果如图 5-3 所示。

```
+--------+--------+--------+
| 教师编号 | 姓名   | 职称   |
+--------+--------+--------+
| 11001  | 王绪   | 副教授 |
| 11002  | 张威   | 讲师   |
| 11003  | 胡东兵 | 教授   |
| 11005  | 张鹏   | 副教授 |
| 11006  | 于文成 | 讲师   |
| 11007  | 田静   | 教授   |
| 12001  | 李铭   | 教授   |
| 12002  | 张霞   | 副教授 |
| 12003  | 王莹   | 教授   |
| 12004  | 杨兆熙 | 助教   |
| 12005  | 梁秋实 | 讲师   |
| 12006  | 高思琪 | 助教   |
| 13001  | 高燃   | 助教   |
| 13002  | 王步林 | 副教授 |
| 13003  | 王博   | 教授   |
| 13004  | 刘影   | 副教授 |
| 13005  | 高尚   | 讲师   |
| 13006  | 孙威   | 副教授 |
| 13007  | 陈丽辉 | 教授   |
| 14001  | 吴索   | 助教   |
+--------+--------+--------+
20 rows in set
```

图 5-3 查询教师的教师编号、姓名、职称

SELECT 后面可以是 SQL 所支持的任何运算的表达式，利用这个最简单的 SELECT 语句可以进行如 "5+9" 这样的运算，执行结果如图 5-4 所示。

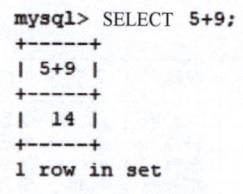

```
mysql> SELECT 5+9;
+-----+
| 5+9 |
+-----+
|  14 |
+-----+
1 row in set
```

图 5-4 SELECT 语句计算 "5+9"

2. 定义列别名

当希望查询结果中的列使用自己选择的列标题时，可以在列名之后使用 AS 子句来更改查询结果的列名，其语法格式如下：

```
SELECT 列名 [AS] 别名
```

【例 5-3】在教师表中，查询教师的姓名、性别、工资，结果中各列的标题分别指定为 name、gender 和 salary。
SQL 语句如下。

```
SELECT 姓名 AS name,性别 AS gender,工资 AS salary FROM 教师;
```

执行 SQL 语句，结果如图 5-5 所示。

```
+--------+--------+--------+
| name   | gender | salary |
+--------+--------+--------+
| 王绪   | 男     |   7600 |
| 张威   | 男     |   6800 |
| 胡东兵 | 男     |   8160 |
| 张鹏   | 男     |   7850 |
| 于文成 | 男     |   6700 |
| 田静   | 女     |   8580 |
| 李铭   | 女     |   8300 |
| 张霞   | 女     |   7500 |
| 王莹   | 女     |   7900 |
| 杨兆熙 | 女     |   5350 |
| 梁秋实 | 男     |   6750 |
| 高思琪 | 女     |   5500 |
| 高燃   | 女     |   5300 |
| 王步林 | 男     |   7650 |
| 王博   | 男     |   8900 |
| 刘影   | 女     |   7800 |
| 高尚   | 男     |   6400 |
| 孙威   | 男     |   7550 |
| 陈丽辉 | 女     |   9100 |
| 吴素   | 女     |   5350 |
+--------+--------+--------+
20 rows in set
```

图 5-5　以别名显示的姓名、性别、工资

注意：不允许在 WHERE 子句中使用列别名。这是因为，执行 WHERE 代码时，可能尚未确定列值。例如，下述查询是非法的：

```
SELECT 姓名 AS name,性别 AS gender FROM 教师 WHERE gender = '女';
```

3. 计算列值

使用 SELECT 语句对列进行查询时，在结果中可以输出对列值计算后的值，即 SELECT 子句可使用表达式作为结果。

【例 5-4】 对教师表中的工资进行计算（工资+200），并以 "2024 工资" 作为列名显示。

SQL 语句如下。

```
SELECT 工资+200 AS 2024 工资 FROM 教师;
```

执行 SQL 语句，结果如图 5-6 所示。

4. 消除结果集中的重复行

对表只选择某些列时，可能会出现重复行。使用 DISTINCT 关键字可以消除结果集中的重复行，保证行的唯一性，其语法格式如下：

```
SELECT DISTINCT 列名1[,列名2…]
```

【例 5-5】 查询教师表中的性别和职称，消除结果集中的重复行。

当查询教师表中的性别和职称时，结果集中有很多重复行，一共有 20 条记录，如图 5-7 所示。

使用 DISTINCT 关键字可以消除结果集中的重复行。SQL 语句如下：

```
SELECT DISTINCT 性别,职称 FROM 教师;
```

执行 SQL 语句，结果如图 5-8 所示。

```
+----------+
| 2024工资 |
+----------+
|   7800   |
|   7000   |
|   8360   |
|   8050   |
|   6900   |
|   8780   |
|   8500   |
|   7700   |
|   8100   |
|   5550   |
|   6950   |
|   5700   |
|   5500   |
|   7850   |
|   9100   |
|   8000   |
|   6600   |
|   7750   |
|   9300   |
|   5550   |
+----------+
20 rows in set
```

图5-6 计算"工资+200"

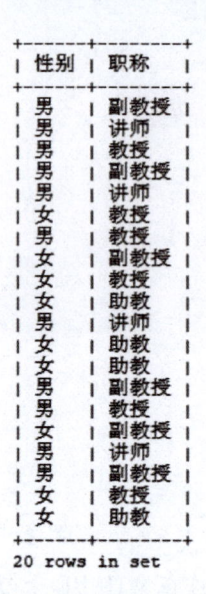

```
+------+--------+
| 性别 |  职称  |
+------+--------+
|  男  | 副教授 |
|  男  |  讲师  |
|  男  |  教授  |
|  男  | 副教授 |
|  男  |  讲师  |
|  女  |  教授  |
|  男  |  教授  |
|  女  | 副教授 |
|  女  |  教授  |
|  女  |  助教  |
|  男  |  讲师  |
|  女  |  助教  |
|  女  |  助教  |
|  男  | 副教授 |
|  女  |  教授  |
|  女  | 副教授 |
|  男  |  讲师  |
|  男  | 副教授 |
|  男  |  教授  |
|  女  |  助教  |
+------+--------+
20 rows in set
```

图5-7 含有重复行的显示结果

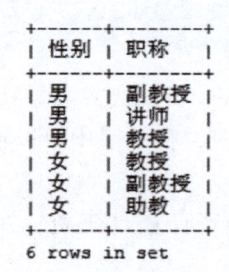

```
+------+--------+
| 性别 |  职称  |
+------+--------+
|  男  | 副教授 |
|  男  |  讲师  |
|  男  |  教授  |
|  女  |  教授  |
|  女  | 副教授 |
|  女  |  助教  |
+------+--------+
6 rows in set
```

图5-8 消除重复行后的显示结果

5.1.3 条件查询

数据库中包含大量的数据，很多时候需要根据需求获取指定的数据，或者对查询的数据重新进行排列组合，这时就要在SELECT语句中指定查询条件对查询结果进行过滤，下面将针对SELECT语句中使用的查询条件进行详细的讲解。

1. 带关系运算符的查询

在SELECT语句中最常见的是使用WHERE子句指定查询条件对数据进行过滤，其语法格式如下：

```
SELECT * |{字段名1,字段名2,字段名3,…}
WHERE 条件表达式
```

在上面的语法格式中，"条件表达式"是指SELECT语句的查询条件。在SQL中，提供了一系列的关系运算符，在WHERE子句中可以使用关系运算符连接操作数作为查询条件对数据进行过滤。常见的关系运算符如表5-1所示。

表 5-1 常见的关系运算符

关系运算符	说明	关系运算符	说明
=	等于	<=	小于或等于
<>	不等于	>	大于
!=	不等于	>=	大于或等于
<	小于		

【例 5-6】查询教师表中部门为"信息技术学院"的记录。

在 SELECT 语句中使用"="运算符获取部门为"信息技术学院"的数据，SQL 语句如下：

```
SELECT * FROM 教师 WHERE 部门 = '信息技术学院';
```

执行 SQL 语句，结果如图 5-9 所示。

```
+----------+--------+------+--------+------+--------------+------------+
| 教师编号 | 姓名   | 性别 | 职称   | 工资 | 部门         | 学历       |
+----------+--------+------+--------+------+--------------+------------+
| 11001    | 王绪   | 男   | 副教授 | 7600 | 信息技术学院 | 硕士研究生 |
| 11002    | 张威   | 男   | 讲师   | 6800 | 信息技术学院 | 硕士研究生 |
| 11003    | 胡东兵 | 男   | 教授   | 8160 | 信息技术学院 | 硕士研究生 |
| 11005    | 张鹏   | 男   | 副教授 | 7850 | 信息技术学院 | 本科       |
| 13001    | 高燃   | 女   | 助教   | 5300 | 信息技术学院 | 本科       |
| 13003    | 王博   | 男   | 教授   | 8900 | 信息技术学院 | 本科       |
| 13007    | 陈丽辉 | 女   | 教授   | 9100 | 信息技术学院 | 硕士研究生 |
+----------+--------+------+--------+------+--------------+------------+
7 rows in set
```

图 5-9 部门为"信息技术学院"的记录

【例 5-7】查询教师表中工资小于 6 000 的记录。

在 SELECT 语句中使用"<"运算符获取工资小于 6 000 的记录，SQL 语句如下：

```
SELECT * FROM 教师 WHERE 工资 <6000;
```

执行 SQL 语句，结果如图 5-10 所示。

```
+----------+--------+------+------+------+--------------+------------+
| 教师编号 | 姓名   | 性别 | 职称 | 工资 | 部门         | 学历       |
+----------+--------+------+------+------+--------------+------------+
| 12004    | 杨兆熙 | 女   | 助教 | 5350 | 汽车营销学院 | 硕士研究生 |
| 12006    | 高思琪 | 女   | 助教 | 5500 | 机械工程学院 | 博士研究生 |
| 13001    | 高燃   | 女   | 助教 | 5300 | 信息技术学院 | 本科       |
| 14001    | 吴索   | 女   | 助教 | 5350 | 汽车营销学院 | 博士研究生 |
+----------+--------+------+------+------+--------------+------------+
4 rows in set
```

图 5-10 工资小于 6 000 的记录

2. 带 IN 关键字的查询

IN 关键字用于判断某个字段的值是否在指定集合中，如果字段的值在集合中，则满足条件，该字段所在的记录将被查询出来。其语法格式如下：

```
SELECT * |{字段名1,字段名2,字段名3,…}
WHERE 字段名 [NOT] IN(值1,值2,…)
```

在上面的语法格式中,"值1,值2,…"表示值的集合,即指定的条件范围。NOT 是可选参数,使用 NOT 表示查询不在 IN 关键字指定集合范围中的记录。

【例 5-8】查询教师表中职称是教授、副教授的记录。

SQL 语句如下:

```
SELECT * FROM 教师 WHERE 职称 IN ('教授','副教授');
```

执行 SQL 语句,结果如图 5-11 所示。

```
+--------+------+------+--------+------+----------------+----------+
| 教师编号 | 姓名 | 性别 | 职称   | 工资 | 部门           | 学历     |
+--------+------+------+--------+------+----------------+----------+
| 11001  | 王绪 | 男   | 副教授 | 7600 | 信息技术学院   | 硕士研究生 |
| 11003  | 胡东兵| 男   | 教授   | 8160 | 信息技术学院   | 硕士研究生 |
| 11005  | 张鹏 | 男   | 副教授 | 7850 | 信息技术学院   | 本科     |
| 11007  | 田静 | 女   | 教授   | 8580 | 机械工程学院   | 博士研究生 |
| 12001  | 李铭 | 女   | 教授   | 8300 | 汽车营销学院   | 博士研究生 |
| 12002  | 张霞 | 女   | 教授   | 7500 | 汽车营销学院   | 硕士研究生 |
| 12003  | 王莹 | 女   | 教授   | 7900 | 汽车营销学院   | 博士研究生 |
| 13002  | 王步林| 男   | 教授   | 7650 | 信息技术学院   | 博士研究生 |
| 13003  | 王博 | 男   | 教授   | 8900 | 信息技术学院   | 本科     |
| 13004  | 刘影 | 女   | 副教授 | 7800 | 机械工程学院   | 硕士研究生 |
| 13006  | 孙威 | 男   | 教授   | 7550 | 机械工程学院   | 本科     |
| 13007  | 陈丽辉| 女   | 教授   | 9100 | 信息技术学院   | 硕士研究生 |
+--------+------+------+--------+------+----------------+----------+
12 rows in set
```

图 5-11 职称是教授、副教授的记录

【例 5-9】查询教师表中职称不是教授、副教授的记录。

SQL 语句如下:

```
SELECT * FROM 教师 WHERE 职称 NOT IN ('教授','副教授');
```

执行 SQL 语句,结果如图 5-12 所示。

```
+--------+--------+------+------+------+----------------+----------+
| 教师编号 | 姓名   | 性别 | 职称 | 工资 | 部门           | 学历     |
+--------+--------+------+------+------+----------------+----------+
| 11002  | 张威   | 男   | 讲师 | 6800 | 信息技术学院   | 硕士研究生 |
| 11006  | 于文成 | 男   | 讲师 | 6700 | 汽车营销学院   | 本科     |
| 12004  | 杨兆熙 | 女   | 助教 | 5350 | 汽车营销学院   | 硕士研究生 |
| 12005  | 梁秋实 | 男   | 讲师 | 6750 | 机械工程学院   | 硕士研究生 |
| 12006  | 高思琪 | 女   | 助教 | 5500 | 机械工程学院   | 博士研究生 |
| 13001  | 高燃   | 女   | 助教 | 5300 | 信息技术学院   | 硕士研究生 |
| 13005  | 高尚   | 男   | 讲师 | 6400 | 汽车营销学院   | 博士研究生 |
| 14001  | 吴素   | 女   | 助教 | 5350 | 汽车营销学院   | 博士研究生 |
+--------+--------+------+------+------+----------------+----------+
8 rows in set
```

图 5-12 职称不是教授、副教授的记录

从查询结果可以看出,在 IN 关键字前使用了 NOT 关键字,查询的结果与例 5-8 的查询结果正好相反,查询出了职称值不是教授、副教授的所有记录。

3. 带 BETWEEN AND 关键字的查询

BETWEEN AND 用于判断某个字段的值是否在指定的范围之内,如果字段的值在指定范围内,则满足条件,该字段所在的记录将被查询出来,反之则不会被查询出来。其语法格式如下:

```
SELECT * |{字段名1,字段名2,字段名3,…}
WHERE 字段名 [NOT] BETWEEN 值1 AND 值2
```

在上面的语法格式中,"值1"表示范围条件的起始值,"值2"表示范围条件的结束值。NOT 是可选参数,使用 NOT 表示查询指定范围之外的记录,通常情况下"值1"小于

"值2",否则查询不到任何结果。

【例5-10】查询教师表中工资在7 000到8 000的记录。

SQL 语句如下:

SELECT * FROM 教师 WHERE 工资 BETWEEN 7000 and 8000;

执行 SQL 语句,结果如图5-13所示。

```
+--------+------+------+--------+------+--------------+------------+
| 教师编号 | 姓名  | 性别 | 职称    | 工资 | 部门         | 学历       |
+--------+------+------+--------+------+--------------+------------+
| 11001  | 王绪  | 男   | 副教授  | 7600 | 信息技术学院 | 硕士研究生 |
| 11005  | 张鹏  | 男   | 副教授  | 7850 | 信息技术学院 | 本科       |
| 12002  | 张霞  | 女   | 副教授  | 7500 | 汽车营销学院 | 硕士研究生 |
| 12003  | 王莹  | 女   | 教授    | 7900 | 汽车营销学院 | 博士研究生 |
| 13002  | 王步林| 男   | 副教授  | 7650 | 汽车营销学院 | 博士研究生 |
| 13004  | 刘影  | 女   | 副教授  | 7800 | 机械工程学院 | 硕士研究生 |
| 13006  | 孙威  | 男   | 副教授  | 7550 | 机械工程学院 | 本科       |
+--------+------+------+--------+------+--------------+------------+
7 rows in set
```

图5-13 工资在7 000到8 000的记录

查询工资不在7 000到8 000的记录,SQL语句为:

SELECT * FROM 教师 WHERE 工资 NOT BETWEEN 7000 and 8000;

4. 空值查询

在数据表中,某些列的值可能为空值(NULL),空值不同于0,也不同于空字符串。在SQL 中,使用 IS NULL 关键字来判断字段的值是否为空值,其语法格式如下:

SELECT * |{字段名1,字段名2,字段名3,…}
WHERE 字段名 IS [NOT] NULL

在上面的语法格式中,"NOT"是可选参数,使用 NOT 关键字用于判断字段不是空值。

【例5-11】查询选课表中成绩为空的记录。

SQL 语句如下:

SELECT * FROM 选课 WHERE 成绩 IS NULL;

执行 SQL 语句,结果如图5-14所示。

```
+--------+----------+----------+------+
| 学号   | 课程编号 | 教师编号 | 成绩 |
+--------+----------+----------+------+
| 220005 | 25006    | NULL     | NULL |
| 220013 | 67006    | NULL     | NULL |
| 220019 | 67001    | NULL     | NULL |
| 220027 | 25004    | NULL     | NULL |
| 220028 | 67006    | NULL     | NULL |
+--------+----------+----------+------+
5 rows in set
```

图5-14 成绩为空的记录

如果有的学生选了课却没有参加考试,就会出现成绩为空的情况。查询选课表中成绩不为空的记录,SQL语句为:

SELECT * FROM 选课 WHERE 成绩 IS NOT NULL;

5. 带 LIKE 关键字的查询

前面我们已经学习了使用关系运算符"="可以判断两个字符串是否相等,但有时候需要对字符串进行模糊查询,例如查询学生表中姓名字段以"王"开头的记录。为了完成这种功能,SQL 中提供了 LIKE 关键字,LIKE 关键字可以判断两个字符串是否相匹配。使用 LIKE 关键字的 SELECT 语句其语法格式如下:

```
SELECT * |{字段名1,字段名2,字段名3,…}
FROM 表名
WHERE 字段名 [NOT] LIKE '匹配字符串'
```

在上面的语法格式中,NOT 是可选参数,使用 NOT 表示查询与指定字符串不匹配的记录。"匹配字符串"指定用来匹配的字符串,其值可以是一个普通字符串,也可以是包含百分号(%)和下划线(_)的通配符。百分号和下划线通称为通配符,他们在通配字符串中有特殊的含义,两者的作用如下。

1)百分号(%)通配符

匹配任意长度的字符串,包括空字符串。例如,字符串"n%"匹配以字母 n 开始,任意长度的字符串,如"no""not""nobody"等。

【例 5 – 12】查询教师表中姓名字段以"王"开头的记录。

SQL 语句如下:

```
SELECT * FROM 教师 WHERE 姓名 LIKE '王%';
```

执行 SQL 语句,结果如图 5 – 15 所示。

```
+--------+------+------+--------+------+------------+----------+
| 教师编号 | 姓名 | 性别 | 职称   | 工资 | 部门       | 学历     |
+--------+------+------+--------+------+------------+----------+
| 11001  | 王绪 | 男   | 副教授 | 7600 | 信息技术学院 | 硕士研究生 |
| 12003  | 王莹 | 女   | 教授   | 7900 | 汽车营销学院 | 博士研究生 |
| 13002  | 王步林 | 男  | 副教授 | 7650 | 信息技术学院 | 博士研究生 |
| 13003  | 王博 | 男   | 教授   | 8900 | 信息技术学院 | 本科     |
+--------+------+------+--------+------+------------+----------+
4 rows in set
```

图 5 – 15 姓名以'王'开头的记录

从查询结果可以看到,返回的记录中姓名字段值均以"王"字开头。"王"字后面可以跟任意数量的字符。百分号通配符可以出现在通配字符串的任意位置。

【例 5 – 13】查询课程表中课程名称字段包含"应用"二字的课程编号和课程名称。

SQL 语句如下:

```
SELECT 课程编号,课程名称 FROM 课程 WHERE 课程名称 LIKE '%应用%';
```

执行 SQL 语句,结果如图 5 – 16 所示。

```
+--------+--------------+
| 课程编号 | 课程名称     |
+--------+--------------+
| 37002  | CAM应用技术  |
| 67002  | 数据库设计及应用 |
+--------+--------------+
2 rows in set
```

图 5 – 16 课程名称包含"应用"二字的记录

注意：

（1）在通配字符串中可以出现多个百分号通配符，例如"%设计%"，用来匹配中间是"设计"的字符串。

（2）LIKE 之前可以使用 NOT 关键字，用来查询与指定通配符字符串不匹配的记录。

例如，查询学生表中姓名字段不是"王"开头的记录，SQL 语句如下：

```
SELECT * FROM 学生 WHERE 姓名 NOT like '王%';
```

2）下划线（_）通配符

下划线通配符与百分号通配符有些不同，下划线通配符只匹配单个字符，如果要匹配多个字符，需要使用多个下划线通配符。

【例 5-14】 查询教师表中姓名字段以"王"开头，并且是两个字的记录，结果显示教师编号和姓名。

SQL 语句如下：

```
SELECT 教师编号,姓名 FROM 教师 WHERE 姓名 LIKE '王_';
```

执行 SQL 语句，结果如图 5-17 所示。

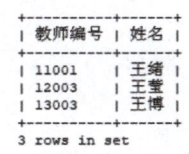

```
+----------+------+
| 教师编号 | 姓名 |
+----------+------+
| 11001    | 王绪 |
| 12003    | 王萱 |
| 13003    | 王博 |
+----------+------+
3 rows in set
```

图 5-17 姓名以"王"开头，并且是两个字的记录

注意：

如果使用多个下划线匹配多个连续的字符，下划线之间不能有空格，例如，通配字符串"M_ _QL"只能匹配字符串"My SQL"，而不能匹配字符串"MySQL"。查询姓名是两个字的记录的 SQL 语句为：

```
SELECT 教师编号,姓名 FROM 教师 WHERE 姓名 LIKE '__';
```

6. 带逻辑运算符的查询

逻辑运算符用于构造更为复杂的条件，逻辑运算符如表 5-2 所示。

表 5-2 逻辑运算符

逻辑运算符	说明
AND 或者 && OR 或者 || NOT 或者 !	逻辑与 逻辑或 逻辑非

1）带 AND 的关键字的多条件查询

AND 关键字可以连接两个或者多个查询条件，只有满足所有条件的记录才会被查询出来。其语法格式如下：

```
SELECT * |{字段名1,字段名2,字段名3,…}
FROM 表名
WHERE 条件表达式1 AND 条件表达式2[…AND 条件表达式n]
```

【例5-15】查询教师表中性别为"女",职称为"教授"的记录,结果显示教师编号、性别、职称字段,SQL语句如下:

```
SELECT 教师编号,性别,职称 FROM 教师 WHERE 性别 = '女' AND 职称 = '教授';
```

执行SQL语句,结果如图5-18所示。

```
+----------+------+------+
| 教师编号 | 性别 | 职称 |
+----------+------+------+
| 11007    | 女   | 教授 |
| 12003    | 女   | 教授 |
| 13007    | 女   | 教授 |
+----------+------+------+
3 rows in set
```

图5-18 性别为"女",职称为"教授"的记录

【例5-16】查询学生表中2003年出生,姓"王"的同学的记录。
SQL语句如下:

```
SELECT * FROM 学生 WHERE 出生日期 >= '2003-1-1' AND 出生日期 <= '2003-12-31' AND 姓名 LIKE '王%';
```

执行SQL语句,结果如图5-19所示。

```
+--------+--------+------+------------+------+
| 学号   | 姓名   | 性别 | 出生日期   | 民族 |
+--------+--------+------+------------+------+
| 220004 | 王欣平 | 女   | 2003-02-03 | 汉   |
| 220010 | 王一   | 女   | 2003-07-06 | 满   |
| 220013 | 王阔   | 男   | 2003-12-11 | 汉   |
| 220017 | 王振   | 男   | 2003-09-10 | 汉   |
+--------+--------+------+------------+------+
4 rows in set
```

图5-19 2003年出生,姓"王"的同学的记录

从查询结果可以看出,返回的记录同时满足AND关键字连接的三个条件表达式。

2) 带OR的关键字的多条件查询

OR关键字也可以连接两个或者多个查询条件,只要记录满足任意一个条件就会被查询出来。其语法格式如下:

```
SELECT * |{字段名1,字段名2,字段名3,…}
FROM 表名
WHERE 条件表达式1 OR 条件表达式2[…OR 条件表达式n]
```

【例5-17】查询教师表中职称是"教授"或者学历是"博士研究生"的记录,结果显示教师编号、姓名、职称、学历,SQL语句如下:

```
SELECT 教师编号,姓名,职称,学历 FROM 教师 WHERE 职称 = '教授' OR 学历 = '博士研究生';
```

执行SQL语句,结果如图5-20所示。

```
+--------+--------+--------+-----------+
|教师编号|姓名    |职称    |学历       |
+--------+--------+--------+-----------+
| 11003  |胡东兵  |教授    |硕士研究生 |
| 11007  |田静    |教授    |博士研究生 |
| 12001  |李铭    |教授    |博士研究生 |
| 12003  |王莹    |教授    |博士研究生 |
| 12006  |高思琪  |助教    |博士研究生 |
| 13002  |王步林  |副教授  |博士研究生 |
| 13003  |王博    |教授    |本科       |
| 13005  |高尚    |讲师    |博士研究生 |
| 13007  |陈丽辉  |教授    |硕士研究生 |
| 14001  |吴萦    |助教    |博士研究生 |
+--------+--------+--------+-----------+
10 rows in set
```

图 5-20　职称是"教授"或者学历是"博士研究生"的记录

OR 关键字和 AND 关键字可以一起使用，需要注意的是，AND 的优先级高于 OR，因此当两者在一起使用时，应该先运算 AND 两边的条件表达式，再运算 OR 两边的条件表达式。

【例 5-18】查询教师表中职称是"讲师"的所有记录或者职称是"助教"且学历是"博士研究生"的记录，结果显示教师编号、姓名、职称、学历，SQL 语句如下：

```sql
SELECT 教师编号,姓名,职称,学历 FROM 教师 WHERE 职称 = '讲师' OR（职称 = '助教' AND 学历 = '博士研究生'）;
```

执行 SQL 语句，结果如图 5-21 所示。

```
+--------+--------+--------+-----------+
|教师编号|姓名    |职称    |学历       |
+--------+--------+--------+-----------+
| 11002  |张威    |讲师    |硕士研究生 |
| 11006  |于文成  |讲师    |本科       |
| 12005  |梁秋实  |讲师    |博士研究生 |
| 12006  |高思琪  |助教    |博士研究生 |
| 13005  |高尚    |讲师    |博士研究生 |
| 14001  |吴萦    |助教    |博士研究生 |
+--------+--------+--------+-----------+
6 rows in set
```

图 5-21　职称是"讲师"或者学历是"博士研究生"的"助教"

因为 AND 的优先级高于 OR，所以上例查询条件中职称 = '讲师' OR（职称 = '助教' AND 学历 = '博士研究生'）这个括号可以不加。当查询条件比较复杂的时候，可以适当地加括号增加可读性。

任务 5.2　分类汇总与排序

【任务描述】

查询显示教师表的记录数、最高工资、最低工资、总工资和平均工资。

【分析】

这里要统计表的记录数和工资字段的最大值、最小值、和、平均值。MySQL 提供了一些函数来实现这些功能。SQL 语句如下：

```sql
SELECT COUNT(*)人数,MAX(工资),MIN(工资),SUM(工资),AVG(工资) FROM 教师;
```

执行 SQL 语句，结果如图 5-22 所示。

```
+------+---------+---------+---------+---------+
| 人数 | MAX(工资)| MIN(工资)| SUM(工资)| AVG(工资)|
+------+---------+---------+---------+---------+
|  20  |  9100   |  5300   | 145040  |  7252   |
+------+---------+---------+---------+---------+
1 row in set
```

图 5-22 教师表的记录数、最高工资、最低工资、总工资和平均工资

COUNT(*)用于返回表的记录总数,教师表一共 20 条记录,MAX(工资)用于返回工资字段的最大值,MIN(工资)用于返回工资字段的最小值,SUM(工资)用于返回工资字段的和,AVG(工资)用于返回工资字段的平均值。

【相关知识】

5.2.1 聚合函数

SELECT 子句的表达式中可以包含所谓的聚合函数。聚合函数常用于对一组值进行计算,然后返回单个值。除 COUNT 函数外,聚合函数都会忽略空值(NULL)。聚合函数通常与 GROUP BY 子句一起使用。常用的聚合函数及功能如表 5-3 所示。

表 5-3 常用的聚合函数及功能

函数名称	功能	函数名称	功能
COUNT( ) SUM( ) AVG( )	返回某列的行数 返回某列值的和 返回某列的平均值	MAX( ) MIN( )	返回某列的最大值 返回某列的最小值

1. COUNT 函数

聚合函数中最经常使用的是 COUNT 函数,用于统计表中满足条件的行数或总行数,返回 SELECT 语句检索到的行中非 NULL 值的数目,若找不到匹配的行,则返回 0。其语法格式如下:

COUNT({[ALL|DISTINCT]表达式}|*)

语法说明:

(1) 表达式:可以是常量、列、函数或表达式,其数据类型是除 BLOB 或 TEXT 之外的任何类型。

(2) ALL|DISTINCT:ALL 表示对所有值进行运算,DISTINCT 表示去除重复值,默认为 ALL。

(3) 使用 COUNT(*)函数时将返回检索行的总数目,不论其是否包含 NULL 值。

【例 5-19】查询选课表中学号字段的个数,成绩字段的个数,SQL 语句如下:

SELECT COUNT(学号),COUNT(成绩) FROM 选课;

执行 SQL 语句,结果如图 5-23 所示。

```
+-----------+-----------+
| COUNT(学号)| COUNT(成绩)|
+-----------+-----------+
|        38 |        33 |
+-----------+-----------+
1 row in set
```

图 5-23 学号、成绩字段的个数

这里 COUNT（成绩）只统计成绩字段中不为 NULL 的行，有五条记录的成绩是 NULL 没有被统计。

【例 5-20】查询选课表中成绩大于或等于 85 的个数。

SQL 语句如下：

```
SELECT COUNT(成绩) AS '优秀成绩数' FROM 选课 WHERE 成绩 >= 85;
```

执行 SQL 语句，结果如图 5-24 所示。

```
+-----------+
| 优秀成绩数|
+-----------+
|        13 |
+-----------+
1 row in set
```

图 5-24 成绩大于或等于 85 的个数

【例 5-21】查询学生中民族的个数。

SQL 语句如下：

```
SELECT COUNT(DISTINCT 民族) AS '民族个数' FROM 学生;
```

执行 SQL 语句，结果如图 5-25 所示。

```
+---------+
| 民族个数|
+---------+
|       4 |
+---------+
1 row in set
```

图 5-25 民族的个数

这里用 DISTINCT 关键字去掉民族的重复值，得到民族的个数是 4。

2. MAX 和 MIN

MAX 和 MIN 分别用来求表达式中所有值项的最大值和最小值。其语法格式如下：

```
MAX/MIN({[ALL|DISTINCT]表达式}|*)
```

语法说明：

当给定列上只有空值或检索出的中间结果为空时，MAX 和 MIN 函数的值也为空。MAX 和 MIN 函数的使用语法与 COUNT 函数相同。

【例 5-22】查询选课表中"25006"课程的最高分和最低分。

SQL 语句如下：

```
SELECT MAX(成绩),MIN(成绩) FROM 选课 WHERE 课程编号 = '25006';
```

执行 SQL 语句，结果如图 5-26 所示。

```
+----------+----------+
| MAX(成绩)| MIN(成绩)|
+----------+----------+
|       88 |       56 |
+----------+----------+
1 row in set
```

图 5-26 "25006" 课程的最高分和最低分

3. SUM 函数和 AVG 函数

SUM 和 AVG 分别用来求表达式中所有值项的总和与平均值。其语法格式如下：

```
SUM/AVG({[ALL|DISTINCT]表达式}|*)
```

语法说明：

表达式：可以是常量、列、函数或表达式，其数据类型只能是数值型数据。SUM 和 AVG 函数的使用语法与 COUNT 函数相同。

【例 5-23】查询选课表中 "25004" 课程的总分、平均分和个数，SQL 语句如下：

```
SELECT SUM(成绩),COUNT(成绩),AVG(成绩) FROM 选课 WHERE 课程编号='25004';
```

执行 SQL 语句，结果如图 5-27 所示。

```
+----------+------------+----------+
| SUM(成绩)| COUNT(成绩)| AVG(成绩)|
+----------+------------+----------+
|      374 |          5 |     74.8 |
+----------+------------+----------+
1 row in set
```

图 5-27 "25004" 课程的总分、个数和平均分

5.2.2 分组查询

在对表中数据进行统计时，也可能需要按照一定的类别进行统计，比如，分别统计学生表中不同籍贯的学生个数。在 MySQL，可以使用 GROUP BY 按某个字段或者多个字段中的值进行分组，字段中值相同的为一组。分组查询主要涉及两个子句，分别是 GROUP BY 和 HAVING。其语法格式如下：

```
SELECT 字段名1,字段名2,…
FROM 表名
GROUP BY 字段名1,字段名2,…[HAVING 条件表达式];
```

在上面的语法格式中，指定的字段名1、字段名2等是对查询结果分组的依据。HAVING 关键字指定条件表达式对分组后的内容进行过滤。需要特别注意的是，GROUP BY 一般和聚合函数一起使用，如果查询的字段出现在 GROUP BY 后，却没有包含在聚合函数中，该字段显示的是分组后的第一条记录的值，这样有可能会导致查询结果不符合我们的预期。

由于分组查询比较复杂，接下来将分几种情况对分组查询进行讲解。

1. GROUP BY 和聚合函数一起使用

GROUP BY 和聚合函数一起使用，可以统计出某个或者某些字段在一个分组中的最大值、最小值、平均值等。

【例 5-24】统计学生表中不同民族的学生个数。

SQL 语句如下：

SELECT 民族,COUNT(学号) AS '学生人数' FROM 学生 GROUP BY 民族；

执行 SQL 语句，结果如图 5-28 所示。

```
+------+----------+
| 民族 | 学生人数 |
+------+----------+
| 回   |        4 |
| 汉   |       23 |
| 满   |        3 |
| 蒙   |        2 |
+------+----------+
4 rows in set
```

图 5-28　学生表中不同民族的学生个数

从查询结果可以看到，GROUP BY 对学生表按照民族字段中的不同值进行了分组，并通过 COUNT( ) 函数统计出不同民族的学生个数。

【例 5-25】统计选课表中不同课程的平均成绩。

SQL 语句如下：

SELECT 课程编号,AVG(成绩) FROM 选课 GROUP BY 课程编号；

执行 SQL 语句，结果如图 5-29 所示。

```
+----------+-----------+
| 课程编号 | AVG(成绩) |
+----------+-----------+
| 25004    |      74.8 |
| 25006    |      72.5 |
| 37001    |        78 |
| 37002    |        79 |
| 37003    |        72 |
| 45001    |        65 |
| 45002    |        86 |
| 45003    |        77 |
| 67001    |     70.25 |
| 67002    |      86.6 |
| 67003    |        83 |
| 67005    |     68.75 |
| 67006    |        50 |
+----------+-----------+
13 rows in set
```

图 5-29　选课表中不同课程的平均成绩

从查询结果可以看到，GROUP BY 对选课表按照课程编号字段中的不同值进行了分组，并通过 AVG( ) 函数统计出不同课程的平均成绩。

【例 5-26】统计学生表中不同性别的学生个数。

SQL 语句如下：

SELECT 性别,COUNT(学号) AS 人数 FROM 学生 GROUP BY 性别；

执行 SQL 语句，结果如图 5-30 所示。

```
+------+------+
| 性别 | 人数 |
+------+------+
| 女   |   13 |
| 男   |   19 |
+------+------+
2 rows in set
```

图 5-30　不同性别的学生个数

2. GROUP BY 和 HAVING 子句一起使用

HAVING 子句和 WHERE 子句的作用相同，都用于设置条件表达式对查询结果进行过滤，两者的区别在于，HAVING 子句后可以跟聚合函数，而 WHERE 子句不能。通常情况下 HAVING 子句都和 GROUP BY 一起使用，用于对分组后的结果进行过滤。

【例 5-27】统计选课表中不同课程的平均成绩，显示平均成绩在 85 分以上的记录。

SQL 语句如下：

SELECT 课程编号,AVG(成绩) FROM 选课 GROUP BY 课程编号 HAVING AVG(成绩) >=85;

执行 SQL 语句，结果如图 5-31 所示。

```
+----------+-----------+
| 课程编号 | AVG(成绩) |
+----------+-----------+
| 45002    |        86 |
| 67002    |      86.6 |
+----------+-----------+
2 rows in set
```

图 5-31　不同课程的平均成绩，显示平均成绩在 85 分以上的记录

从查询结果可以看到，HAVING 子句放在查询语句的最后，用于对分组后的结果进行过滤。

【例 5-28】统计教师表中各个学院教师的人数，并显示人数大于 5 的记录。SQL 语句如下：

SELECT 部门,COUNT(姓名) FROM 教师 GROUP BY 部门 HAVING COUNT(姓名) >5;

执行 SQL 语句，结果如图 5-32 所示。

```
+--------------+------------+
| 部门         | count(姓名)|
+--------------+------------+
| 信息技术学院 |          7 |
| 汽车营销学院 |          8 |
+--------------+------------+
2 rows in set
```

图 5-32　各个学院教师的人数，并显示人数大于 5 的记录

【例 5-29】统计选课表中选课数量大于 1 的同学记录，显示学号、选课数。

SQL 语句如下：

SELECT 学号,COUNT(课程编号) 选课数 FROM 选课 GROUP BY 学号 HAVING COUNT(课程编号) >1;

执行 SQL 语句，结果如图 5-33 所示。

```
+--------+--------+
| 学号   | 选课数 |
+--------+--------+
| 220002 |      2 |
| 220003 |      2 |
| 220004 |      2 |
| 220005 |      3 |
| 220012 |      2 |
| 220013 |      3 |
| 220019 |      2 |
| 220027 |      2 |
+--------+--------+
8 rows in set
```

图 5-33　选课数量大于 1 的同学记录

注意：

HAVING 子句就是为了过滤分组后的数据而存在的，不可以单独出现。

5.2.3 排序

从表中查询出来的数据可能是无序的，或者其排列顺序不是用户期望的。为了使查询结果满足用户的要求，可以使用 ORDER BY 对查询结果进行排序。其语法格式如下：

```
SELECT 字段名1,字段名2,…
FROM 表名
ORDER BY 字段名1[ASC|DESC],字段名2[ASC|DESC]…
```

在上面的语法格式中，指定的字段 1、字段 2 等是对查询结果排序的依据。参数 ASC 表示按照升序进行排序，DESC 表示按照降序进行排序。默认情况下，按照 ASC 方式进行排序。

【例 5-30】查询教师表的数据，显示教师编号、姓名、工资，按工资升序排序。

SQL 语句如下。

```
SELECT 教师编号,姓名,工资 FROM 教师 ORDER BY 工资 ASC；
```

执行 SQL 语句，结果如图 5-34 所示。

以上 SQL 语句可以不写 ASC 关键字，即升序可以不写 ASC。

【例 5-31】查询教师表的数据，显示教师编号、姓名，工资，部门，先按部门升序排序，再按工资降序排序。

SQL 语句如下：

```
SELECT 教师编号,姓名,工资,部门 FROM 教师 ORDER BY 部门,工资 DESC；
```

执行 SQL 语句，结果如图 5-35 所示。

图 5-34 按工资升序排序   图 5-35 先按部门排序，再按工资排序

这个查询用到了多个关键字的排序，只需在 ORDER BY 后面加上多个排序字段，字段中间用逗号隔开即可。先按照部门排序，性别相同的按照工资排序。

【例 5-32】统计选课表中不同课程的平均成绩，并对平均成绩进行降序排序，SQL 语句如下：

```
SELECT 课程编号,AVG(成绩) FROM 选课 GROUP BY 课程编号 ORDER BY AVG(成绩) DESC;
```

执行 SQL 语句,结果如图 5-36 所示。

对分组后的数据进行排序,只要在语句的最后加上 ORDER BY 子句即可。

注意:

在按照指定字段进行升序排列时,如果某条记录的字段值为 NULL,则这条记录会在第一条显示,这是因为 NULL 值可以被认为是最小值,如图 5-37 所示,前 5 条记录的成绩为 NULL。

课程编号	AVG(成绩)
67002	86.6
45002	86
67003	83
37002	79
37001	78
45003	77
25004	74.8
25006	72.5
37003	72
67001	70.25
67005	68.75
45001	65
67006	50

13 rows in set

图 5-36 对平均成绩进行降序排序

学号	课程编号	教师编号	成绩
220028	67006	NULL	NULL
220005	25006	NULL	NULL
220013	67006	NULL	NULL
220019	67001	NULL	NULL
220027	25004	NULL	NULL
220022	67005	12002	45
220002	67001	12001	45
220027	67006	12003	50
220007	25004	11001	54
220012	25006	11002	56
220008	67001	12001	60
220013	45001	14001	65
220001	25004	11001	67
220020	67005	12002	67
220013	25006	11002	69
220005	37003	13004	72
220021	67003	11007	76
220024	67005	12002	76
220003	25004	11001	76
220011	25006	11002	77
220003	45003	12003	77
220012	37001	12005	78
220019	67003	11007	78
220004	37002	13006	79
220017	67002	11003	79
220023	67003	11007	85
220002	45002	12001	86
220005	25004	11001	87
220026	67005	12002	87

图 5-37 成绩为 NULL 的记录最小

5.2.4 LIMIT 子句

查询数据时,可能会返回很多条记录,而用户需要的记录可能只是其中的一条或者几条。比如实现分页功能,每页显示 10 条信息,每次查询就只需要查出 10 条记录。为此,MySQL 中提供了一个关键字 LIMIT,可以指定查询结果从哪一条记录开始以及一共查询多少条信息,其语法格式如下所示:

```
SELECT 字段名1,字段名2,…
FROM 表名
LIMIT [OFFSET,] 记录数
```

在上面的语法格式中,LIMIT 后面可以跟两个参数,第一个参数"OFFSET"表示偏移量,如果偏移量为 0,则从查询结果的第一条记录开始,偏移量为 1 则从查询结果中的第二条记录开始,以此类推。OFFSET 为可选值,如果不指定其默认值为 0。第二个参数"记录数"表示返回查询记录的条数。

【例 5-33】 查询学生表的学号、姓名、性别,显示前 5 条记录。

SQL 语句如下:

```
SELECT 学号,姓名 ,性别 FROM 学生 LIMIT 5;
```

执行 SQL 语句,结果如图 5-38 所示。

从查询结果可以看到,执行语句中没有指定返回记录的偏移量,只指定了查询记录的条数 5,因此,返回结果从第一条记录开始,一共返回 5 条记录。

【例 5-34】查询学生表的学号、姓名、出生日期,显示第 5 条到第 8 条记录,并按年龄由小到大排序,SQL 语句如下:

```
SELECT 学号,姓名 ,出生日期 FROM 学生 ORDER BY 出生日期 DESC LIMIT 4,4;
```

执行 SQL 语句,结果如图 5-39 所示。

```
+--------+--------+--------+
| 学号   | 姓名   | 性别   |
+--------+--------+--------+
| 220001 | 赵秀杰 | 女     |
| 220002 | 张伟   | 男     |
| 220003 | 徐鹏   | 男     |
| 220004 | 王欣平 | 女     |
| 220005 | 赵娜   | 女     |
+--------+--------+--------+
5 rows in set
```

图 5-38 显示前 5 条记录

```
+--------+--------+------------+
| 学号   | 姓名   | 出生日期   |
+--------+--------+------------+
| 220028 | 刘卜元 | 2005-10-29 |
| 220023 | 张浩   | 2005-09-28 |
| 220006 | 陈龙洋 | 2005-09-04 |
| 220026 | 赵娜   | 2005-02-21 |
+--------+--------+------------+
4 rows in set
```

图 5-39 显示第 5 条到第 8 条记录,
并按年龄由小到大排序

从上面执行语句可以看到 LIMIT 后面跟了两个参数,第一个参数表示偏移量为 4,即从第 5 条记录开始查询,第二个参数表示一共返回 4 条记录,即从第 5 条到第 8 条。使用 ORDER BY… DESC 使学生按照"出生日期"从高到低顺序进行排列。

从查询结果可以看到返回了 4 条记录,为了验证返回记录的"出生日期"字段值是从第 5 条到第 8 条,下面对学生表中所有记录按照"出生日期"字段从高到低的顺序进行排列,执行结果如图 5-40 所示。通过对比可以看到,使用 LIMIT 的查询的结果正好是所有记录的第 5 条到第 8 条。

```
+--------+--------+------------+
| 学号   | 姓名   | 出生日期   |
+--------+--------+------------+
| 220032 | 董宇灰 | 2007-08-07 |
| 220030 | 迟道   | 2007-06-09 |
| 220031 | 高兴   | 2006-12-31 |
| 220029 | 许多多 | 2006-05-23 |
| 220028 | 刘卜元 | 2005-10-29 |
| 220023 | 张浩   | 2005-09-28 |
| 220006 | 陈龙洋 | 2005-09-04 |
| 220026 | 赵娜   | 2005-02-21 |
| 220011 | 王迪   | 2004-12-06 |
| 220018 | 刘兴   | 2004-11-09 |
| 220025 | 李奕辰 | 2004-10-27 |
| 220001 | 赵秀杰 | 2004-10-02 |
| 220008 | 何泽   | 2004-09-12 |
| 220016 | 段宇霖 | 2004-09-09 |
| 220007 | 李佳琦 | 2004-08-23 |
| 220022 | 张斯   | 2004-07-26 |
| 220015 | 田明林 | 2004-07-08 |
| 220021 | 高铭   | 2004-05-23 |
| 220019 | 高薪杨 | 2004-05-16 |
| 220009 | 李鑫   | 2004-05-07 |
| 220002 | 张伟   | 2004-03-02 |
| 220014 | 许晓坤 | 2004-03-02 |
| 220024 | 陈辰   | 2003-12-15 |
| 220013 | 王阔   | 2003-12-11 |
| 220027 | 陈甲   | 2003-11-19 |
| 220020 | 刘丽   | 2003-11-14 |
| 220012 | 刘思琦 | 2003-10-25 |
| 220005 | 赵娜   | 2003-10-11 |
| 220017 | 王振   | 2003-09-10 |
+--------+--------+------------+
```

图 5-40 按照"出生日期"字段从高到低的顺序进行排列

任务 5.3　常用系统函数

【任务描述】

查询学生表中学生的学号、姓名、年龄,显示前 5 条记录。

【分析】

年龄不是学生表中的字段,需要通过"出生日期"字段得到。MySQL 提供的日期函数可以实现这个功能。SQL 语句如下:

```
SELECT 学号,姓名,YEAR(NOW()) - YEAR(出生日期) 年龄 FROM 学生 LIMIT 5;
```

执行 SQL 语句,结果如图 5-41 所示。

```
+--------+--------+------+
| 学号   | 姓名   | 年龄 |
+--------+--------+------+
| 220001 | 赵秀杰 |  20  |
| 220002 | 张伟   |  20  |
| 220003 | 徐鹏   |  22  |
| 220004 | 王欣平 |  21  |
| 220005 | 赵娜   |  21  |
+--------+--------+------+
5 rows in set
```

图 5-41　学生的学号、姓名、年龄,显示前 5 条记录

SELECT 子句中 YEAR(出生日期)表达式用于返回出生的年份;YEAR(NOW())用于返回系统当前日期的年份;YEAR(NOW()) - YEAR(出生日期)用于计算系统当前年份与出生日期年份之间的差,即年龄。

【相关知识】

MySQL 函数是 MySQL 数据库提供的内置函数。这些内置函数可以帮助用户更加方便地处理表中的数据。MySQL 的内置函数可以对表中数据进行相应的处理,以便得到用户希望得到的数据。有了这些内置函数可以使 MySQL 数据库的功能更加强大。

5.3.1　数学函数

数学函数如表 5-4 所示。

表 5-4　数学函数

函数	说明
ABS(X)	返回 X 的绝对值
FLOOR(X)	返回不大于 X 的最大整数
CEIL(X)	返回不小于 X 的最小整数
TRUNCATE(X, D)	返回数值 X 保留到小数点后 D 位的值,截断时不进行四舍五入
ROUND(X)	返回离 X 最近的整数,截断时要进行四舍五入

续表

函数	说明
ROUND(X, D)	保留 X 小数点后 D 位的值，截断时要进行四舍五入
RAND( )	返回 0~1 的随机数
SIGN(X)	返回 X 的符号（负数，零或正）对应 -1, 0 或 1
PI( )	返回圆周率的值。默认的显示小数位数是 7 位
POW(x, y)	返回 x 的 y 次乘方的值
SQRT(x)	返回非负数的 x 的二次方根
EXP(x)	返回 e 的 x 乘方后的值
MOD(N, M)	返回 N 除以 M 以后的余数

【例 5-35】查询选课表中课程的平均成绩，结果保留 1 位小数。

SQL 语句如下：

SELECT 课程编号, ROUND(AVG(成绩),1) 平均成绩 FROM 选课 GROUP BY 课程编号；

执行 SQL 语句，结果如图 5-42 所示。

```
+----------+----------+
| 课程编号 | 平均成绩 |
+----------+----------+
| 25004    |     74.8 |
| 25006    |     72.5 |
| 37001    |     78.0 |
| 37002    |     79.0 |
| 37003    |     72.0 |
| 45001    |     65.0 |
| 45002    |     86.0 |
| 45003    |     77.0 |
| 67001    |     70.2 |
| 67002    |     86.6 |
| 67003    |     83.0 |
| 67005    |     68.8 |
| 67006    |     50.0 |
+----------+----------+
13 rows in set
```

图 5-42 课程的平均成绩，结果保留 1 位小数

这个查询语句通过 ROUND(AVG(成绩),1)，使平均成绩保留了 1 位小数。

5.3.2 字符串函数

字符串函数如表 5-5 所示。

表 5-5 字符串函数

函数	说明
CHAR_LENGTH(str)	计算字符串字符个数
LENGTH(str)	返回值为字符串 str 的长度，单位为字节
CONCAT(s1, s2, ...)	返回连接参数产生的字符串，一个或多个待拼接的内容，任意一个为 NULL 则返回值为 NULL

续表

函数	说明
LOWER(str)、LCASE(str)	将 str 中的字母全部转换成小写
UPPER(str)、UCASE(str)	将字符串中的字母全部转换成大写
LEFT(s,n)、RIGHT(s,n)	前者返回字符串 s 从最左边开始的 n 个字符，后者返回字符串 s 从最右边开始的 n 个字符
LTRIM(s)、RTRIM(s)	前者返回字符串 s，其左边所有空格被删除；后者返回字符串 s，其右边所有空格被删除
TRIM(s)	返回字符串 s 删除了两边空格之后的字符串
REPEAT(s,n)	返回一个由重复字符串 s 组成的字符串，字符串 s 的数目等于 n
SPACE(n)	返回一个由 n 个空格组成的字符串
REPLACE(s,s1,s2)	返回一个字符串，用字符串 s2 替代字符串 s 中所有的字符串 s1
STRCMP(s1,s2)	若 s1 和 s2 中所有的字符串都相同，则返回 0；根据当前分类次序，第一个参数小于第二个则返回 −1，其他情况返回 1
SUBSTRING(s,n,len)、MID(s,n,len)	两个函数作用相同，从字符串 s 中返回一个第 n 个字符开始、长度为 len 的字符串
LOCATE(str1,str)、POSITION(str1 IN str)、INSTR(str,str1)	三个函数作用相同，返回子字符串 str1 在字符串 str 中的开始位置（从第几个字符开始）
REVERSE(s)	将字符串 s 反转

【例 5-36】查询学生的序号、姓名、入学年份，显示 5 条记录。

SQL 语句如下：

SELECT RIGHT(学号,4) 序号,姓名,CONCAT('20',LEFT(学号,2)) 入学年份 FROM 学生 LIMIT 5;

执行 SQL 语句，结果如图 5-43 所示。

```
+------+--------+----------+
| 序号 | 姓名   | 入学年份 |
+------+--------+----------+
| 0001 | 赵秀杰 | 2022     |
| 0002 | 张伟   | 2022     |
| 0003 | 徐鹏   | 2022     |
| 0004 | 王欣平 | 2022     |
| 0005 | 赵娜   | 2022     |
+------+--------+----------+
5 rows in set
```

图 5-43 学生的序号、姓名、入学年份

在这个查询语句中，RIGHT（学号，4）可以得到学号的右4位，即序号；LEFT（学号，2）可以得到学号的左两位，即年份，CONCAT('20',LEFT(学号,2))在两位年份的前面加上了"20"，使入学年份以4位显示。

【例5-37】查询学生的学号、姓名、性别、民族，生成基本信息字符串，显示5条记录。

SQL语句如下：

```
SELECT CONCAT(学号,'_',姓名,'_',性别,'_',民族) 基本信息 FROM 学生 LIMIT 5;
```

执行SQL语句，结果如图5-44所示。

```
+------------------------+
| 基本信息               |
+------------------------+
| 220001_赵秀杰_女_汉    |
| 220002_张伟_男_汉      |
| 220003_徐鹏_男_蒙      |
| 220004_王欣平_女_汉    |
| 220005_赵娜_女_汉      |
+------------------------+
5 rows in set
```

图5-44 查询学生的学号、姓名、性别、民族，生成基本信息字符串

5.3.3 日期和时间函数

日期和时间函数是MySQL中另一类最常用的函数。其主要用于对表中的日期和时间数据的处理，如表5-6所示。

表5-6 日期和时间函数

函数	说明
CURDATE()、CURRENT_DATE()	返回当前日期，格式：yyyy-MM-dd
CURTIME()、CURRENT_TIME()	返回当前时间，格式：HH:mm:ss
NOW()	返回当前日期和时间，格式：yyyy-MM-dd HH:mm:ss
MONTH(d)	返回日期d中的月份值，范围是1~12
MONTHNAME(d)	返回日期d中的月份名称，如：January、February等
DAYNAME(d)	返回日期d是星期几，如：Monday、Tuesday等
DAYOFWEEK(d)	返回日期d是星期几，如：1表示星期日，2表示星期一等
WEEKDAY(d)	返回日期d是星期几，如：0表示星期一，1表示星期二等
WEEK(d)	计算日期d是本年的第几个星期，范围是0~53
WEEKOFYEAR(d)	计算日期d是本年的第几个星期，范围是1~53
DAYOFYEAR(d)	计算日期d是本年的第几天
DAYOFMONTH(d)	计算日期d是本月的第几天
YEAR(d)	返回日期d中的年份值

续表

函数	说明
HOUR(t)	返回时间 t 中的小时值
MINUTE(t)	返回时间 t 中的分钟值
SECOND(t)	返回时间 t 中的秒钟值
TIME_TO_SEC(t)	将时间 t 转换为秒
SEC_TO_TIME(s)	将以秒为单位的时间 s 转换为时分秒的格式
TO_DAYS(d)	计算日期 d 至 0000 年 1 月 1 日的天数
FROM_DAYS(n)	计算从 0000 年 1 月 1 日开始 n 天后的日期
DATEDIFF(d1,d2)	计算日期 d1 与 d2 之间相隔的天数
ADDDATE(d,n)	计算起始日期 d 加上 n 天的日期
SUBDATE(d,n)	计算起始日期 d 减去 n 天的日期
SUBTIME(t,n)	计算起始时间 t 减去 n 秒的时间
DATE_FORMAT(d,f)	按照表达式 f 的要求显示日期 d
TIME_FORMAT(t,f)	按照表达式 f 的要求显示时间 t

【例 5-38】查询当前的日期、时间和日期对应的星期。

SQL 语句如下：

SELECT CURDATE( ) 日期,CURTIME( ) 时间,WEEKDAY(NOW( )) +1 星期;

执行 SQL 语句，结果如图 5-45 所示。

```
+------------+----------+------+
| 日期       | 时间     | 星期 |
+------------+----------+------+
| 2024-01-29 | 22:55:43 |    1 |
+------------+----------+------+
1 row in set
```

图 5-45　当前的日期、时间和日期对应的星期

在这个查询语句中，CURDATE( ) 返回当前的日期，CURTIME( ) 返回当前的时间，WEEKDAY(NOW( )) 返回当前时间对应的星期，因为 0 表示星期一，所以 WEEKDAY(NOW( )) +1 对应当前实际的星期。

任务5.4　多表查询

【任务描述】

根据学生表、课程表、选课表的信息，查询显示学生的学号、姓名、课程名称和成绩字段。

【任务分析】

已知学生表、课程表、选课表的信息，参考图 4-1、图 4-3、图 4-4。

学号、姓名在学生表中，课程名称在课程表中和成绩在选课表中，学生表和选课表通过学号字段相关联，课程表和选课表通过课程编号相关联，SQL 语句如下：

> SELECT 学生.学号,学生.姓名,课程.课程名称,选课.成绩 FROM 选课,学生,课程 WHERE 学生.学号 = 选课.学号 AND 选课.课程编号 = 课程.课程编号；

执行 SQL 语句，结果如图 5-46 所示。

学号	姓名	课程名称	成绩
220001	赵秀杰	高等数学	67
220002	张伟	商务礼仪	86
220002	张伟	数据结构	45
220003	徐鹏	高等数学	76
220003	徐鹏	汽车保险与理赔	77
220004	王欣平	CAM应用技术	79
220004	王欣平	数据结构	87
220005	赵娜	高等数学	87
220005	赵娜	体育	NULL
220005	赵娜	数控多轴加工技术	72
220006	陈龙洋	数据结构	89
220007	李佳琦	高等数学	54
220008	何泽	数据结构	60
220009	李鑫	高等数学	90
220010	王一	体育	88
220011	王迪	体育	77
220012	刘思琦	体育	56
220012	刘思琦	数控车削技术	78
220013	王阔	体育	69
220013	王阔	汽车销售实务	65
220013	王阔	专业导论	NULL
220014	许晓坤	数据库设计及应用	89
220015	田明林	数据库设计及应用	87
220016	段宇露	数据库设计及应用	88
220017	王振	数据库设计及应用	79
220018	刘兴	数据库设计及应用	90
220019	高薪杨	数据结构	NULL
220019	高薪杨	程序设计	78
220020	刘丽	软件工程	67

图 5-46 学生的学号、姓名、课程名称和成绩字段（部分记录）

在上面的查询中，可以通过给表起别名来简化语句，学生别名 st，选课别名 sc，课程别名 c，应用别名后的 SQL 语句如下：

> SELECT st.学号,st.姓名,c.课程名称,sc.成绩 FROM 选课 sc,学生 st,课程 c WHERE st.学号 = sc.学号 AND sc.课程编号 = c.课程编号；

【相关知识】

在实际开发中，一般一个业务都对应多个表。大部分的情况下都不是从单表中查询数据，而是多个表联合查询，取出最终的结果。

5.4.1 连接查询

在关系型数据库管理系统中，通常将每个实体的所有信息存放在一个表中，当查询数据时，通过连接操作查询多个表中的实体信息。当两个或多个表中存在相同意义的字段时，便可以通过这些字段对不同的表进行连接查询。连接查询也可以叫跨表查询，需要关联多个表进行查询。SQL 92 的语法格式如下所示：

```
SELECT {[All]|[DISTINCT]|字段名1,字段名2,字段名3,…}
FROM 表名1,表名2,…
[WHERE 条件表达式]
```

【例5-39】根据学生表、课程表和选课表的信息,查询显示学号为"220005"的学生部分课程信息(学号、姓名、课程名称和成绩),SQL语句如下:

```
SELECT 学生.学号,学生.姓名,课程.课程名称,选课.成绩 FROM 选课,学生,课程
WHERE 学生.学号 =选课.学号 AND 选课.课程编号 =课程.课程编号 AND 选课.学号 =220005;
```

执行 SQL 语句,结果如图 5-47 所示。

```
+--------+------+----------------------+--------+
| 学号   | 姓名 | 课程名称             | 成绩   |
+--------+------+----------------------+--------+
| 220005 | 赵娜 | 高等数学             |   87   |
| 220005 | 赵娜 | 体育                 |  NULL  |
| 220005 | 赵娜 | 数控多轴加工技术     |   72   |
+--------+------+----------------------+--------+
3 rows in set
```

图 5-47 学号为"220005"的学生部分课程信息

前面的连接查询使用的是 SQL 92 的语法,因为年代久远现在很少使用,我们在这里不做过多的介绍,下面重点介绍的是 SQL 99 的语法,SQL 99 语法可以做到表的连接和查询条件分离,特别是多个表进行连接的时候,会比 SQL 92 语法更清晰。

1. 交叉连接

交叉连接(Cross Join)又称无条件连接,将每一条记录与另外一个表的每一条记录连接(笛卡儿积),结果是字段数等于原来字段数之和,记录数等于之前各个表记录数之乘积。交叉连接的运算结果产生的数据无实际意义,因此在现实中应尽量避免进行交叉连接运算。

2. 内连接

内连接(Inner Join)又称简单连接或自然连接,是一种常见的连接查询。内连接使用比较运算符对两个表中的数据进行比较,并列出与连接条件匹配的数据行,组合成新的记录,也就是说在内连接查询中,只有满足条件的记录才能出现在查询结果中。内连接查询的语法格式如下所示:

```
SELECT 查询字段
FROM 表名1 [INNER] JOIN 表名2
ON 连接条件
[WHERE 条件表达式]
```

语法说明:

(1) [INNER] JOIN 用于连接两个表,ON 用于指定连接条件,其中 INNER 可以省略,如果需要连接更多的表,增加 [INNER] JOIN ON 即可。

(2) 等值连接条件形式:表名1.关系字段 = 表名2.关系字段

(3) 通过 WHERE 子句可以添加过滤条件来限制查询结果,使查询结果更加精确。

【例5-40】根据数据库表（学生）和表（选课）的信息，查询显示课程编号为"25004"的部分课程信息（学号、姓名和成绩），SQL语句如下：

> SELECT st.学号,st.姓名,sc.成绩 FROM 选课 sc JOIN 学生 st ON st.学号 =sc.学号 WHERE sc.课程编号 =25004;

执行SQL语句，结果如图5-48所示。

```
+--------+--------+--------+
| 学号   | 姓名   | 成绩   |
+--------+--------+--------+
| 220001 | 赵秀杰 |   67   |
| 220003 | 徐鹏   |   76   |
| 220005 | 赵娜   |   87   |
| 220007 | 李佳琦 |   54   |
| 220009 | 李鑫   |   90   |
| 220027 | 陈甲   |  NULL  |
+--------+--------+--------+
6 rows in set
```

图5-48 课程编号为"25004"的部分课程信息

此查询是对学生表和选课表进行的连接查询，连接条件是：st.学号=sc.学号，属于等值连接。st和sc分别是学生表和选课表的别名。使用WHERE子句限定了查询结果中只显示课程编号为25004的课程信息。

【例5-41】根据数据库表（课程）和表（选课）的信息，查询显示第一学期的课程信息（课程编号、课程名称和成绩），SQL语句如下：

> SELECT s.课程编号,c.课程名称,s.成绩 FROM 课程 c JOIN 选课 s ON c.课程编号 =s.课程编号 WHERE c.学期 =1;

执行SQL语句，结果如图5-49所示。

```
+----------+------------+--------+
| 课程编号 | 课程名称   | 成绩   |
+----------+------------+--------+
| 25004    | 高等数学   |   67   |
| 45002    | 商务礼仪   |   86   |
| 25004    | 高等数学   |   76   |
| 37002    | CAM应用技术|   79   |
| 25004    | 高等数学   |   87   |
| 25006    | 体育       |  NULL  |
| 25004    | 高等数学   |   54   |
| 25004    | 高等数学   |   90   |
| 25006    | 体育       |   88   |
| 25006    | 体育       |   77   |
| 25006    | 体育       |   56   |
| 25006    | 体育       |   69   |
| 67006    | 专业导论   |  NULL  |
| 25004    | 高等数学   |  NULL  |
| 67006    | 专业导论   |   50   |
| 67006    | 专业导论   |  NULL  |
+----------+------------+--------+
16 rows in set
```

图5-49 第一学期的课程信息

在上面的查询中，课程c JOIN 选课s表示课程表和选课表做连接，ON的后面是连接条件：c.课程编号=s.课程编号，这是两个表的连接，下面我们写一下3个表内连接的语句，把【例5-39】用内连接写一下，SQL语句如下：

> SELECT st.学号,st.姓名,c.课程名称,sc.成绩 FROM 选课 sc JOIN 学生 st ON st.学号 =sc.学号
> JOIN 课程 c ON sc.课程编号 =c.课程编号 WHERE st.学号 =220005;

执行 SQL 语句，结果如图 5-50 所示。

```
+--------+------+------------------+------+
| 学号   | 姓名 | 课程名称         | 成绩 |
+--------+------+------------------+------+
| 220005 | 赵娜 | 高等数学         |   87 |
| 220005 | 赵娜 | 体育             | NULL |
| 220005 | 赵娜 | 数控多轴加工技术 |   72 |
+--------+------+------------------+------+
3 rows in set
```

图 5-50　3 个表的内连接

3. 外连接

前面讲解的内连接查询中，返回的结果只包含符合查询条件和连接条件的数据，然而有时还需要包含没有关联的数据，即返回查询结果中不仅包含符合条件的数据，而且还包括左表（左连接或左外连接）、右表（右连接或右外连接）或两个表（全外连接）中的所有数据，此时就需要使用外连接查询，外连接分为左连接和右连接。外连接的语法格式如下所示：

> SELECT 查询字段
> FROM 表名 1 LEFT | RIGHT [OUTER] JOIN 表名 2
> ON 连接条件
> [WHERE 条件表达式]

语法说明：

（1）指定了 OUTER 关键字的连接为外连接，其中 OUTER 可以省略。外连接的语法格式和内连接类似，只不过使用的是 LEFT JOIN、RIGHT JOIN 关键字，其中关键字左边的表被称为左表，关键字右边的表被称为右表。

（2）等值连接条件形式：表名 1. 关系字段 = 表名 2. 关系字段

（3）LEFT JOIN（左连接）：返回包括左表中的所有记录和右表中符合连接条件的记录。

（4）RIGHT JOIN（右连接）：返回包括右表中的所有记录和左表中符合连接条件的记录。

【例 5-42】根据数据库表（课程）和表（选课）的信息，查询显示部分课程信息（课程编号、课程名称和成绩），先使用右连接 SQL 语句如下：

> SELECT s. 课程编号, c. 课程名称, s. 成绩 FROM 课程 c RIGHT JOIN 选课 s ON c. 课程编号 = s. 课程编号 ORDER BY s. 成绩;

执行 SQL 语句，结果如图 5-51 所示。

查询结果包括右表（选课表）中的所有记录，没有被选择的课程不在查询结果中。改用左连接 SQL 语句如下：

> SELECT s. 课程编号, c. 课程名称, s. 成绩 FROM 课程 c LEFT JOIN 选课 s ON c. 课程编号 = s. 课程编号 ORDER BY s. 成绩;

查询结果如图 5-52 所示。

```
+--------+-----------------+-------+          +--------+-----------------+-------+
| 课程编号 | 课程名称         | 成绩   |          | 课程编号 | 课程名称         | 成绩   |
+--------+-----------------+-------+          +--------+-----------------+-------+
| 67006  | 专业导论         | NULL  |          | 25004  | 高等数学         | NULL  |
| 25006  | 体育            | NULL  |          | 67006  | 专业导论         | NULL  |
| 67006  | 专业导论         | NULL  |          | NULL   | 特种加工技术      | NULL  |
| 67001  | 数据结构         | NULL  |          | 67006  | 专业导论         | NULL  |
| 25004  | 高等数学         | NULL  |          | 25006  | 体育            | NULL  |
| 67005  | 软件工程         | 45    |          | NULL   | 汽车电子商务      | NULL  |
| 67001  | 数据结构         | 45    |          | 67001  | 数据结构         | NULL  |
| 67006  | 专业导论         | 50    |          | NULL   | 汽车消费心理分析   | NULL  |
| 25004  | 高等数学         | 54    |          | 67001  | 数据结构         | 45    |
| 25006  | 体育            | 56    |          | 67005  | 软件工程         | 45    |
| 67001  | 数据结构         | 60    |          | 67006  | 专业导论         | 50    |
| 45001  | 汽车销售实务      | 65    |          | 25004  | 高等数学         | 54    |
| 25004  | 高等数学         | 67    |          | 25006  | 体育            | 56    |
| 67005  | 软件工程         | 67    |          | 67001  | 数据结构         | 60    |
| 25006  | 体育            | 69    |          | 45001  | 汽车销售实务      | 65    |
| 37003  | 数控多轴加工技术   | 72    |          | 67005  | 软件工程         | 67    |
| 67003  | 程序设计         | 76    |          | 25004  | 高等数学         | 67    |
| 67005  | 软件工程         | 76    |          | 25006  | 体育            | 69    |
| 25004  | 高等数学         | 76    |          | 37003  | 数控多轴加工技术   | 72    |
| 25006  | 体育            | 77    |          | 67003  | 程序设计         | 76    |
| 45003  | 汽车保险与理赔    | 77    |          | 25004  | 高等数学         | 76    |
| 37001  | 数控车削技术      | 78    |          | 67005  | 软件工程         | 76    |
| 67003  | 程序设计         | 78    |          | 25006  | 体育            | 77    |
| 37002  | CAM应用技术      | 79    |          | 45003  | 汽车保险与理赔    | 77    |
| 67002  | 数据库设计及应用   | 79    |          | 37001  | 数控车削技术      | 78    |
| 67003  | 程序设计         | 85    |          | 67003  | 程序设计         | 78    |
| 45002  | 商务礼仪         | 86    |          | 67002  | 数据库设计及应用   | 79    |
| 25004  | 高等数学         | 87    |          | 37002  | CAM应用技术      | 79    |
| 67005  | 软件工程         | 87    |          | 67003  | 程序设计         | 85    |
+--------+-----------------+-------+          +--------+-----------------+-------+
```

图 5-51 显示部分课程信息（右连接）　　　　图 5-52 显示部分课程信息（左连接）

查询结果第 3、6、8 行的课程编号为 NULL，这些记录不在选课表中，即无学生选择，但课程表中是有的，所以查询结果包括了课程表的所有记录。

5.4.2 子查询

子查询是指一个查询语句嵌套在另一个查询语句内部的查询。它可以嵌套在一个 SELECT、SELECT...INTO 语句、INSERT...INTO 等语句中。在执行查询语句时，首先会执行子查询中的语句，然后将返回的结果作为外层查询的过滤条件，在子查询中通常可以使用 IN、EXISTS、ANY、ALL 操作符。

1. 带比较运算符的子查询

这种子查询使表达式的值与子查询的结果进行比较运算。

语法格式如下所示：

WHERE 表达式 { < | <= | = | > | >= | != | <> } [ALL | SOME | ANY] (子查询)

语法说明：

（1）表达式：为与子查询结果集进行比较的表达式。

（2）ALL | SOME | ANY：说明对比较运算符的限制。

如果子查询的结果集只返回一行数据，可以通过比较运算符直接比较；如果子查询的结果集返回多行数据，需要用 {ALL | SOME | ANY} 来限定。

ALL 指定表达式要与子查询结果集中的每个值都进行比较。当表达式的每个值都满足比较的关系时，才返回 TRUE，否则返回 FALSE。

SOME 和 ANY 是同义词。表示表达式只要与子查询结果集中的某个值满足比较的关系，就返回 TRUE，否则返回 FALSE。

【例 5-43】根据数据库表（选课）的信息，查询显示低于平均分的成绩信息（学号、课程编号和成绩），SQL 语句如下：

```
SELECT * FROM 选课 WHERE 成绩<(SELECT AVG(成绩) FROM 选课);
```

执行 SQL 语句，结果如图 5-53 所示。

```
+--------+----------+----------+------+
| 学号   | 课程编号 | 教师编号 | 成绩 |
+--------+----------+----------+------+
| 220001 | 25004    | 11001    |   67 |
| 220002 | 67001    | 12001    |   45 |
| 220005 | 37003    | 13004    |   72 |
| 220007 | 25004    | 11001    |   54 |
| 220008 | 67001    | 12001    |   60 |
| 220012 | 25006    | 11002    |   56 |
| 220013 | 25006    | 11002    |   69 |
| 220013 | 45001    | 14001    |   65 |
| 220020 | 67005    | 12002    |   67 |
| 220022 | 67005    | 12002    |   45 |
| 220027 | 67006    | 12003    |   50 |
+--------+----------+----------+------+
11 rows in set
```

图 5-53 低于平均分的成绩信息

"SELECT AVG（成绩）FROM 选课"是子查询语句，通过该查询可以得到选课表的平均成绩，在外层查询中就可以使用这个平均成绩得到低于平均分的记录。

【例 5-44】根据学生表和选课表的信息，查询显示民族是"汉"的 85 分以上的成绩信息（学号、课程编号和成绩），SQL 语句如下：

```
SELECT * FROM 选课 WHERE 学号 = ANY(SELECT 学号 FROM 学生 WHERE 民族 = '汉') AND 成绩 > 85;
```

执行 SQL 语句，结果如图 5-54 所示。

```
+--------+----------+----------+------+
| 学号   | 课程编号 | 教师编号 | 成绩 |
+--------+----------+----------+------+
| 220002 | 45002    | 12001    |   86 |
| 220004 | 67001    | 12001    |   87 |
| 220005 | 25004    | 11001    |   87 |
| 220009 | 25004    | 11001    |   90 |
| 220014 | 67002    | 11003    |   89 |
| 220016 | 67002    | 11003    |   88 |
| 220025 | 67003    | 11007    |   93 |
+--------+----------+----------+------+
7 rows in set
```

图 5-54 民族是汉的 85 分以上的成绩信息

在上面的 SQL 语句中，子查询：SELECT 学号 FROM 学生 WHERE 民族 = '汉'可得到学生表中民族为汉的学生的学号的集合，然后将选课表中的学号与之进行比较，只要等于学生表中学号的任意一个值，就是符合条件的，通过逻辑与运算（AND）进一步筛选出成绩在 85 分以上的记录。

如果把 ANY 换成 ALL，即学号 = ALL(SELECT 学号 FROM 学生 WHERE 民族 = '汉')，则表示学号需要等于学生表中学号的所有值，在这里没有符合条件的记录。

2. 带 IN 关键字的子查询

使用 IN 关键字进行子查询时，内层查询语句仅返回一个数据列，这个数据列中的值将供外层查询语句进行比较操作。

语法格式如下所示：

```
WHERE 表达式 [IN|NOT IN](子查询)
```

语法说明：

（1）当表达式与子查询的结果集中的某个值相等时，IN 谓词返回 TRUE，否则返回 FALSE；若使用了 NOT，则返回值正好相反。

（2）子查询：只能返回一列数据。对于较复杂的查询，可以使用嵌套的子查询。

【例 5–45】根据数据库表（学生）和表（选课）的信息，查询显示女生的成绩信息（学号、课程编号和成绩），SQL 语句如下：

```
SELECT * FROM 选课 WHERE 学号 IN(SELECT 学号 FROM 学生 WHERE 性别 ='女');
```

执行 SQL 语句，结果如图 5–55 所示。

```
+--------+----------+----------+------+
| 学号   | 课程编号 | 教师编号 | 成绩 |
+--------+----------+----------+------+
| 220001 | 25004    | 11001    | 67   |
| 220004 | 37002    | 13006    | 79   |
| 220004 | 67001    | 12001    | 87   |
| 220005 | 25004    | 11001    | 87   |
| 220005 | 25006    | NULL     | NULL |
| 220005 | 37003    | 13004    | 72   |
| 220010 | 25006    | 11002    | 88   |
| 220011 | 25006    | 11002    | 77   |
| 220012 | 25006    | 11002    | 56   |
| 220012 | 37001    | 12005    | 78   |
| 220015 | 67002    | 11003    | 87   |
| 220016 | 67002    | 11003    | 88   |
| 220020 | 67005    | 12002    | 67   |
| 220022 | 67005    | 12002    | 45   |
| 220024 | 67005    | 12002    | 76   |
| 220026 | 67005    | 12002    | 87   |
+--------+----------+----------+------+
16 rows in set
```

图 5–55　女生的成绩信息

在查询的过程中，首先会执行内层子查询：SELECT 学号 FROM 学生 WHERE 性别 = '女'，得到性别为女的学号，然后根据学号与外层查询的比较条件，最终得到符合条件的数据。

SELECT 语句中还可以使用 NOT IN 关键字，其作用正好与 IN 相反。比如查询选课表中民族不是汉的学生的成绩信息，SQL 语句如下：

```
SELECT * FROM 选课 WHERE 学号 NOT IN(SELECT 学号 FROM 学生 WHERE 民族 ='汉');
```

【例 5–46】根据课程表和选课表的信息，查询选课表中成绩小于 60 的学生信息（学号、姓名），SQL 语句如下：

```
SELECT 学号,姓名 FROM 学生 WHERE 学号 IN(SELECT 学号 FROM 选课 WHERE 成绩<60);
```

执行 SQL 语句，结果如图 5–56 所示。

```
+--------+--------+
| 学号   | 姓名   |
+--------+--------+
| 220002 | 张伟   |
| 220007 | 李佳琦 |
| 220012 | 刘思琦 |
| 220022 | 张斯   |
| 220027 | 陈甲   |
+--------+--------+
5 rows in set
```

图 5–56　成绩小于 60 的学生信息

117

3. 带 EXISTS 关键字的子查询

EXISTS 关键字后面的参数可以是任意一个子查询,这个子查询的作用相当于测试,它不产生任何数据,只返回 TRUE 或 FALSE,当返回值为 TRUE 时,外层查询才会执行。EXISTS 可以与 NOT 结合使用,即 NOT EXISTS,其返回值与 EXISTS 刚好相反。

语法格式如下所示:

```
WHERE [NOT] EXISTS (子查询)
```

【例 5-47】根据数据库表(课程)和表(选课)的信息,如果课程表中存在学分大于 2 的课程就显示选课表中的所有信息,SQL 语句如下:

```
SELECT * FROM 选课 WHERE EXISTS (SELECT * FROM 课程 WHERE 学分 >2);
```

执行 SQL 语句,结果如图 5-57 所示。

```
+--------+-------+-------+------+
| 220001 | 25004 | 11001 |   67 |
| 220002 | 45002 | 12001 |   86 |
| 220002 | 67001 | 12001 |   45 |
| 220003 | 25004 | 11001 |   76 |
| 220003 | 45003 | 12003 |   77 |
| 220004 | 37002 | 13006 |   79 |
| 220004 | 67001 | 12001 |   87 |
| 220005 | 25004 | 11001 |   87 |
| 220005 | 25006 | NULL  | NULL |
| 220005 | 37003 | 13004 |   72 |
| 220006 | 67001 | 12001 |   89 |
| 220007 | 25004 | 11001 |   54 |
| 220008 | 67001 | 12001 |   60 |
| 220009 | 25004 | 11001 |   90 |
| 220010 | 25006 | 11002 |   88 |
| 220011 | 25006 | 11002 |   77 |
| 220012 | 25006 | 11002 |   56 |
| 220012 | 37001 | 12005 |   78 |
| 220013 | 25006 | 11002 |   69 |
| 220013 | 45001 | 14001 |   65 |
| 220013 | 67006 | NULL  | NULL |
| 220014 | 67002 | 11003 |   89 |
| 220015 | 67002 | 11003 |   87 |
| 220016 | 67002 | 11003 |   88 |
| 220017 | 67002 | 11003 |   79 |
| 220018 | 67002 | 11003 |   90 |
| 220019 | 67001 | NULL  | NULL |
| 220019 | 67003 | 11007 |   78 |
| 220020 | 67005 | 12002 |   67 |
| 220021 | 67003 | 11007 |   76 |
| 220022 | 67005 | 12002 |   45 |
```

图 5-57 选课表中的所有信息

由于课程表中有学分大于 2 的记录,因此子查询的返回结果为 TRUE,所以外层的查询语句会执行,即查询出所有的课程信息。如果把子查询的条件改为"学分 >5",将无显示结果。

5.4.3 UNION 语句

使用 UNION 语句可以把来自许多 SELECT 语句的结果组合到一个结果集合中。其语法格式如下所示:

```
SELECT 语句
UNION[ALL | DISTINCT]
SELECT 语句
[UNION[ALL | DISTINCT]
SELECT 语句]
```

语法说明：

（1）SELECT 语句：语法格式中为常规的查询语句，但每个 SELECT 语句对应位置的被选择的列应具有相同的数目和类型。第一个 SELECT 语句中的列名称用来作为结果的列名称。

（2）ALL | DISTINCT：默认为 DISTINCT，系统默认去掉所有重复行。要得到所有匹配的行，可以指定关键字 ALL。

【例 5-48】根据学生表的信息，查询显示民族为"满"和"回"的学生部分信息（学号、姓名、民族），SQL 语句如下：

```
SELECT 学号,姓名,民族 FROM 学生 WHERE 民族 ='满'
UNION
SELECT 学号,姓名,民族 FROM 学生 WHERE 民族 ='回';
```

执行 SQL 语句，结果如图 5-58 所示。

```
+--------+--------+------+
| 学号   | 姓名   | 民族 |
+--------+--------+------+
| 220010 | 王一   | 满   |
| 220015 | 田明林 | 满   |
| 220018 | 刘兴   | 满   |
| 220006 | 陈龙洋 | 回   |
| 220011 | 王迪   | 回   |
| 220022 | 张斯   | 回   |
| 220031 | 高兴   | 回   |
+--------+--------+------+
7 rows in set
```

图 5-58 民族为"满"和"回"的学生信息

此查询 UNION 前的内容是实现查询民族为满的学生信息，UNION 后面的内容是实现查询民族为回的学生信息，UNION 则起到将两个结果集联合起来的功能。当然，也可以用条件查询语句实现相同的功能，SQL 语句如下：

```
SELECT 学号,姓名,民族 FROM 学生 WHERE 民族 IN ('满','回');
```

注意：

即使 UNION 后 SELECT 查询的字段与第一个 SELECT 查询的字段表达含义或数据类型不同，MySQL 也仅会根据查询字段出现的顺序对结果进行合并，如图 5-59 所示。

```
+--------+--------+------+
| 学号   | 姓名   | 民族 |
+--------+--------+------+
| 220010 | 王一   | 满   |
| 220015 | 田明林 | 满   |
| 220018 | 刘兴   | 满   |
| 220006 | 陈龙洋 | 男   |
| 220011 | 王迪   | 女   |
| 220022 | 张斯   | 女   |
| 220031 | 高兴   | 男   |
+--------+--------+------+
7 rows in set
```

图 5-59 UNION 后 SELECT 查询的字段与第一个 SELECT 查询的字段不同

若要对联合查询的记录进行排序等操作，需要使用圆括号"( )"包裹每一个 SELECT 语句，在 SELECT 语句内或在联合查询的最后添加 ORDER BY 语句。

【例 5-49】根据学生表的信息，查询显示民族为"满"和"回"的学生部分信息（学号、出生日期、民族），按出生日期升序排列，SQL 语句如下：

```
（SELECT 学号,出生日期,民族 FROM 学生 WHERE 民族 ='满'）
UNION
（SELECT 学号,出生日期,民族 FROM 学生 WHERE 民族 ='回'）ORDER BY 出生日期；
```

执行 SQL 语句，结果如图 5 – 60 所示。

```
+--------+------------+------+
| 学号   | 出生日期   | 民族 |
+--------+------------+------+
| 220010 | 2003-07-06 | 满   |
| 220015 | 2004-07-08 | 满   |
| 220022 | 2004-07-26 | 回   |
| 220018 | 2004-11-09 | 满   |
| 220011 | 2004-12-06 | 回   |
| 220006 | 2005-09-04 | 回   |
| 220031 | 2006-12-31 | 回   |
+--------+------------+------+
7 rows in set
```

图 5 – 60　联合查询的记录进行排序操作

小　结

（1）数据查询是数据库最重要的功能。应用 SELECT 语句，可以从表或视图中迅速方便地检索数据。SELECT 语句可以实现对表的选择、投影及连接操作。

（2）FROM 子句用于指定查询数据的来源。如果在 FROM 子句中只指定表名，则该表应该属于当前数据库，否则需要在表名前带上表所属数据库的名字。如果要在不同表中查询数据，则必须在 FROM 子句中指定多个表。FROM 子句使用 JOIN 关键字实现内连接（INNER JOIN）、左连接（LEFT JOIN）和右连接（RIGHT JOIN）。

（3）WHERE 子句实现按条件对 FROM 子句的中间结果中的行进行选择。WHERE 子句中的条件判定运算包括比较运算、逻辑运算、模式匹配、范围比较、空值比较和子查询。在查询中，可以使用另一个查询的结果作为查询条件的一部分的查询称为子查询。子查询通常与 IN、EXIST 谓词及比较运算符结合使用。子查询可以多层嵌套完成复杂的查询。子查询除了可以用在 SELECT 语句中，还可以用在 INSERT、UPDATE 及 DELETE 语句中。

（4）使用 ORDER BY 子句可以保证结果中的行按一定顺序排列。

（5）聚合函数可以实现对一组值进行计算，主要用于数据的统计分析。GROUP BY 子句根据字段对行分组，而 HAVING 子句用来对 GROUP BY 子句分组结果的行进行选择。聚合函数常与 GROUP BY 子句和 HAVING 子句一起使用，实现数据的分类统计。

理论练习

一、单选

1. 下列运算符中可以实现模糊查询的是（　　）。

　A. IN　　　　　　B. LIKE　　　　　　C. =　　　　　　D. <>

2. 在 SELECT 语句中使用"＊"表示（　　）。

　A. 选择全部记录　　　　　　　　　　B. 选择全部列

　C. 选择主码所在的列　　　　　　　　D. 选择有非空约束的列

3. 在 SELECT 语句的 WHERE 子句的条件表达式中，可以匹配 0 个到多个字符的通配符是（   ）。

  A. *   B. _   C. %   D. ?

4. 在 SELECT 查询中，要把结果中的行按照某一列的值进行排序，所用到的字句是（   ）。

  A. ORDER BY B. WHERE C. GROUP BY D. HAVING

5. 在 SELECT 语句中，用于去除重复行的关键字是（   ）。

  A. DELETE B. DISTINCT C. UPDATE D. HAVING

6. SELECT 语句中，通常与 HAVING 子句同时使用的是（   ）子句。

  A. ORDER BY B. WHERE C. GROUP BY D. 勿需配合

7. 下面涉及空值的操作，不正确的是（   ）。

  A. age IS NULL   B. age IS NOT NULL

  C. age = NULL   D. NOT(age IS NULL)

8. 假设数据表"学生"表中有 10 条记录，获得"学生"表最前面三条记录的命令为（   ）。

  A. SELECT 3 * FROM 学生 B. SELECT * FROM 学生 LIMIT 3

  C. SELECT PERCENT 3 * FROM 学生 D. SELECT 3 FROM 学生

9. 如果要查询学生的平均成绩，则使用以下（   ）聚合函数。

  A. SUM B. ABS C. COUNT D. AVG

10. 在 SELECT 查询语句中，如果要对得到的结果中的某个字段按降序处理，则在 ORDER BY 子句后面使用参数（   ）。

  A. ASC B. DESC C. BETWEEN D. IN

二、判断

1. 连接查询只能在不同的两个表之间进行，同一个表不能进行连接。（   ）
2. "SELECT COUNT(*) FROM emp;"可以显示 emp 表的所有记录数。（   ）
3. HAVING 是对分组之后的数据进行再次过滤。（   ）
4. 判断某字段值是否介于两个值之间可以使用 FROM...TO...。（   ）
5. 分组函数通常都会和 GROUP BY 联合使用。（   ）
6. 条件查询需要用到 WHERE 语句，WHERE 必须放到"FROM 表名"的后面。（   ）
7. 子查询是指一个查询语句嵌套在另一个查询语句内部的查询。（   ）

三、填空

1. 限制被 SELECT 语句返回的行数，使用的子句是_____。
2. 使用_____关键字可以消除结果集中的重复行，保证行的唯一性。
3. _____函数用于统计表中满足条件的行数或总行数。
4. _____函数用来求表达式中所有值项的平均值。
5. 从表中查询出来的数据可能是无序的，或者其排列顺序不是用户期望的。可以使用_____对查询结果进行排序。

实战演练

一、stucourse（学生选课管理系统）数据库包含学生、教师、课程、选课四个表。使用学生选课管理系统的数据完成以下查询

1. 单表查询。

（1）查询所有教师的教师编号、姓名、学历。

（2）查询所有学生的姓名和年龄，要求分别用姓名和年龄表示列名。（提示：年龄可以根据当前日期和出生日期算出，日期取年的函数为 YEAR，取系统当前日期的函数为 NOW。）

（3）查询学时小于或等于 48 学时的课程名和学分。

（4）查询第一学期的所有课程信息，显示所有列。

（5）查询姓"王"且名字为 3 个字的学生记录。

（6）查询所有民族不是汉族的女同学的记录，显示所有列。

（7）查询不及格的成绩，显示学号、课程编号、成绩。

（8）查询 2004 年出生的学生记录，显示学号、姓名、出生日期。

（9）查询显示高于平均分的成绩信息，显示学号、课程编号和成绩。

（10）查询所有信息技术学院的硕士研究生信息，显示姓名、部门、学历。

2. 多表查询。

（1）查询所有学生的学号、姓名、课程编号和成绩。

（2）查询成绩在 90 分以上的学生的学号、姓名、课程编号和成绩。

（3）查询成绩在 60 分以下的学生的学号、姓名、课程名称和成绩。

（4）查询"数据结构"课程的成绩记录，显示学号、姓名、课程名、成绩。

（5）查询"田明林"同学的所有成绩，显示学号、姓名、课程名、成绩。

（6）查询显示男生的成绩信息，显示学号、课程编号和成绩。

（7）查询选课表中成绩大于 85 的学生信息，显示学号、姓名。

（8）查询第一学期的课程成绩信息，显示学号、课程编号和成绩。

（9）查询选修了 25004 课程的学生信息，显示学号、姓名。

（10）查询编号为"11002"的教师负责的学生信息，显示学号、姓名、教师编号。

3. 分类汇总与排序。

（1）按性别统计学生人数。

（2）统计每个学生的选课门数、平均分、最高分。

（3）统计不同部门、不同学历的教师人数。

（4）先按性别，再按民族统计学生的人数。

（5）统计每门课程的平均分、最高分、最低分。

（6）统计每学期课程的总学时、总学分。

（7）统计每个部门的教师人数，并按教师人数升序排序。

（8）对学生表的数据按"姓名"升序排序。

（9）对课程表的数据按"学时"降序排序。

（10）对教师表的数据先按"部门"排序，"部门"相同的按"教师编号"排序。

二、librarydb 数据库包含学生情况、图书情况、图书分类、借还记录四个表，使用 librarydb 数据库中的表完成以下查询操作

1. 单表查询。

（1）查询所有图书的图书编号、图书名、出版社。

（2）查询图书名最后包含"教程"的所有图书。

（3）查询清华大学出版社的"T"类图书信息。

（4）查询在库的图书，显示图书编号、图书名、状态。

（5）查询 2021 年出版的图书记录，显示图书编号、图书名、出版日期。

（6）查询定价在 50 元以上的图书记录，显示图书编号、图书名、定价。

（7）查询清华大学出版社的所有出库图书记录，显示图书编号、图书名、出版社、状态。

（8）查询清华大学出版社或北京大学出版社的所有图书记录。

（9）查询显示类别编码不是"T"类的所有图书记录。

（10）查询定价在 40 和 50 之间的图书记录。

2. 多表查询。

（1）查询学生借书信息，显示学号、姓名、图书编号。

（2）查询学生借书信息，显示学号、姓名、图书编号、图书名。

（3）查询信息学院学生借书信息，显示学号、姓名、图书编号、图书名、所在分院。

（4）查询学号为 19020337 的学生借书信息，显示学号、姓名、图书编号、图书名、所在分院。

（5）查询未归还的学生借书信息，显示学号、姓名、图书编号、图书名、借阅日期。

（6）查询借阅日期为"2021-12-21"的学生借书信息，显示学号、姓名、图书编号、图书名、借阅日期。

（7）查询图书信息，显示图书编号、图书名、类别名。

（8）查询类别名为"工业技术"的图书信息，显示图书编号、图书名、出版社类别名。

（9）查询状态为"下架"的图书信息，显示图书编号、图书名、类别名、状态。

（10）查询备注不为 NULL 的借书信息，显示学号、姓名、图书编号、图书名。

3. 分类汇总与排序。

（1）按出版社统计图书册数，显示"出版社""册数"。

（2）统计每个出版社的平均定价、最高定价。

（3）统计不同状态图书的册数。

（4）统计图书情况表的记录数、定价的总和、平均值定价、最高定价、最低定价。

（5）统计不同类别图书的册数、平均值定价。

（6）对图书情况表的图书按定价升序排列。

（7）统计每个出版社的图书册数，并按册数升序排列。

（8）对图书情况表的数据按"图书名"升序排序，显示图书编号、图书名。

（9）对图书情况表的数据按"定价"降序排序，显示图书编号、图书名、定价。

（10）对图书情况表的数据先按"出版社"排序，"出版社"相同的按"定价"降序排序，显示图书编号、图书名、出版社、定价。

项目 6
数据视图

学习导读

当用 SQL 语言定义并执行数据查询时,查询的结果将直接输出到客户端,而不会在服务器端保存。如果有多个用户或需要多次进行同样的数据查询,可以将数据查询的定义保存在服务器端的数据库中,这种操作称为创建视图。视图是一个虚表,视图中存储的是查询数据的 SQL 语句,它对应的数据来自基本表。对视图进行操作时,系统会根据视图的定义对与视图相关联的基本表进行操作;但对于用户来说,使用视图和使用基本表是一样的。本项目将学习如何定义视图,以及如何通过视图查询、修改、删除和更新数据。

学习目标

理解视图的功能和作用。
掌握创建和管理视图的 SQL 语句的语法。
能运用 SQL 语句创建数据视图。
掌握通过视图操纵基本表数据的要点和方法。

素养目标设计

项目	任务	素养目标	融入方式	素养元素
项目六	6.1 创建视图	培养分析问题和数据可视化的能力	通过"创建学生选课视图"任务导入	化繁为简、美化展示
	6.2 操作视图	理解事物的内在规律和真实面貌	通过对"教师表视图进行增、删、改、查"任务导入	想象能力、创新意识、创新能力

任务 6.1 创建视图

【任务描述】

创建视图 v_学生_课程_选课,用于显示学生成绩信息,其中包括学号、姓名、课程名称和成绩字段。

【任务分析】

视图 v_学生_课程_选课中包括学号、姓名、课程名称和成绩字段,其中学号、姓名来自学生表,课程名称来自课程表,成绩来自选课表。要查询这些信息,需要建立多表查询:

```
SELECT s.学号,姓名,课程名称,成绩
FROM 学生 s,课程 c,选课 sc
WHERE s.学号=sc.学号 AND c.课程编号=sc.课程编号;
```

创建视图的 SQL 语句:

```
CREATE VIEW v_学生_课程_选课
AS
SELECT s.学号,姓名,课程名称,成绩
FROM 学生 s,课程 c,选课 sc
WHERE s.学号=sc.学号 AND c.课程编号=sc.课程编号;
```

运行以上 SQL 语句,结果如图 6-1 所示。

图 6-1 创建视图

输入"SHOW TABLES;"显示所有的表和视图,结果如图 6-2 所示。

图 6-2 显示表和视图

视图 v_学生_课程_选课是利用三个表的数据创建的多表视图,如果视图的数据是来自一个表那就是单表视图。创建多表视图和创建单表视图操作方法相同。

【相关知识】

6.1.1 视图概念

视图是从一个或多个表(或视图)导出的表。视图是数据库的用户使用数据库的观点。有时为与视图区别,也称表为基本表。视图与表不同,视图是一个虚表,即视图所对应的数据不进行实际存储,数据库中只存储视图的定义,对视图的数据进行操作时,系统根据视图的定义去操作与视图相关联的基本表。

视图一经定义,就可以像表一样被查询、修改、删除和更新。使用视图有下列优点。

1. 简化查询语句

有时用户所需要的数据分散在多个表中，定义视图可将它们集中在一起，从而方便用户的数据查询和处理。可以重新组织数据，以便输出到其他应用程序中。

2. 逻辑数据独立性

用户不必了解复杂的数据库中的表的结构，并且数据库表的更改也不影响用户对数据库的使用。

3. 安全性

通过视图用户只能查询和修改他们所能见到的数据，数据库中的其他数据则既看不到也取不到。数据库授权命令可以使每个用户对数据库的检索限制到特定的数据库对象上，但不能授权到数据库特定行和特定的列上。

4. 数据共享

各用户不必都定义和存储自己所需的数据，可共享数据库的数据，这样同样的数据只需存储一次。

6.1.2　创建视图

创建及维护视图与创建表和维护表的操作基本相同。创建视图要指定相关数据库，指定视图中数据来源的表，定义视图的名称以及视图中记录、字段的限制。如果视图中某一字段是函数、数学表达式、常量，或者来自多个表的字段名相同，则还需为字段定义名称以及视图与表的关系。

1. 创建视图

SQL 定义视图的语句格式如下：

```
CREATE VIEW 视图名 AS
    SELECT 列名
    FROM 表名
    WHERE 条件
```

功能：创建视图。

两点说明：

（1）视图名：指定视图的名称。视图的命名必须遵循标识符命名规则，不能与表同名。对于每个用户，视图名必须是唯一的，即对不同用户，即使是定义相同的视图，也必须使用不同的名字。

（2）SELECT...FROM...WHERE...：指定创建视图的 SELECT 语句，可用于查询多个数据库表或源视图。

【例 6-1】使用课程表的数据创建单表视图 v_课程 1，显示第一学期的课程信息（课程编号、课程名称、学时、学分）。SQL 语句如下所示：

```
CREATE VIEW v_课程 1 AS
SELECT 课程编号,课程名称,学时,学分 FROM 课程 WHERE 学期 =1;
```

执行 SQL 语句，结果如图 6-3 所示。

```
mysql> CREATE VIEW v_课程1 AS
SELECT 课程编号,课程名称,学时,学分 FROM 课程 WHERE 学期 =1;
Query OK, 0 rows affected
```

图 6-3　视图 v_课程1

显示所有的表和视图，结果如图 6-4 所示。

```
mysql> SHOW TABLES;
+--------------------+
| Tables_in_stucourse |
+--------------------+
| 学生               |
| 教师               |
| 课程               |
| 选课               |
| v_学生_课程_选课   |
| v_课程1            |
+--------------------+
6 rows in set
```

图 6-4　显示表和视图

【例 6-2】 使用教师表的数据创建单表视图 v_教师_信息技术学院，显示信息技术学院的教师信息。SQL 语句如下所示：

```
CREATE VIEW v_教师_信息技术学院
AS SELECT * FROM 教师 WHERE 部门 = '信息技术学院';
```

执行 SQL 语句，结果如图 6-5 所示。

```
mysql> CREATE VIEW v_教师_信息技术学院
AS SELECT * FROM 教师 WHERE 部门='信息技术学院';
Query OK, 0 rows affected
```

图 6-5　创建视图 v_教师_信息技术学院

2. 使用视图的注意事项

（1）在默认情况下，将在当前数据库创建新视图。要想在给定数据库中明确创建视图，创建时应将名称指定为"库名. 视图名"。

（2）不要把规则、默认值或触发器与视图相关联。

（3）不能在视图上建立任何索引，包括全文索引。

（4）视图中使用 SELECT 语句有以下限制。

①定义视图的用户必须对所参照的表或视图有查询权限，即可执行 SELECT 语句的权限；在定义中引用的表或视图必须存在。

②不能包含 FROM 子句中的子查询，不能引用系统或用户变量，不能引用预处理语句参数。

③在视图定义中允许使用 ORDER BY 子句。但是如果从特定视图进行选择，而该视图使用了具有自己 ORDER BY 子句的语句，则视图定义中的 ORDER BY 子句将被忽略。

6.1.3　查询视图

视图定义后，就可以如同查询基本表那样对视图进行查询。

【例 6-3】 查询视图 v_教师_信息技术学院中的数据，SQL 语句如下所示：

```
SELECT * FROM v_教师_信息技术学院;
```

执行 SQL 语句,结果如图 6-6 所示。

图 6-6 查询 v_教师_信息技术学院

【例 6-4】在视图 v_学生_课程_选课中查找数据库设计及应用课程的成绩信息(学号、姓名、课程名称、成绩),SQL 语句如下所示:

SELECT 学号,姓名,课程名称,成绩 FROM v_学生_课程_选课 WHERE 课程名称 = '数据库设计及应用';

执行 SQL 语句,结果如图 6-7 所示。

图 6-7 在视图 v_学生_课程_选课中进行查询的结果

【例 6-5】查询平均成绩大于 80 的学生信息(学号、平均成绩),SQL 语句如下所示:
创建平均成绩视图选课_avg:

CREATE VIEW 选课_avg
AS SELECT 学号, AVG(成绩) AS 平均成绩 FROM 选课 GROUP BY 学号;

再对选课_avg 视图进行查询:

SELECT * FROM 选课_avg WHERE 平均成绩 >= 80;

执行 SQL 语句,结果如图 6-8 所示。

图 6-8 平均成绩大于 80 的学生信息(学号、平均成绩)

使用视图进行查询的时候要确保当前的数据库是视图所在的数据库，否则将报错，显示视图不存在，如图6-9所示。

```
mysql> SELECT * FROM 选课_avg WHERE 平均成绩>=80;
1146 - Table 'librarydb.选课_avg' doesn't exist
```

图6-9 "视图不存在"的报错消息

注意：

使用视图查询时，若其关联的基本表中添加了新字段，则该视图将不包含新字段；如果与视图相关联的表或视图被删除，则该视图将不能再使用。

任务6.2 操作视图

【任务描述】

使用如图6-10所示的教师表的数据，创建视图v_教师1，视图中包含职称为教授的信息，并向v_教师1视图中插入一条记录：('12007'，'赵伟杰'，'男'，'教授')。

```
mysql> SELECT * FROM 教师;
+--------+--------+------+--------+------+------------+------------+
|教师编号|姓名    |性别  |职称    |工资  |部门        |学历        |
+--------+--------+------+--------+------+------------+------------+
| 11001  | 王绪   | 男   | 副教授 | 7600 | 信息技术学院 | 硕士研究生 |
| 11002  | 张威   | 男   | 讲师   | 6800 | 信息技术学院 | 硕士研究生 |
| 11003  | 胡东兵 | 男   | 教授   | 8160 | 信息技术学院 | 硕士研究生 |
| 11005  | 张鹏   | 男   | 副教授 | 7850 | 信息技术学院 | 本科       |
| 11006  | 于文成 | 男   | 讲师   | 6700 | 汽车营销学院 | 本科       |
| 11007  | 田静   | 女   | 教授   | 8580 | 机械工程学院 | 博士研究生 |
| 12001  | 李铭   | 男   | 教授   | 8300 | 汽车营销学院 | 博士研究生 |
| 12002  | 张霞   | 女   | 副教授 | 7500 | 汽车营销学院 | 硕士研究生 |
| 12003  | 王莹   | 女   | 教授   | 7900 | 汽车营销学院 | 硕士研究生 |
| 12004  | 杨兆熙 | 女   | 助教   | 5350 | 汽车营销学院 | 硕士研究生 |
| 12005  | 梁秋实 | 男   | 讲师   | 6750 | 机械工程学院 | 硕士研究生 |
| 12006  | 高思琪 | 女   | 助教   | 5500 | 机械工程学院 | 博士研究生 |
| 13001  | 高燃   | 女   | 助教   | 5300 | 信息技术学院 | 本科       |
| 13002  | 王步林 | 男   | 副教授 | 7650 | 汽车营销学院 | 博士研究生 |
| 13003  | 王博   | 男   | 教授   | 8900 | 信息技术学院 | 本科       |
| 13004  | 刘影   | 女   | 副教授 | 7800 | 机械工程学院 | 硕士研究生 |
| 13005  | 高尚   | 男   | 讲师   | 6400 | 汽车营销学院 | 硕士研究生 |
| 13006  | 孙威   | 男   | 副教授 | 7550 | 机械工程学院 | 本科       |
| 13007  | 陈丽辉 | 女   | 教授   | 9100 | 信息技术学院 | 硕士研究生 |
| 14001  | 吴素   | 女   | 助教   | 5350 | 汽车营销学院 | 博士研究生 |
+--------+--------+------+--------+------+------------+------------+
20 rows in set
```

图6-10 教师表的数据

【分析】

视图一经定义以后，就可以像表一样被查询、修改、删除和更新。通过INSERT或REPLACE语句可以向表或视图中插入一行或多行数据。SQL语句如下所示：

首先创建视图v_教师1：

```
CREATE VIEW v_教师1
AS SELECT * FROM 教师 WHERE 职称 = '教授';
```

接下来插入记录：

```
INSERT INTO v_教师1 VALUES
('12007','赵伟杰','男','教授',8000,'信息技术学院','硕士研究生');
```

执行 SQL 语句，结果如图 6-11 所示。

```
mysql> CREATE VIEW v_教师1
    AS SELECT * FROM 教师 WHERE 职称='教授';
Query OK, 0 rows affected

mysql> INSERT INTO v_教师1 VALUES
    ('12007','赵伟杰','男','教授','8000','信息技术学院','硕士研究生');
Query OK, 1 row affected
```

图 6-11 通过视图插入数据

上述 SQL 语句执行完成后，再次查询教师表，多了一条刚插入的记录，如图 6-12 所示。

```
mysql> SELECT * FROM 教师;
+--------+--------+------+--------+------+-------------+------------+
| 教师编号 | 姓名   | 性别 | 职称   | 工资 | 部门        | 学历       |
+--------+--------+------+--------+------+-------------+------------+
| 11001  | 王绪   | 男   | 副教授 | 7600 | 信息技术学院 | 硕士研究生 |
| 11002  | 张威   | 男   | 讲师   | 6800 | 信息技术学院 | 硕士研究生 |
| 11003  | 胡东兵 | 男   | 教授   | 8160 | 信息技术学院 | 硕士研究生 |
| 11005  | 张鹏   | 男   | 副教授 | 7850 | 信息技术学院 | 本科       |
| 11006  | 于文成 | 男   | 讲师   | 6700 | 汽车营销学院 | 本科       |
| 11007  | 田静   | 女   | 教授   | 8580 | 机械工程学院 | 博士研究生 |
| 12001  | 李铭   | 男   | 教授   | 8300 | 汽车营销学院 | 博士研究生 |
| 12002  | 张霞   | 女   | 副教授 | 7500 | 汽车营销学院 | 硕士研究生 |
| 12003  | 王莹   | 女   | 教授   | 7900 | 汽车营销学院 | 博士研究生 |
| 12004  | 杨兆熙 | 女   | 助教   | 5350 | 信息技术学院 | 硕士研究生 |
| 12005  | 梁秋实 | 男   | 讲师   | 6750 | 机械工程学院 | 硕士研究生 |
| 12006  | 高思琪 | 女   | 助教   | 5500 | 机械工程学院 | 博士研究生 |
| 12007  | 赵伟杰 | 男   | 教授   | 8000 | 信息技术学院 | 硕士研究生 |
| 13001  | 高燃   | 女   | 助教   | 5300 | 信息技术学院 | 本科       |
| 13002  | 王步林 | 男   | 副教授 | 7650 | 汽车营销学院 | 博士研究生 |
| 13003  | 王博   | 男   | 教授   | 8900 | 信息技术学院 | 本科       |
| 13004  | 刘影   | 女   | 副教授 | 7800 | 机械工程学院 | 硕士研究生 |
| 13005  | 高尚   | 男   | 讲师   | 6400 | 汽车营销学院 | 硕士研究生 |
| 13006  | 孙威   | 男   | 副教授 | 7550 | 机械工程学院 | 本科       |
| 13007  | 陈丽辉 | 女   | 教授   | 9100 | 信息技术学院 | 硕士研究生 |
| 14001  | 吴素   | 女   | 助教   | 5350 | 汽车营销学院 | 硕士研究生 |
+--------+--------+------+--------+------+-------------+------------+
21 rows in set
```

图 6-12 基本表中多了一条记录

【相关知识】

视图的使用方法和表的使用方法基本相同，同样有插入、更新、删除和查询等操作。但是毕竟不是表，所以在进行插入、更新、删除和查询的操作时有一定的限制。

使用视图注意事项：

（1）对于基于单一基本表的视图可以进行增、删、改、查。但是如果涉及多表的视图，通常不进行相关操作。

（2）不能修改那些通过计算得到的字段。

（3）如果在创建视图时指定了 WITH CHECK OPTION 选项，那么在使用视图修改数据库信息时，必须保证修改后的数据满足视图定义的范围。

（4）执行 UPDATE、DELETE 命令时，所更新与删除的数据必须包含在视图的结果集中。

（5）可以直接利用 SQL 中 DELETE 语句删除视图中的行，必须指定视图中定义过的字段进行删除操作。

6.2.1 通过视图操作数据

1. 插入数据

使用 INSERT 语句可以实现通过视图向基本表中插入数据。

【例 6-6】利用课程表的数据，创建视图 v_课程 3，向视图 v_课程 3 中插入（'25001'，'JAVA 语言程序设计'，'64'，'4'，'3'），SQL 语句如下所示：

```
CREATE VIEW v_课程 3
AS SELECT * FROM 课程 WHERE 学期 =3;
INSERT INTO v_课程 3 VALUES
('25001','JAVA 语言程序设计','64','4','3');
```

执行 SQL 语句，结果如图 6-13 所示。

图 6-13 向视图 v_课程 3 中插入数据

上述 SQL 语句执行前后课程表的数据对比如图 6-14 所示。

图 6-14 课程表数据对比

注意：

（1）当视图所依赖的基本表有多个时，不能向该视图插入数据，因为这将会影响多个基本表。

（2）对于 INSERT 语句还有一个限制：SELECT 语句中必须包括 FROM 子句中指定表的所有不能为空的列。例如，若视图 v_课程 3 缺少学期字段则无法实现插入操作。

2. 更新数据

使用 UPDATE 语句可以实现通过视图修改基本表数据。

【例 6-7】将视图 v_课程 3 中课程编号为 25001 的课程名称改为 web 前端开发，SQL 语句如下所示：

```
UPDATE v_课程 3
SET 课程名称 = 'web 前端开发' WHERE 课程编号 = '25001';
```

执行 SQL 语句，结果如图 6-15 所示。

```
mysql> UPDATE v_课程3
    SET 课程名称=' web前端开发' WHERE 课程编号='25001';
Query OK, 1 row affected
Rows matched: 1  Changed: 1  Warnings: 0
```

图 6-15　视图的修改

本例中，通过修改 v_课程 3 视图中的字段值修改了课程基本表的数据，如图 6-16 所示。

```
mysql> SELECT * FROM 课程;
+----------+------------------------+------+------+------+
| 课程编号 | 课程名称               | 学时 | 学分 | 学期 |
+----------+------------------------+------+------+------+
| 25001    | web前端开发            |  64  |  4   |  3   |
| 25004    | 高等数学               |  48  |  3   |  1   |
| 25006    | 体育                   |  32  |  2   |  1   |
| 37001    | 数控车削技术           |  48  |  3   |  2   |
| 37002    | CAM应用技术            |  64  |  4   |  1   |
| 37003    | 数控多轴加工技术       |  32  |  2   |  2   |
| 37004    | 特种加工技术           |  48  |  3   |  3   |
| 45001    | 汽车销售实务           |  64  |  4   |  2   |
| 45002    | 商务礼仪               |  32  |  2   |  1   |
| 45003    | 汽车保险与理赔         |  48  |  3   |  4   |
| 45004    | 汽车电子商务           |  32  |  2   |  4   |
| 45005    | 汽车消费心理分析       |  32  |  2   |  2   |
| 67001    | 数据结构               |  48  |  3   |  2   |
| 67002    | 数据库设计及应用       |  64  |  4   |  3   |
| 67003    | 程序设计               |  64  |  4   |  2   |
| 67005    | 软件工程               |  32  |  2   |  4   |
| 67006    | 专业导论               |  16  |  1   |  1   |
+----------+------------------------+------+------+------+
17 rows in set
```

图 6-16　课程数据被修改

3. 删除数据

如果视图来源于单个基本表，可以使用 DELETE 语句通过视图来删除基本表数据。

【例 6-8】删除视图 v_课程 3 中课程编号为 25001 的记录，SQL 语句如下所示：

```
DELETE FROM v_课程 3 WHERE 课程编号 = '25001';
```

执行 SQL 语句，结果如图 6-17 所示。

```
mysql> DELETE FROM v_课程3 WHERE 课程编号='25001';
Query OK, 1 row affected

mysql> SELECT * FROM 课程;
+----------+------------------------+------+------+------+
| 课程编号 | 课程名称               | 学时 | 学分 | 学期 |
+----------+------------------------+------+------+------+
| 25004    | 高等数学               |  48  |  3   |  1   |
| 25006    | 体育                   |  32  |  2   |  1   |
| 37001    | 数控车削技术           |  48  |  3   |  2   |
| 37002    | CAM应用技术            |  64  |  4   |  1   |
| 37003    | 数控多轴加工技术       |  32  |  2   |  2   |
| 37004    | 特种加工技术           |  48  |  3   |  3   |
| 45001    | 汽车销售实务           |  64  |  4   |  2   |
| 45002    | 商务礼仪               |  32  |  2   |  1   |
| 45003    | 汽车保险与理赔         |  48  |  3   |  4   |
| 45004    | 汽车电子商务           |  32  |  2   |  4   |
| 45005    | 汽车消费心理分析       |  32  |  2   |  2   |
| 67001    | 数据结构               |  48  |  3   |  2   |
| 67002    | 数据库设计及应用       |  64  |  4   |  3   |
| 67003    | 程序设计               |  64  |  4   |  2   |
| 67005    | 软件工程               |  32  |  2   |  4   |
| 67006    | 专业导论               |  16  |  1   |  1   |
+----------+------------------------+------+------+------+
16 rows in set
```

图 6-17　删除视图的记录

本例执行完成后,对基本表进行查询,课程编号为 25001 的记录已经被删除了。

6.2.2 修改视图定义

使用 ALTER 语句可以对已有视图的定义进行修改。

【例 6-9】将视图 v_教师 1 修改为只包含职称为教授的教师编号和姓名。SQL 语句如下所示:

```
ALTER VIEW v_教师 1
AS SELECT 教师编号,姓名 FROM 教师 WHERE 职称 = '教授';
```

执行 SQL 语句,结果如图 6-18 所示。

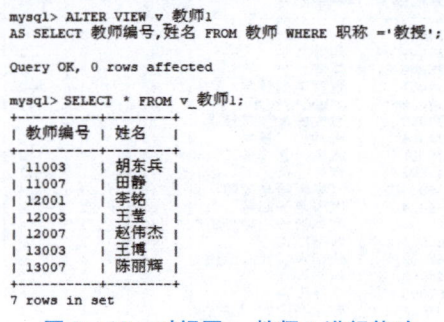

图 6-18 对视图 v_教师 1 进行修改

6.2.3 删除视图

使用 DROP VIEW 一次可以删除多个视图。

【例 6-10】删除视图 v_教师 1、v_课程 1、v_课程 3。SQL 语句如下所示:

```
DROP VIEW v_教师 1,v_课程 1,v_课程 3;
```

执行 SQL 语句,结果如图 6-19 所示。

图 6-19 删除视图

用 SHOW TABLES 语句显示所有的表,发现以上 3 个视图已被删除,如图 6-20 所示。

图 6-20 显示所有的表

小　　结

视图是根据用户的不同需求，在物理数据库上按用户观点定义的数据结构。视图是一个虚表，数据库中只存储视图的定义，不实际存储视图所对应的数据。对视图的数据进行操作时，系统根据视图的定义去操作与视图相关联的基本表。

视图一经定义后，就可以像表一样被查询、修改、删除和更新，但对视图使用 INSERT、UPDATE 及 DELETE 语句操作时，有以下一些限制。

（1）要通过视图更新基本表数据，必须保证视图是可更新视图。在创建视图的时候加上 WITH CHECK OPTION 子句，更新数据时会检查新数据是否符合视图定义中 WHERE 子句的条件。

（2）对视图使用 INSERT 语句插入数据时，创建该视图的 SELECT 语句中必须包含 FROM 子句中指定表的所有不能为空的列。当视图所依赖的基本表有多个时，不能向该视图插入数据，因为这将会影响多个基本表。

（3）若一个视图依赖多个基本表，则依次修改该视图只能变动一个基本表数据。对依赖多个基本表的视图，不能使用 DELETE 语句。

理论练习

一、单选

1. 下面关于视图的说法中，错误的是（　　）。
   A. 视图是个虚拟表
   B. 可以使用视图更新数据，但每次更新只能影响一个表
   C. 不能为视图定义触发器
   D. 可以创建基于视图的视图

2. 视图是从（　　）中导出的。
   A. 基本表　　　　B. 视图　　　　C. 基本表或视图　　　　D. 数据库

3. 在视图上不能完成的操作是（　　）。
   A. 更新视图　　　　　　　　　　B. 查询
   C. 在视图上定义新的表　　　　　D. 在视图上定义新的视图

4. 在 SQL 中，删除一个视图的命令是（　　）。
   A. DELETE　　　　B. DROP　　　　C. CLEAR　　　　D. REMOVE

5. 下面关于视图的叙述不正确的是（　　）。
   A. 可以使用 UPDATE 更新视图
   B. 可以使用 DESC 查看视图的结构定义
   C. 当更新视图中的数据时，实际上是对数据表数据进行更新
   D. 所有视图都可以更新

二、判断

1. 视图一旦定义完就不能修改。（　　）
2. 使用 INSERT 语句可以实现通过视图向基本表中插入数据。（　　）
3. 视图就是表。（　　）

4. 对依赖多个基本表的视图，不能使用 DELETE 语句。（　　）

5. 对视图使用 INSERT、UPDATE 及 DELETE 语句操作时，没有任何限制。（　　）

6. 通过视图用户只能查询和修改他们所能见到的数据，数据库中的其他数据则既看不到也取不到。（　　）

7. 要通过视图更新基本表数据，必须保证视图是可更新视图。（　　）

三、填空

1. 将数据查询的定义保存在服务器端的数据库中，这种操作称为创建_____。

2. 使用_____语句可以对已有视图的定义进行修改。

3. 查询视图的数据使用_____语句。

4. 使用_____可以删除视图。

5. 如果视图来源于单个基本表，可以使用_____语句通过视图来删除基本表数据。

实战演练

一、使用 stucourse 数据库中的表完成以下操作

1. 使用课程表的数据创建单表视图 v_课程2，显示第二学期的课程信息。

2. 查询显示视图 v_课程2 的数据。

3. 向视图 v_课程2 中插入一条记录：（'67008'，'C 语言程序设计'，'48'，'3'，'2'）。

4. 修改视图中课程编号为 67008 的学时改成 64，学分改成 4。

5. 删除视图 v_课程2 中课程编号为 '67008' 的记录。

6. 将视图 v_课程2 修改为只包含课程编号、课程名称和学分。

7. 删除视图 v_课程2。

8. 使用学生表、课程表和选课表的数据，创建多表视图 v_学生_课程_选课1，用于显示第一学期学生成绩信息，其中包括学号、姓名、课程名称、学分和成绩字段。

9. 在视图 v_学生_课程_选课1 中查找成绩在 85 分以上的记录。

10. 删除视图 v_学生_课程_选课1。

二、使用 librarydb 数据库中的表完成以下操作

1. 使用图书情况表的数据创建视图 v_图书情况_T，显示 T 类图书的信息。

2. 使用图书情况表的数据创建视图 v_图书情况_出库，显示出库图书的信息。

3. 使用学生情况表的数据创建视图 v_学生情况_信息，显示信息分院学生的信息。

4. 向视图 v_学生情况_信息中插入一条记录：（'22021033'，'王亮'，'男'，'2003－12－05'，'信息'）。

5. 修改视图 v_学生情况_信息中学号为 22021033 的性别为女。

6. 将视图 v_学生情况_信息修改为只包含学号、姓名、性别、出生日期字段。

7. 删除视图 v_学生情况_信息中学号为 22021033 的记录。

8. 查询视图 v_图书情况_出库中出版社为清华大学出版社的记录。

9. 删除视图 v_学生情况_信息。

10. 显示 librarydb 数据库中的视图。

项目 7 事 务

学习导读

在数据库系统中,事务是一个非常重要的概念。它确保了一组数据(如插入、更新或删除)的原子性、一致性、隔离性和持久性,这四个特性被称为 ACID 特性。MySQL 支持事务处理,特别是在使用 InnoDB 存储引擎时。本导读旨在帮助学生更好地理解 MySQL 中的事务概念、如何对事务进行操作以及查看修改事务的隔离级别等关键内容,提高数据库应用的可靠性和性能。

学习目标

理解事务的基本概念。
熟练事务的基本操作。
学会查看和修改事务的隔离级别。
掌握事务的四种隔离级别。

素养目标设计

项目	任务	素养目标	融入方式	素养元素
项目七	7.1 事务处理	培养学生养成做人做事认真谨慎、一丝不苟的态度	通过讲解"事务的基本操作"过程引入	认真谨慎、一丝不苟
	7.2 事务隔离级别	培养学生树立规则意识,只有大家都遵守规则,社会才能稳定、和谐地运行	通过讲解"事务隔离级别"的过程导入	规则意识、遵守规则、维护社会秩序

任务7.1 事务处理

【任务描述】

在教师表(见表 4-2)中,将编号为 11001 的教师工资减少 100 元,并将这 100 元增加给编号为 11002 的教师工资。

【任务分析】

要将编号为 11001 的教师工资减少 100 元，将编号为 11002 的教师工资增加 100 元，这两个过程要同时实现，才会确保数据不会出现不一致的情况。因此，这一组操作必须在一个事务的范围内，要么都成功，要么都失败。

SQL 语句如下：

```
START TRANSACTION;
UPDATE 教师 SET 工资 = 工资 –100 WHERE 教师编号 = '11001';
UPDATE 教师 SET 工资 = 工资 +100 WHERE 教师编号 = '11002';
COMMIT;
```

【相关知识】

通常情况下，数据库中的操作较为简单且独立，语句的执行顺序并不会影响数据库查询的结果。而实际生活中，较为复杂的业务都是由一组 SQL 语句组成的，并且在执行过程中要严格把控语句执行的顺序，不然会影响结果。MySQL 中提供的事务机制，使一组操作要么全执行，要么全不执行，由此能在执行过程中确保数据的一致性。

7.1.1 事务的概念

在数据库中，我们将一条 SQL 语句称为一次基本的操作。将若干条 SQL 语句"打包"在一起，共同执行一个完整的任务，这就是事务。

事务由一次或者多次基本操作构成，或者说，事务由一条或者多条 SQL 语句构成。

在数据库管理系统中，事务用于管理一组数据库操作。简单来说，事务就是作为单个逻辑工作单元执行的一系列操作，这些操作要么全执行，要么全不执行，是一个不可分割的工作单位。

事务具有四大特性，原子性（Atomicity）、一致性（Consistency）、隔离性（Isolation）、持久性（Durability），即 ACID 特性。

（1）原子性：事务是一个原子操作单元，它要么完全执行，要么完全不执行。这意味着事务中的所有操作要么都执行，要么都不执行，不会出现部分操作成功或失败的情况。

（2）一致性：事务必须确保数据库从一个一致性状态转变到另一个一致性状态。也就是说，事务执行前后，数据库的数据必须保持一致性和完整性，事务的执行不能破坏数据库中的完整性约束。

（3）隔离性：多个事务并发执行时，一个事务的执行不应影响其他事务。即事务的执行应该相互隔离，每个事务的操作应该与其他事务的操作相互独立，互不干扰。

（4）持久性：事务一旦提交，则其结果就是永久性的，即使系统崩溃也不会丢失。这意味着事务一旦成功执行，对数据库的修改就是永久性的。

总的来说，数据库事务是确保数据库完整性和一致性的重要手段，它允许我们在一系列操作中，要么全部成功，要么全部失败并回滚到原始状态，从而避免数据的不一致和损坏。

7.1.2 事务的基本操作

事务的基本操作包括开始事务、提交事务、回滚事务。

1. 开始事务

应用程序需要发送一个 BEGIN 或 START TRANSACTION 语句给数据库管理系统，以启动一个新的事务，这标志着事务的开始。

2. 提交事务

如果所有的操作都成功执行，并且满足预期的结果，那么应用程序会发送一个 COMMIT 语句来提交事务，将事务的更改永久保存到数据库中。

3. 回滚事务

如果在执行过程中遇到错误或不符合预期的情况，应用程序则会选择回滚事务，通过发送 ROLLBACK 语句撤销所有的操作，使数据库回到事务开始之前的状态。

【例7-1】将教师表中王绪的教师编号更改为11111，并同时更新选课表中该教师的编号。

首先，开始事务。

```
START TRANSACTION;
```

其次，将王绪的教师编号修改为11111。

```
UPDATE 教师 SET 教师编号 =11111 WHERE 姓名 ='王绪';
```

执行 SQL 语句，查询教师表中王绪的信息如图7-1所示，可以看到王绪的教师编号修改成功。

最后，在选课表中更新王绪的教师编号。

```
UPDATE 选课 set 教师编号 =11111 WHERE 教师编号 =11001;
```

执行 SQL 语句，如图7-2所示，选课表中有五条与王绪相关的记录被更新。

确认选课表中的教师编号更新成功后，提交事务。

```
COMMIT;
```

在上述过程中，更新选课表中王绪的教师编号可能会失败。一旦失败，两个表中的教师编号就出现不一致的情况，此时需要回滚事务，使数据库回到事务开始之前的状态。

```
ROLLBACK;
```

【相关知识】

在回滚事务这个过程中，数据库事务的隔离性也起着重要作用，它确保了多个事务在并发执行时不会相互干扰，每个事务都好像在单独执行一样。同时，数据库管理系统会利用日志机制来实现回滚和提交操作，确保数据的完整性和一致性。

```
mysql> SELECT * FROM 教师 WHERE 姓名='王绪';
+----------+------+------+--------+------+--------------+------------+
| 教师编号 | 姓名 | 性别 | 职称   | 工资 | 部门         | 学历       |
+----------+------+------+--------+------+--------------+------------+
| 11111    | 王绪 | 男   | 副教授 | 7600 | 信息技术学院 | 硕士研究生 |
+----------+------+------+--------+------+--------------+------------+
1 row in set (0.05 sec)
```

图 7-1　将王绪的教师编号修改为 11111

```
+--------+----------+----------+------+
| 学号   | 课程编号 | 教师编号 | 成绩 |
+--------+----------+----------+------+
| 220001 | 25004    | 11111    |   67 |
| 220002 | 45002    | 12001    |   86 |
| 220002 | 67001    | 12001    |   45 |
| 220003 | 25004    | 11111    |   76 |
| 220003 | 45003    | 12003    |   77 |
| 220004 | 37002    | 13006    |   79 |
| 220004 | 67001    | 12001    |   87 |
| 220005 | 25004    | 11111    |   87 |
| 220005 | 25006    | NULL     | NULL |
| 220005 | 37003    | 13004    |   72 |
| 220006 | 67001    | 12001    |   89 |
| 220007 | 25004    | 11111    |   54 |
| 220008 | 67001    | 12001    |   60 |
| 220009 | 25004    | 11111    |   90 |
| 220010 | 25006    | 11002    |   88 |
| 220011 | 25006    | 11002    |   77 |
| 220012 | 25006    | 11002    |   56 |
| 220012 | 37001    | 12005    |   78 |
| 220013 | 25006    | 11002    |   69 |
| 220013 | 45001    | 14001    |   65 |
| 220013 | 67006    | NULL     | NULL |
| 220014 | 67002    | 11003    |   89 |
| 220015 | 67002    | 11003    |   87 |
| 220016 | 67002    | 11003    |   88 |
| 220017 | 67002    | 11003    |   79 |
| 220018 | 67002    | 11003    |   90 |
| 220019 | 67001    | NULL     | NULL |
| 220019 | 67003    | 11007    |   78 |
| 220020 | 67005    | 12002    |   67 |
| 220021 | 67005    | 11007    |   76 |
| 220022 | 67005    | 12002    |   45 |
| 220023 | 67003    | 11007    |   85 |
| 220024 | 67005    | 12002    |   76 |
| 220025 | 67003    | 11007    |   93 |
| 220026 | 67005    | 12002    |   87 |
| 220027 | 25004    | NULL     | NULL |
| 220027 | 67006    | 12003    |   50 |
| 220028 | 67006    |          | NULL |
+--------+----------+----------+------+
38 rows in set (0.78 sec)
```

图 7-2　更新选课表

7.1.3　事务的保存点

数据库事务中的保存点是一个逻辑点，用于取消部分事务。在事务过程中，当需要临时保留某个状态时，可以设置一个保存点。如果在之后的操作中出现了错误或需要回退到某个状态，可以通过指定保存点来回滚到该点，而不是回滚整个事务。

使用保存点的好处是可以将大量事务操作划分为较小的、更易于管理的组。当某个操作失败时，只需要回滚到最近的保存点，而不是回滚整个事务，从而减少了不必要的数据更改和提高了效率。

在 SQL 中，设置保存点通常使用 SAVEPOINT 语句。其基本语法格式为：

SAVEPOINT 保存点名；

如果需要回滚到某个保存点，则使用 ROLLBACK 语句。其基本语法格式为：

ROLLBACK TO SAVEPOINT 保存点名；

当事务结束时，系统会自动删除该事务中定义的所有保存点。

需要注意的是，不是所有的数据库系统都支持保存点。在使用保存点之前，应检查数据库系统是否支持该功能，并了解具体的语法和使用方法。

【例 7-2】在学生表中进行以下操作。

设置保存点 a，插入记录（'220101'，'关雪'，'女'，'2006-05-13'，'满'）；

设置保存点 b，插入记录（'220102'，'钟遇'，'男'，'2006 - 03 - 28'，'汉'）；
回退到保存点 b。

首先，开始事务。

```
START TRANSACTION;
```

其次，设置保存点 a。

```
SAVEPOINT a;
```

向学生表中插入第一条数据。

```
INSERT INTO 学生('220101','关雪','女','2006 - 05 - 13','满');
```

查询插入结果如图 7 - 3 所示。

```
+--------+------+------+------------+------+
| 学号   | 姓名 | 性别 | 出生日期   | 民族 |
+--------+------+------+------------+------+
| 220101 | 关雪 | 女   | 2006-05-13 | 满   |
+--------+------+------+------------+------+
1 row in set (0.08 sec)
```

图 7 - 3　第一次查询结果

设置保存点 b；

```
SAVEPOINT b;
```

向学生表中插入第二条数据。

```
INSERT INTO 学生('220102','钟遇','男','2006 - 03 - 28','汉');
```

此时，这两条数据均插入到学生表中，结果如图 7 - 4 所示。

```
+--------+------+------+------------+------+
| 学号   | 姓名 | 性别 | 出生日期   | 民族 |
+--------+------+------+------------+------+
| 220101 | 关雪 | 女   | 2006-05-13 | 满   |
| 220102 | 钟遇 | 男   | 2006-03-28 | 汉   |
+--------+------+------+------------+------+
2 rows in set (0.09 sec)
```

图 7 - 4　第二次查询结果

再次，回退到保存点 b。

```
ROLLBACK TO b;
```

最后，提交事务。

```
COMMIT;
```

事务被提交后，查询学生表，发现结果仍同图 7 - 1 所示，插入的第二条记录在学生表中并不存在。

任务 7.2　事务隔离级别

【任务描述】

将事务的隔离级别设置为 READ UNCOMMITTED，并在课程表中创建事务 A 和事务 B。

事务 A 是查询课程表中课程编号为 25004 的记录。事务 B 是将编号为 25004 对应的课程名称修改为离散数学，但不提交。再次执行事务 A 中的操作，可以读取事务 B 尚未提交的数据。

【任务分析】

这里首先要将事务的隔离级别设置为 READ UNCOMMITTED，然后开启事务 A，执行事务 A 的查询操作后，开启另一个事务 B，对课程表的数据进行修改，但并不提交，再次执行事务 A 的操作，从查询结果可以看出事务 A 读取到事务 B 尚未提交的修改数据。

SQL 语句如下：

```
SET TRANSACTION ISOLATION READ UNCOMMITED;
START TRANSACTION;
SELECT * FROM 课程 WHERE 课程编号 = '25004';
START TRANSACTION;
UPDATE 课程 SET 课程名称 = '离散数学' WHERE 课程编号 = '25004';
SELECT * FROM 课程 WHERE 课程编号 = '25004';
COMMIT;
COMMIT;
```

执行 SQL 语句，结果如图 7-5 所示。

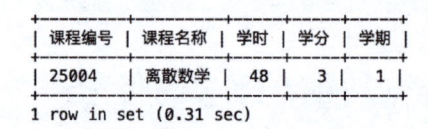

```
+----------+----------+------+------+------+
| 课程编号 | 课程名称 | 学时 | 学分 | 学期 |
+----------+----------+------+------+------+
| 25004    | 离散数学 |  48  |   3  |   1  |
+----------+----------+------+------+------+
1 row in set (0.31 sec)
```

图 7-5　事务 A 读取到事务 B 未提交的数据

MySQL 定义了几种不同的隔离级别用来限定事务内外的哪些改变是可见的，哪些改变是不可见的。通过设置不同的隔离级别，可以控制事务之间的可见性和并发行为。在实际应用中，应根据数据一致性要求和性能影响选择合适的隔离级别。

7.2.1　查看隔离级别

在 MySQL 中可以通过查询系统变量来查看当前事务的隔离级别，包括查看全局事务隔离级别和查看当前会话事务隔离级别。

1. 查看全局事务隔离级别

全局事务隔离级别是 MySQL 服务器实例的默认隔离级别，除非在会话级别进行了覆盖。可以使用如下 SQL 命令查看事务的全局隔离级别：

```
SELECT @@GLOBAL.TX_ISOLATION;
```

2. 查看当前会话事务隔离级别

当前会话事务的隔离级别可能是全局事务级别继承来的，也可能是在当前会话中被显式设置的。查看当前会话事务的隔离级别可以用 SQL 命令实现：

```
SELECT @@TX_ISOLATION;
```

【例 7-3】查看 MySQL 默认的隔离级别。

SELECT @@GLOBAL.TX_ISOLATION;

执行 SQL 语句，结果如图 7-6 所示。可以看出，MySQL 默认的隔离级别为 REPEATABLE-READ。

```
mysql> SELECT @@GLOBAL.TX_ISOLATION;
+-----------------------+
| @@GLOBAL.TX_ISOLATION |
+-----------------------+
| REPEATABLE-READ       |
+-----------------------+
1 row in set (0.14 sec)
```

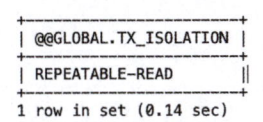

图 7-6　MySQL 默认隔离级别

【例 7-4】查看【例 7-2】中事务的隔离级别。

SELECT @@TX_ISOLATION;

执行 SQL 语句，结果如图 7-7 所示，【例 7-2】中当前会话隔离级别为 REPEATBLE-READ。

```
mysql> SELECT @@TX_ISOLATION;
+-----------------+
| @@TX_ISOLATION  |
+-----------------+
| REPEATABLE-READ |
+-----------------+
1 row in set (0.15 sec)
```

图 7-7　当前事务隔离级别

7.2.2　修改隔离级别

在 MySQL 中，可以通过设置系统变量来修改事务的隔离级别，包含修改全局事务隔离级别（对所有新的数据库连接有效）和修改会话事务隔离级别（仅对当前数据库连接有效）。

1. 修改全局事务隔离级别

要修改全局事务隔离级别，需要具有适当的权限，并且操作时要谨慎，因为修改全局事务隔离级别后会影响所有新的数据库连接。修改全局隔离级别的基本语法格式为：

SET GLOBAL TRANSACTION ISOLATION LEVEL isolation_level;

2. 修改当前事务隔离级别

对于修改当前会话的事务隔离级别，不会影响其他会话或全局设置。修改当前会话隔离级别的基本语法格式为：

SET SESSION TRANSACTION ISOLATION LEVEL isolation_level;

或者

SET TRANSACTION ISOLATION LEVEL isolation_level;

【例 7-5】 修改当前会话的隔离级别为 SERIALIZABLE。

```
SET SESSION TRANSACTION ISOLATION LEVEL SERIALIZABLE;
```

执行 SQL 语句,查看修改后当前会话的隔离级别,结果如图 7-8 所示。

```
mysql> SET SESSION TRANSACTION ISOLATION LEVEL SERIALIZABLE;
Query OK, 0 rows affected (0.27 sec)

mysql> SELECT @@TX_ISOLATION;
+----------------+
| @@TX_ISOLATION |
+----------------+
| SERIALIZABLE   |
+----------------+
1 row in set (0.27 sec)
```

图 7-8 修改当前会话隔离级别

7.2.3 四种隔离级别

数据库是多线程并发的,多个用户可以通过线程在同一个数据库中执行不同的事务,这就可能出现数据重复读、脏读或幻读等,为了避免这些问题的产生,MySQL 可以通过设置事务的隔离级别来保证各个事务之间不受影响。

MySQL 提供了四种事务隔离级别,分别是读未提交、读已提交、可重复读、可序列化,每种级别都有其特定的用途和性能特点:

(1) 未提交读(READ UNCOMMITTED):是四种隔离级别中级别最低的一种,指一个事务可以读取另一个未提交事务修改过的数据。

(2) 已提交读(READ COMMITTED):一个事务只能读取已经提交事务所做修改的数据。

(3) 可重复读(REPEATABLE READ):这是 MySQL 中事务默认的隔离级别,它确保在同一事务中多次读取同样记录的结果是一致的。

(4) 可序列化(SERIALIZABLE):这是事务最高的隔离级别,完全服从 ACID 的隔离级别。所有的事务依次逐个执行,这样事务之间就完全不产生干扰,也就是说,该级别可以防止脏读、不可重复读以及幻读,但是这将严重影响程序的性能。通常情况下不会用到该级别。

每种隔离级别可能出现的问题如表 7-1 所示。

表 7-1 每种隔离级别可能出现的问题

隔离级别	说明	脏读	不可重复读	幻读
未提交读	最低隔离级别	☑	☑	☑
已提交读	语句级		☑	☑
可重复读	事务级			☑
可序列化	最高隔离级别			

注:☑表示可能出现的问题。

小　　结

（1）事务是一组操作的集合，要么全部执行成功，要么全部执行失败。

（2）数据默认的事务提交方式为自动提交，此时 autocommit = 1。

（3）如果开始一个事务，但没有设置保存点，可以执行 ROLLBACK 操作，但会返回到事务开始时的状态。

（4）在事务没有提交前，可以选择回退到任何一个保存点。

（5）MySQL 事务是确保数据库操作完整性和一致性的关键。它具备原子性、一致性、隔离性和持久性，通过 START TRANSACTION 开始，COMMIT 提交或 ROLLBACK 回滚事务。

（6）MySQL 支持多种隔离级别，平衡并发性能与数据一致性。

（7）使用事务时，需避免死锁，控制事务大小与持续时间，合理选择隔离级别和锁定策略，以维护数据完整性和系统性能。

理论练习

一、单选

1. 如果要回滚一个事务，则需要使用（　　）语句。
A. START TRANSACTION　　　　　　B. BEGIN TRANSACTION
C. ROLLBACK TRANSACTION　　　　D. COMMIT TRANSACTION

2. MySQL 中事务最高的隔离级别是（　　）。
A. READ UNCOMMITTED　　　　　　B. READ COMMITTED
C. REPEATABLE READ　　　　　　　D. SERIALIZABLE

3. 下列（　　）不是由于数据库并发操作而导致的问题。
A. 脏读　　　　　B. 幻读　　　　　C. 权限管理混乱　　D. 不可重复读

4. 事务的（　　）特性是指事务完成时，必须使所有的数据保持一致状态。
A. 原子性　　　　B. 一致性　　　　C. 隔离性　　　　　D. 持久性

5. 当 autocommit 值为（　　）时，意味着数据库中的事务自动提交。
A. 0　　　　　　　B. 1　　　　　　　C. -1　　　　　　　D. 2

二、判断

1. 事务要么全执行，要么全不执行。（　　）

2. MySQL 中只能查看当前事务的隔离级别。（　　）

3. READ COMMITTED 是事务最低的隔离级别。（　　）

4. 修改当前会话的事务隔离级别，不会影响其他会话或全局设置。（　　）

5. 事务被提交后，数据库管理系统会完成所有的操作，将数据永久保存到数据库中。（　　）

6. 已提交读这个隔离级别可以避免数据被脏读。（　　）

7. 任何人都有权限修改全局隔离级别。（　　）

三、填空

1. 事务的 ACID 特性包括原子性、隔离性、＿＿＿＿＿＿、持久性。

2. 如果要开始一个事务，程序需要向数据库发送一个 BEGIN 或_____语句。

3. 设置保存点用_____语句。

4. 事务一旦_____或者_____，它对数据库中的数据的改变就是永久的。

5. MySQL 默认的隔离级别是_____。

实战演练

一、**librarydb** 数据库包含学生情况、图书情况、图书分类、借还记录四个表，使用 **librarydb** 数据库中的表完成以下查询操作

（1）使用事务实现当更改图书情况表中的图书编号时，同时将图书分类表中对应的图书编号。

（2）使用事务机制创建存储过程，实现用户借书还书。

项目 8　创建索引与分区

学习导读

前面学习的数据查询是根据搜索条件，全表扫描找出符合查询条件的记录，而随着表中数据量的增加，查询效率会越来越低。MySQL 中提供的索引，不必扫描表中的每一条数据就能找到符合条件的，从而有效提高了数据库的查询性能。这就像在字典中查找某个字时，如果逐页查找，则耗时较长，而按照偏旁部首索引或拼音索引，则能很快地找到这个字。在数据库中，索引能够快速定位数据所在的位置。对于数据量巨大的表，分区是另外一种提高数据查询效率的方法，除提高查询效率外，分区还方便对数据进行管理和维护。

学习目标

了解索引的概念。
掌握创建索引的方法，熟练索引的基本操作。
熟练使用索引来提高查询效率。
学会使用分区，并能对分区进行管理。

素养目标设计

项目	任务	素养目标	融入方式	素养元素
项目八	8.1　创建索引	培养学生养成珍惜时间、追求高效的意识	通过讲解"创建索引"的目的引入	珍惜时间、讲究高效、追求创新
	8.2　创建分区	培养学生养成规划意识，合理规划学习和生活	通过讲解"创建分区"过程引入	科学规划、合理布局

任务 8.1　创建索引

【任务描述】

在教师表（见表 4-2）中，查询职称为"讲师"的记录，并显示教师编号、姓名、职

称、部门、学历。

【任务分析】

按照前面学习的单表查询规则,首先要设置查询条件职称 = '讲师',然后选择输出的列:教师编号、姓名、职称、部门、学历。SQL 语句如下:

```
SELECT 教师编号,姓名,职称,部门,学历 FROM 教师 WHERE 职称 = '讲师';
```

执行 SQL 语句,结果如图 8-1 所示。

```
+--------+------+------+--------------+----------+
| 教师编号 | 姓名 | 职称 | 部门         | 学历     |
+--------+------+------+--------------+----------+
| 11002  | 张威 | 讲师 | 信息技术学院 | 硕士研究生 |
| 11006  | 于文成| 讲师 | 汽车营销学院 | 本科     |
| 12005  | 梁秋实| 讲师 | 机械工程学院 | 硕士研究生 |
| 13005  | 高尚 | 讲师 | 汽车营销学院 | 博士研究生 |
+--------+------+------+--------------+----------+
4 rows in set (0.06 sec)
```

图 8-1 职称是"讲师"的记录

上面在教师表中查询职称为讲师的记录时,逐一比对了表中的每一条记录,找到职称='讲师'的记录,并显示其对应的教师编号、姓名、职称、部门、学历。

如果在职称列添加一个索引,当执行查询操作时,会首先查看"职称"这一列的索引信息,从而查询速度会快得多。利用索引查询的过程如图 8-2 所示。

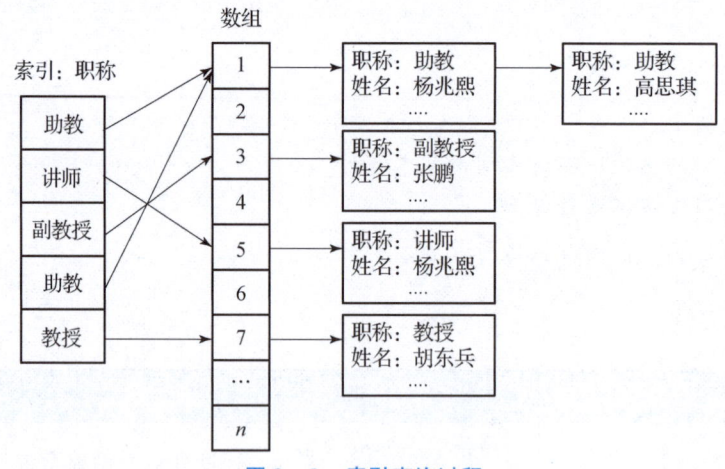

图 8-2 索引查询过程

【相关知识】

数据查询是数据库最常用的功能,传统的数据查询是比对表中的每一条数据,将符合条件的数据筛选出来,当数据量巨大时,明显感觉查询速度很慢。而索引的出现解决了这一问题,可以将索引比作目录,在进行数据查询时,先查看目录再查看具体的数据,则会快得多。因此,在数据表中合理添加索引,能提高数据查询的速度。

8.1.1 索引的概念

索引也称作键(key),是存储引擎快速查找记录的一种数据结构,用来快速查询数据库表中的特定记录。由于使用索引在查询数据时不必扫描整个表就能找到特定数据,相比于普通查询速度非常快。这就像在字典中查找某个字时，如果逐页查找，则耗时较长，而按照偏旁部首索引或拼音索引，则能很快地找到这个字。在数据库中，索引能够快速定位数据所在的位置。

数据库中一个表的存储由数据页和索引页两部分组成。数据页用来存放除文本和图像数据外的所有与表的某一行相关的数据，索引页包含组成特定索引的列中的数据。索引是一个单独的、物理的数据库结构，它是某个表中一列或若干列的值的集合和相应的指向表中物理标识这些值的数据页的逻辑指针清单。当进行数据查询时，系统先搜索索引页面，从索引项中找到所需数据的指针，再直接通过指针从数据页面中读取数据。

索引的建立有利有弊，通过索引寻找数据虽然提高了查询速度，但过多地建立索引也会占据大量的磁盘空间，所以，要恰当地创建索引。

8.1.2　创建索引

MySQL 支持在表中的单列或者多个列上创建索引。可以使用图形工具和 SQL 语句来创建索引。

1. 使用 Navicat 图形工具创建索引

【例 8-1】在教师表中，使用 Navicat 图形工具，为"职称"列创建名为"idx_zhicheng"的普通索引。

操作步骤如下：

（1）启动 Navicat 图形工具，右键单击对象资源浏览器中表对象下的教师表，选择"设计表菜单"选项，在打开的教师表设计器选中索引选项卡，如图 8-3 所示。

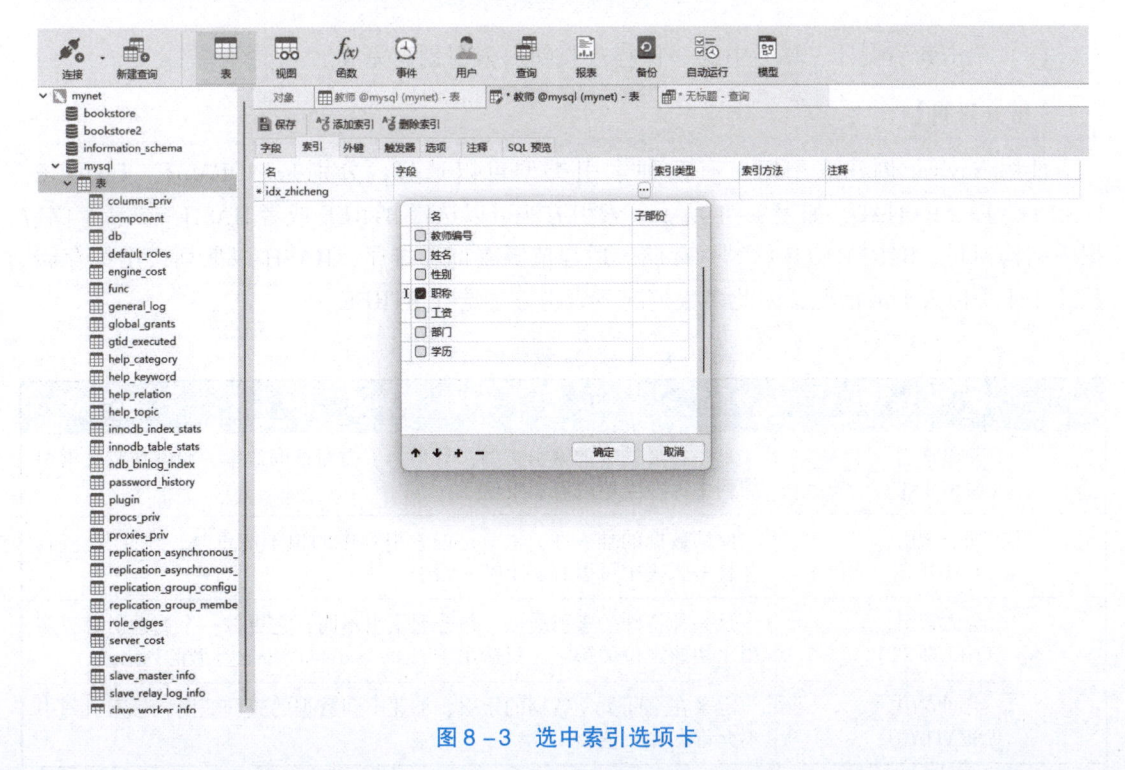

图 8-3　选中索引选项卡

（2）在索引选项卡的"名"下输入索引名字级别，"字段"中选择职称，"索引类型"选择 NORML，"索引方法"选择 BTREE，如图 8-4 所示。

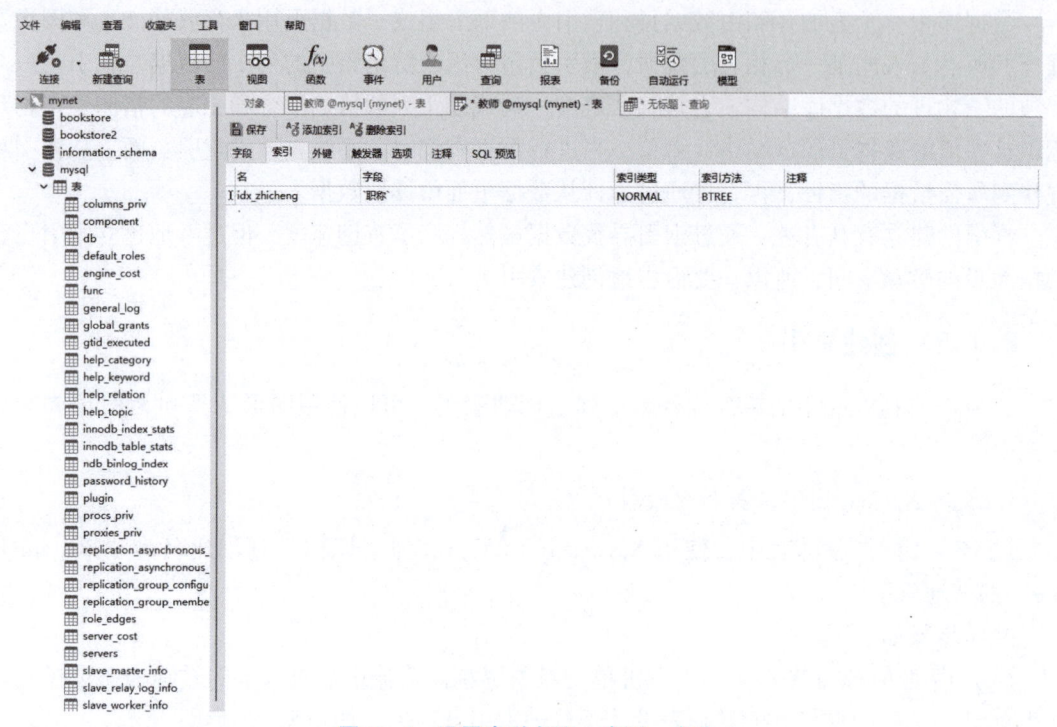

图 8-4 设置索引名称、类型、方法

（3）单击索引设计工具栏中的"保存"按钮，索引创建完成。

【相关知识】

使用 Navivat 创建索引时，有四种索引类型可以选择，分别是 NORMAL、UNIQUE、FULLTEXT、SPATIAL，如表 8-1 所示。索引方法可以选择 BTREE 或者 HASH，二者存储数据的结构不同，BTREE 以树状结构存储，适合范围查询和排序，HASH 以散列表结构存储，只适用于等值查询的情况，因此多数情况下索引方法选择 BTREE。

表 8-1 MySQL 提供的索引类型

索引名称	说明
普通索引（NORMAL）	是一种最基本的索引类型，只是为了提高查询效率，允许在定义索引的列中存在空值或者重复值
唯一索引（UNIQUE）	保证数据的唯一性，也就是说索引列中的值不能重复，允许有空值，并且一张表中可以有多个唯一索引
全文索引（FULLTEXT）	是一种特殊的索引类型，与普通索引不同，它更像一个搜索引擎，多用于快速定位关键字，只适用于 char、varchar、text 类型的列字段
空间索引（SPATIAL）	定义在空间类型数据的索引，加速空间数据的查询速度，且索引列中不允许存在空值

2. 使用 SQL 语句创建索引

SQL 语句创建索引时有两种情况。第一种是表暂时不存在，在创建表时一并创建索引；第二种是在已经存在的表上创建索引。

（1）在创建数据表的同时创建索引，其基本语法格式为：

```
CREATE TABLE 表名
(字段1 字段类型,字段2 字段类型,...,字段n 字段类型
    [UNIQUE | FULLTEXT | SPATIAL]INDEX 索引名(字段名)
);
```

【例 8-2】创建一个用户表，表中有姓名、性别、身份证号、民族共四个字段，同时将"身份证号"设置为唯一索引。

```
CREATE TABLE 用户
 (姓名 VARCHAR(20),性别 CHAR(4),身份证号 VARCHAR(20),民族 VARCHAR(20)
UINQUE INDEX
uniq_id(身份证号)
 );
```

（2）在已经存在的表上创建索引，可以使用 ALTER TABLE 语句或者 CREATE INDEX 语句，二者的作用是相同的。

①使用 ALTER TABLE 语句创建索引。其基本语法格式为：

```
ALTER TABLE 表名 ADD[UNIQUE | FULLTEXT | SPATIAL]INDEX 索引名(字段名);
```

②使用 CRETE INDEX 语句创建索引。其基本语法格式为：

```
CREATE [UNIQUE | FULLTEXT | SPATIAL]INDEX 索引名 ON 表名(字段名);
```

【例 8-3】使用 ALTER TABLE 语句为教师表的职称列创建名为 idx_zhicheng 的索引。

```
ALTER TABLE 教师 ADD INDEX idx_zhicheng(职称);
```

【例 8-4】使用 CREATE INDEX 语句为教师表的教师编号列创建名为 uniq_bianhao 的唯一索引。

```
CREATE UNIQUE INDEX uniq_bianhao ON 教师(教师编号);
```

【相关知识】

MySQL 中对索引的命名并没有严格的规定，但遵循一些常见的命名约定可以使代码更易读，更有利于维护。常见的索引命名方式是利用前缀进行命名，即使用前缀来表示索引类型，如 idx_表示普通索引，uniq_表示唯一索引，spa_表示空间索引等。总之，在对索引进行命名时，以能够清晰描述为主，避免索引名字过长，也不要使用 MySQL 的保留字作为索引名，以免出现不必要的混淆和错误。

8.1.2 查看索引

索引创建完成后，可以通过 SQL 语句查看索引的详细信息。其基本语法格式为：

```
SHOW INDEX FROM 表名;
```

【例 8-5】查看教师表的索引信息。

输入以下 SQL 语句，即可查看教师表的索引信息。

```
SHOW INDEX FROM 教师;
```

教师表索引信息如图 8-5 所示。

图 8-5 教师表索引信息

8.1.3 删除索引

当不再需要索引时，可以使用 SQL 语句将索引删除。SQL 语句中有两种语句可以删除索引，分别是 ALTER TABLE（通过修改表来去掉索引）和 DROP INDEX（直接删除索引）。

（1）使用 ALTER TABLE 语句删除索引。ALTER TABLE 删除索引的基本语法格式为：

```
ALTER TABLE 表名 DROP INDEX 索引名;
```

（2）使用 DROP INDEX 语句删除索引。DROP INDEX 删除索引的基本语法格式为：

```
DROP INDEX 索引名 ON 表名;
```

【例 8-6】使用 DROP INDEX 语句删除教师表中名为 "idx_zhicheng" 的索引。

```
DROP INDEX idx_zhicheng ON 教师;
```

执行上述 SQL 语句，即可删除索引。删除索引的语句执行成功如图 8-6 所示。

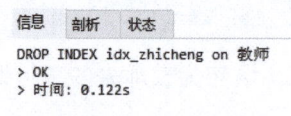

图 8-6 删除索引

可以通过查看索引来确定索引是否删除成功，如图 8-7 所示，职称列的索引已经不存在。

图 8-7 查看删除后教师表索引信息

任务 8.2 创建分区

【任务描述】

现将教师表中的教师编号列数据类型修改为 INT，基于教师编号列进行分区。

【分析】

教师表中的教师编号范围为 11 000 ~ 15 000，可以根据编号的值创建 RANGE 分区。SQL 语句如下：

```
ALTER TABLE 教师 PARTITION BY RANGE(教师编号)(
    PARTITION p0 VALUES LESS THAN(12000),
    PARTITION p1 VALUES LESS THAN(13000),
    PARTITION p2 VALUES LESS THAN(14000),
    PARTITION p3 VALUES LESS THAN(15000)
);
```

执行上述 SQL 语句对教师编号进行分区后，教师编号小于 12 000 的数据存储在 p0 分区，教师编号在 12 000 ~ 13 000 的数据存储在 p1 分区，教师编号在 13 000 ~ 14 000 的数据存储在 p2 分区，教师编号在 14 000 ~ 15 000 的数据存储在 p3 分区。

如果在查询的时候明确知道数据所在的分区，可以直接指定分区查询。如查询存储在 p1 分区的数据可以使用如下 SQL 语句：

```
SELECT * FROM 教师 PARTITION (p1);
```

执行上述语句后，可以显示落在 p1 分区的所有数据，如图 8-8 所示。

```
+----------+------+------+--------+------+--------------+--------------+
| 教师编号 | 姓名 | 性别 | 职称   | 工资 | 部门         | 学历         |
+----------+------+------+--------+------+--------------+--------------+
|    12001 | 李铭 | 男   | 教授   | 8300 | 汽车营销学院 | 博士研究生   |
|    12002 | 张霞 | 女   | 副教授 | 7500 | 汽车营销学院 | 硕士研究生   |
|    12003 | 王莹 | 女   | 教授   | 7900 | 汽车营销学院 | 博士研究生   |
|    12004 | 杨兆熙| 女   | 助教   | 5350 | 汽车营销学院 | 硕士研究生   |
|    12005 | 梁秋实| 男   | 讲师   | 6750 | 机械工程学院 | 硕士研究生   |
|    12006 | 高思琪| 女   | 助教   | 5500 | 机械工程学院 | 博士研究生   |
+----------+------+------+--------+------+--------------+--------------+
6 rows in set (0.09 sec)
```

图 8-8　存储在 p1 分区的数据

【相关知识】

使用分区可以显著提高查询性能，特别是在处理大型数据集时。当查询只涉及特定分区时，数据库引擎只需要扫描相关的分区，而不是整个表。此外，分区可以简化备份和恢复操作，因为可以只备份或恢复特定的分区。对于一些表的维护操作，如重建索引，也可以只针对特定分区进行。

8.2.1　分区概述

分区就是将一个表分解成多个区块进行操作和保存，从而降低每次操作的数据，提高性能，分区对用户来说是透明的，从逻辑上看就只是一个表，但是物理上这个表可能是由多个物理分区组成，每个分区都是一个独立的对象，可以进行独立处理。

MySQL 提供了多种分区类型，如表 8-2 所示，根据不同的需求可以选择合适的分区类型。

表 8-2　MySQL 提供的分区类型

分区类型	说明
RANGE 分区	基于连续区间范围进行分区
LIST 分区	基于枚举列表中的值进行分区
HASH 分区	基于用户定义的不表达式的返回值进行哈希计算，并映射到分区
KEY 分区	根据 MySQL 数据库提供的散列函数来进行分区

分区的优点：

（1）提高查询性能。数据库分区可以将一个大型表划分成多个小型表，缩小查询数据的范围，提高了查询的性能。

（2）提高数据库管理和维护的效率。数据库分区可以将数据分散到多个分区中，方便管理和维护，如备份、恢复、优化等。

（3）提高可用性。如果一个分区出现故障，其他分区仍然可以正常工作，提高了数据库的可用性。

（4）提高安全性。数据库分区可以将敏感数据存储在不同的分区中，加强数据的安全性。

分区的缺点：

（1）增加复杂性。数据库分区增加了复杂性，需要对不同的分区进行维护、备份等。

（2）容易出现数据不一致的情况。如果分区规划不合理或者分区之间数据交互不当，容易出现数据不一致的情况。

8.2.2　分区管理

分区的管理有着十分重要的意义，通过定期清理和优化分区能提高数据库中表的工作效率。在 MySQL 中，可以使用 ALTER TABLE 语句对分区进行管理。包括添加分区、删除分区、重新分配分区等。通过分区管理命令，可以根据实际需求来动态调整分区的数量和大小，从而提升数据库的性能和可用性。

（1）添加分区：当现有分区数量不够存储数据时，可以添加新分区。其基本语法格式为：

```
ALTER TABLE 表名 ADD PARTITION(
PARTITION 分区名 VALUES LESS THAN(分区数值范围)
);
```

（2）删除分区：删除不需要的分区。其基本语法格式为：

```
ALTER TABLE 表名 DROP PARTITION 要删除的分区名;
```

（3）重组分区：重新组织现有分区合并或者拆分范围。其基本语法格式为：

```
ALTER TABLE 表名 REORGANIZE PARTITION 分区1,分区2 INTO (
 PARTITION 新分区 VALUES LESS THAN (分区数值范围)
 );
```

【例8-7】为教师表添加一个新的分区 p4，使教师编号在 15 000~16 000 的数据存储在 p4 分区。

```
ALTER TABLE 教师 ADD PARTITION (
    PARTITION p4 VALUES LESS THAN(16000)
);
```

执行 SQL 语句，p4 分区添加成功。

可以通过执行下列 SQL 语句查看分区，以此确定分区是否添加成功。

```
SHOW CREATE TABLE 学生选课管理系统.教师;
```

执行结果如图 8-9 所示，可以看出教师表现有的分区及每个分区的数值范围。

```
| 教师  | CREATE TABLE `教师` (
  `教师编号` int NOT NULL,
  `姓名` char(6) CHARACTER SET utf8mb3 COLLATE utf8mb3_bin DEFAULT NULL,
  `性别` char(2) CHARACTER SET utf8mb3 COLLATE utf8mb3_bin DEFAULT NULL,
  `职称` char(10) CHARACTER SET utf8mb3 COLLATE utf8mb3_bin DEFAULT NULL,
  `工资` float DEFAULT NULL,
  `部门` varchar(255) CHARACTER SET utf8mb3 COLLATE utf8mb3_bin DEFAULT NULL,
  `学历` char(10) CHARACTER SET utf8mb3 COLLATE utf8mb3_bin DEFAULT NULL,
  PRIMARY KEY (`教师编号`)
) ENGINE=InnoDB DEFAULT CHARSET=utf8mb3 COLLATE=utf8mb3_bin
/*!50100 PARTITION BY RANGE (`教师编号`)
(PARTITION p0 VALUES LESS THAN (12000) ENGINE = InnoDB,
 PARTITION p1 VALUES LESS THAN (13000) ENGINE = InnoDB,
 PARTITION p2 VALUES LESS THAN (14000) ENGINE = InnoDB,
 PARTITION p3 VALUES LESS THAN (15000) ENGINE = InnoDB,
 PARTITION p4 VALUES LESS THAN (16000) ENGINE = InnoDB) */ |

1 row in set (0.05 sec)
```

图 8-9　查看教师表分区

【例8-8】删除教师表中的 p4 分区。

```
ALTER TABLE 教师 DROP PARTITION p4;
```

执行 SQL 语句，p4 分区被删除。

【例8-9】将教师表中的 p2 分区和 p3 分区合并为新的分区 p23，用来存储教师编号 13 000~15 000 的数据。

```
ALTER TABLE 教师 REORGANIZE PARTITION p2,p3 INTO (
PARTITION p23 VALUES LESS THAN(15000)
);
```

执行 SQL 语句，p2 分区和 p3 分区合并在一起作为一个新的分区，用来存储教师编号在 13 000~15 000 的数据，如图 8-10 所示。

```
| 教师  | CREATE TABLE `教师` (
  `教师编号` int NOT NULL,
  `姓名` char(6) CHARACTER SET utf8mb3 COLLATE utf8mb3_bin DEFAULT NULL,
  `性别` char(2) CHARACTER SET utf8mb3 COLLATE utf8mb3_bin DEFAULT NULL,
  `职称` char(10) CHARACTER SET utf8mb3 COLLATE utf8mb3_bin DEFAULT NULL,
  `工资` float DEFAULT NULL,
  `部门` varchar(255) CHARACTER SET utf8mb3 COLLATE utf8mb3_bin DEFAULT NULL,
  `学历` char(10) CHARACTER SET utf8mb3 COLLATE utf8mb3_bin DEFAULT NULL,
  PRIMARY KEY (`教师编号`)
) ENGINE=InnoDB DEFAULT CHARSET=utf8mb3 COLLATE=utf8mb3_bin
/*!50100 PARTITION BY RANGE (`教师编号`)
(PARTITION p0 VALUES LESS THAN (12000) ENGINE = InnoDB,
 PARTITION p1 VALUES LESS THAN (13000) ENGINE = InnoDB,
 PARTITION P23 VALUES LESS THAN (15000) ENGINE = InnoDB) */ |

1 row in set (0.06 sec)
```

图 8-10　重新分配后的分区

MySQL 的分区功能，让我们可以根据不同的规则对数据进行分割存储，使查询效率更高，管理更便捷。在实际应用中，需要根据实际需求选择合适的分区类型和规则，并定期进行分区管理和优化。

小　　结

（1）索引和分区是数据库性能优化的两大关键手段。

（2）使用 KEY 和 HASH 算法进行分区，删除分区后数据会重新整合到剩余分区，数据不会丢失。

（3）使用 RANGE 和 LIST 算法进行分区，删除分区后，分区内的数据也一并删除。

（4）索引通过构建数据值的查找路径，加快查询速度，但可能增加写操作的开销。分区则将大表分解为多个小表区，提高查询和管理效率，特别适用于数据量大的场景。然而，分区过多也可能导致管理复杂。

（5）在选择是否使用索引和分区时，需综合考虑业务需求、数据量大小、查询频率等因素。恰当使用索引和分区，可以显著提升数据库性能，为业务提供高效的数据支持。

理论练习

一、单选

1. MySQL 中空间索引的关键字是（　　）。
A. FULLTEXT INDEX　　　　　　　　B. SPATIAL INDEX
C. UNIQUE INDEX　　　　　　　　　D. INDEX

2. 索引可以提高哪一项的工作效率（　　）。
A. INSERT　　　B. SELECT　　　C. UPDATE　　　D. DELETE

3. 索引是否需要占用物理空间（　　）。
A. 是　　　　　B. 否

4. 下列哪种情况不适合创建索引？（　　）
A. 频繁更新的列　　　　　　　　　B. 具有唯一性约束的列
C. 排序和分组的列　　　　　　　　D. 多列查询的前导列

5. 为了将数据均匀地分布到预先定义的各个分区中，保证每个分区的数量大致相同，一般选择（　　）分区。
A. RANGE　　　B. LIST　　　C. HASH　　　D. KEY

二、判断

1. 使用索引在查询数据时不必扫描整个表就能找到特定数据，相比于普通查询速度非常快。（　　）

2. 索引能提高查询速度，所以索引越多越好。（　　）

3. 主键索引和唯一索引是相同的。（　　）

4. 统计字段适合创建索引。（　　）

5. 分区只是方便管理，并没有提高数据库的性能。（　　）

6. 临时表不能分区。（　　）

7. 删除分区的同时也会删除分区内存储的数据。（　　）

三、填空

1. _____索引的值必须唯一，允许有空值。

2. _____索引是一种针对空间数据类型（如点、线、多边形等）建立的特殊索引，用于加速地理空间数据的查询和检索操作。

4. 删除索引的关键字是_____。

5. 对于数据量_____的表适合创建分区进行管理。

6. RANGE 分区的值是连续的，而_____分区的值是离散的。

7. KEY 分区和 HASH 分区相似，不同之处在于 HASH 分区使用用户定义的函数进行分区，KEY 分区使用_____提供的函数进行分区。

实战演练

选课表中包含学号、课程编号、教师编号、成绩四列。完成以下操作：

（1）使用 Navicat 在"选课表"的课程列创建名为 idx_kecheng 的普通索引。

（2）使用 SQL 语句在"选课表"的学号列创建名为 uniq_xuehao 的唯一索引。

（3）分别使用 SHOW CREATE TABLE 语句和 SHOW INDEX FROM 语句查看（2）中创建的索引。

（4）使用 SQL 语句删除（2）和（3）中创建的索引。

（5）基于学号列创建分区。

项目 9　创建和使用程序

学习导读

SQL 语言具有双重特性，既是自含式语言，又是嵌入式语言。作为自含式语言，它以联机交互的方式被使用，每次执行一条命令。而作为嵌入式语言，SQL 语句能够嵌入到高级语言程序中，同时也可以把多条 SQL 命令组合成一个程序一次性执行，且该程序可重复使用。这样一来，既能提升操作效率，又能通过设定程序权限来限制用户对程序的定义和使用，进而提高系统安全性。在 MySQL 中，这样的程序被称为过程式对象，主要包括存储过程、存储函数、触发器和事件。本项目将学习如何运用 MySQL 特有的语言元素和标准的 SQL 语言来创建这些过程式对象，并深入探讨各种过程式对象及其独特的运行机制。

学习目标

理解存储过程的功能和作用。
理解存储函数的功能和作用。
理解触发器与事件的功能及其触发机制。
能编写简单的存储过程并掌握调用存储过程的方法。
能编写简单的存储函数并掌握其使用方法。
能编写触发器和事件相关代码并掌握其使用方法。

素养目标设计

项目	任务	素养目标	融入方式	素养元素
项目九	9.1　建立和使用存储过程	培养学生职业道德、专业能力、工匠精神	通过"建立存储过程、调试和优化存储过程"引入	法制意识、道德伦理、探索精神
	9.2　建立和使用存储函数	培养学生的责任感和使命感、诚信品质和自律意识	通过"建立和使用存储函数"导入	责任意识、诚信自律、社会价值

续表

项目	任务	素养目标	融入方式	素养元素
项目九	9.3 建立和使用触发器	培养学生的规则意识、认真负责、严谨细致的工作态度、团队合作能力和集体荣誉感	通过"触发器的建立和使用"导入	责任意识、创新精神、诚信自律、规则意识
	9.4 建立和使用事件	培养学生良好的时间管理能力、工匠精神	通过"事件的概念"导入	时间管理、规划意识、精益求精

任务9.1 建立和使用存储过程

【任务描述】

在教师表中,查询部门是"信息技术学院"的教师信息,列包括教师编号、姓名、部门。其中教师表的记录参照项目4图4-2。

【任务分析】

这里要设置查询指定部门的教师记录,然后选择输出所有教师的信息。存储过程如下。

```
CREATE PROCEDURE QUERY_TEACHER( )
BEGIN
SELECT 教师编号,姓名,部门 FROM 教师 WHERE 部门 = '信息技术学院';
END;
```

以上SQL语句查询的是"信息技术学院"的教师信息,"信息技术学院"是查询的条件,我们可以将这段SQL语句写成存储过程或存储函数存储在MySQL服务器中,然后调用,就可以执行多次重复的操作。

执行存储过程,结果如图9-1所示。

```
+----------+--------+----------------+
| 教师编号 | 姓名   | 部门           |
+----------+--------+----------------+
| 11001    | 王绪   | 信息技术学院   |
| 11002    | 张威   | 信息技术学院   |
| 11003    | 胡东兵 | 信息技术学院   |
| 11005    | 张鹏   | 信息技术学院   |
| 13001    | 高燃   | 信息技术学院   |
| 13003    | 王博   | 信息技术学院   |
| 13007    | 陈丽辉 | 信息技术学院   |
+----------+--------+----------------+
7 rows in set (0.06 sec)
```

图9-1 部门是"信息技术学院"的教师记录

【相关知识】

存储过程属于数据库对象。其为访问数据库提供了一种高效且安全的途径,常常被用于访问数据以及管理需修改的数据。当在不同的应用程序或平台上执行相同的函数，或是封装特定功能时，存储过程同样很有作用。在数据库中，存储过程可以被视作对编程中面向对象方法的模拟，它能够实现对数据的控制方式。

9.1.1 存储过程的概念

从 MySQL 5.1 版本起，开始对存储过程和存储函数予以支持。在 MySQL 中，能够定义一组特定功能的 SQL 语句集合，在经过编译后将其存储在数据库内，用户只需指定存储过程的名字并在该存储过程带有参数的情况下给出相应参数即可执行它。这样的语句集被称为存储过程。

存储过程是存放在数据库中的一段程序，属于数据库对象之一。它由声明式的 SQL 语句（如 CREATE、UPDATE、SELECT 等）和过程式的 SQL 语句共同组成，存储过程可以被程序、触发器或另一个存储过程调用，从而实现代码段中的 SQL 语句功能。

使用存储过程的优点有以下几个方面。

（1）存储过程在服务器端运行，因而执行速度较快。

（2）存储过程执行一次之后，其执行规划便会驻留于高速缓冲存储器中，在后续的操作里，只需从高速缓冲存储器中调用已编译好的二进制代码来执行，从而提升了系统的性能。

（3）能够确保数据库的安全。借助存储过程可以完成所有的数据库操作，并且能够通过编程的方式对上述操作中对数据库信息访问的权限加以控制。

9.1.2 创建存储过程

创建存储过程可以使用 CREATE PROCEDURE 语句。

1. 创建存储过程的语法

1）创建存储过程

语法格式如下：

```
CREATE PROCEDURE 存储过程名([参数[,…]])存储过程体
```

（1）存储过程名。

存储过程名默认情况下在当前数据库中创建。若要在特定的数据库中创建存储过程时，则需在名称前面加上数据库的名字。需要注意的是：存储过程名称不能与 MySQL 的内置函数名称相同，否则将会引发错误。

（2）参数。

存储过程的参数，格式如下：

```
[ IN | OUT | INOUT ] 参数名 类型
```

当存在多个参数时，需用逗号隔开。存储过程可以有 0 个、1 个或者多个参数。在 MySQL 中，存储过程支持三种类型的参数，分别为输入参数、输出参数以及输入/输出参数，对应的关键字为 IN、OUT 和 INOUT。输入参数能够将数据传递给存储过程。当存储过

程需要返回一个答案或者结果时，就会用到输出参数。而输入/输出参数既能够起到输入参数的作用，也可以充当输出参数。存储过程也可以不添加参数，不过名称后面的括号是不能省略的。参数的名称不要与列的名称相同，否则返回出错消息。

（3）存储过程体。

存储过程体是存储过程的主题部分，包括在过程调用的时候必须执行的程序。存储过程体以 BEGIN 开头，以 END 结束。当只有一个 SQL 语句时，可以省略 BEGIN - END 标识。

【例 9-1】查询条件为部门 = '信息技术学院'，然后选择输出的列：教师编号、姓名、部门。

存储过程如下：

```
CREATE PROCEDURE QUERY_TEACHER()
BEGIN
SELECT 教师编号,姓名,部门 FROM 教师 WHERE 部门 = '信息技术学院';
END;
```

创建存储过程，结果如图 9-2 所示。

```
mysql> CREATE PROCEDURE QUERY_TEACHER()
BEGIN
SELECT 教师编号,姓名,部门 FROM 教师 where 部门='信息技术学院';
END;
Query OK, 0 rows affected (0.10 sec)
```

图 9-2　创建存储过程 QUERY_TEACHER 的结果

调用存储过程，结果如图 9-3 所示。

教师编号	姓名	部门
11001	王绪	信息技术学院
11002	张威	信息技术学院
11003	胡东兵	信息技术学院
11005	张鹏	信息技术学院
13001	高燃	信息技术学院
13003	王博	信息技术学院
13007	陈丽辉	信息技术学院

7 rows in set (0.13 sec)

图 9-3　信息技术学院教师记录

2）修改结束标识符号

在 MySQL 中是以分号（;）为结束标识的，但是在创建存储过程的时候，存储过程体中可能会存在多个 SQL 语句，如果每个 SQL 语句都以分号结尾，则服务器处理程序时一旦遇到第一个分号就会认为程序结束了，这显然是不对的，所以，此处使用 DELIMITER 命令来对结束标识符号进行修改。

语法格式如下：

```
DELIMITER $$
```

$$ 是用户定义的结束符，这个符号可以是一些特殊的符号，如两个“#”、两个“￥”等。当使用此命令时，应该避免使用反斜杠（\）字符，因为它是 MySQL 的转义字符。

例如，如果要将 MySQL 结束符修改为两个“#”符号，可使用如下语句：

```
DELIMITER ##;
```

执行完这条命令后，程序结束的标识就换为"##"了。

接下来的语句即使用"##"结束。

```
SELECT 教师编号,姓名,部门 FROM 教师 WHERE 部门 = '信息技术学院' ##
```

要想恢复使用分号（;）作为结束符，运行如下命令即可。

```
DELIMITER ;
```

【例 9-2】编写一个存储过程，实现的功能是查询指定姓名的学生信息。

```
DELIMITER $$
CREATE PROCEDURE QUERY_STU_BY_NAME(IN name char(8))
BEGIN
SELECT * FROM 学生 WHERE 姓名 = name;
END $$
DELIMITER ;
```

创建存储过程结果如图 9-4 所示。

```
mysql> DELIMITER $$
CREATE PROCEDURE QUERY_STU_BY_NAME(IN name char(8))
BEGIN
SELECT * FROM 学生 WHERE 姓名 = name;
END $$
DELIMITER ;
Query OK, 0 rows affected (0.10 sec)
```

图 9-4　创建存储过程 QUERY_STU_BY_NAME

关键字 BEGIN 和 END 之间指定了存储过程体，因为在程序开始时用 DELIMITER 语句转换了语句结束标识为"$$"，所以 BEGIN 和 END 被看作一个整体，在 END 后用"$$"结束。当然，BEGIN-END 复合语句还可以嵌套使用。

当调用这个存储过程时，MySQL 根据提供的参数 course 的值查询表中对应的数据。调用存储过程的命令是 CALL 命令，后面会讲到该命令。接下来介绍存储过程体的内容。

2. 存储过程体

1) 局部变量

在存储过程中可以声明局部变量，它们可以用来存储临时结果。要声明局部变量，必须使用 DECLARE 语句。在声明局部变量的同时，也可以对其赋一个初始值。语法格式如下：

```
DECLARE 变量[,…]类型[DEFAULT 值]
```

DEFAULT 子句给变量指定一个默认值，如果不指定，默认为 NULL。

例如，声明一个整型变量和两个字符变量。

```
DECLARE num INT(4);
DECLARE str1,str2 VARCHAR(6);
```

局部变量只能在 BEGIN-END 语句块中声明。局部变量必须在存储过程的起始位置就进行声明，声明完成后，只能在声明它的 BEGIN-END 语句块中使用，其他语句块中不可以使用。

前面已经学习过用户变量,在存储过程中也可以声明用户变量,不过千万不要将这两者混淆。

局部变量和用户变量的区别在于:局部变量前面没有使用@符号,局部变量在其所在的 BEGIN – END 语句块处理完成后就消失了,而用户变量存在于整个会话当中。

2) SELECT – INTO 语句

使用 SELECT – INTO 语句可以把选定的列值直接存储到变量中,但返回的结果只有一行。

语法格式如下:

```
SELECT 列名[...]INTO 变量名[...]数据来源表达式
```

语法说明如下:

列名[...]INTO 变量名:将选定的列值赋给变量名。

数据来源表达式:SELECT 语句中的 FROM 子句及后面的部分,这里不再赘述。

【例 9 – 3】在存储过程体中将课程表中课程名称为"软件工程"的课程编号和学时的值分别赋给变量 str1 和 str2。

```
DELIMITER $$
CREATE PROCEDURE QUERY_COURE1()
BEGIN
DECLARE str1,str2 VARCHAR(6);
SELECT 课程编号,学时 INTO str1,str2 FROM 课程 WHERE 课程名称 = '软件工程';
END $$
DELIMITER;
```

创建存储过程如图 9 – 5 所示。

```
mysql> DELIMITER $$
CREATE PROCEDURE QUERY_COURE1()
BEGIN
DECLARE str1,str2 VARCHAR(6);
SELECT 课程编号,学时 INTO str1,str2 FROM 课程 WHERE 课程名称 = '软件工程';
END $$
DELIMITER;
Query OK, 0 rows affected (0.08 sec)
```

图 9 – 5 创建存储过程 QUERY_ COURE1 结果

9.1.3 显示存储过程

要想查看数据库中有哪些存储过程,可以使用 SHOW PROCEDURE STATUS 语句。

```
SHOW PROCEDURE STATUS;
```

要想查看某个存储过程的具体信息,可以使用 SHOW CREATE PROCEDURE 存储过程名语句。

```
SHOW CREATE PROCEDURE 存储过程名
```

【例 9 – 4】查询存储过程名为 QUERY_TEACHER 的具体信息。

```
SHOW CREATE PROCEDURE QUERY_TEACHER;
```

具体查询存储过程的结果如图 9 – 6 所示。

```
mysql> SHOW CREATE PROCEDURE QUERY_TEACHER;
```

图 9-6　查询存储过程 QUERY_TEACHER 的结果

9.1.4　调用存储过程

存储过程创建完成后，可以在程序、触发器或存储过程中被调用，调用时都必须使用 CALL。语法格式如下。

```
CALL 存储过程名([参数[,…]])
```

说明：存储过程名即存储过程的名称，如果要调用某个特定数据库的存储过程，则需要在前面加上该数据库的名称。参数是调用该存储过程使用的参数，这条语句，参数的个数必须始终与存储过程的参数个数相同。

【例 9-5】调用【例 9-2】的存储过程。

```
CALL QUERY_STU_BY_NAME('张伟');
```

调用结果如图 9-7 所示。

图 9-7　调用存储过程 QUERY_STU_BY_NAME 的结果

【例 9-6】创建一个存储过程，查询所有学生的选课情况。

```
CREATE PROCEDURE QUERY_STU_COURSE ()
BEGIN
SELECT s.*, t.`姓名` '授课教师', t.`职称`, t.`部门`, c.`课程名称`, c.`学分`, c.`学时`, c.`学期` from 教师 t, 学生 s, 课程 c, 选课 q
WHERE t.`教师编号` = q.`教师编号`
AND s.`学号` = q.`学号`
AND c.`课程编号` = q.`课程编号`;
END;
```

创建存储过程 QUERY_STU_COURSE 的结果如图 9-8 所示。

图 9-8　创建存储过程 QUERY_STU_COURSE 的结果

调用存储过程。

```
CALL QUERY_STU_COURSE();
```

调用结果如图 9－9 所示。

学号	姓名	性别	出生日期	民族	授课教师	职称	部门	课程名称	学分	学时	学期
220001	赵秀杰	女	2004-10-02	汉	王绪	副教授	信息技术学院	高等数学	3	48	1
220002	张伟	男	2004-03-02	汉	李铭	教授	汽车营销学院	商务礼仪	2	32	1
220002	张伟	男	2004-03-02	汉	李铭	教授	汽车营销学院	数据结构	3	48	2
220003	徐鹏	男	2002-09-10	蒙	王绪	副教授	信息技术学院	高等数学	3	48	1
220003	徐鹏	男	2002-09-10	蒙	王莹	教授	汽车营销学院	汽车保险与理赔	3	48	4
220004	王欣平	女	2003-02-03	汉	孙威	副教授	机械工程学院	CAM应用技术	4	64	1
220004	王欣平	女	2003-02-03	汉	李铭	教授	汽车营销学院	数据结构	3	48	2
220005	赵娜	女	2003-10-11	汉	王绪	副教授	信息技术学院	高等数学	3	48	1
220005	赵娜	女	2003-10-11	汉	刘影	副教授	机械工程学院	数控多轴加工技术	2	32	2
220006	陈龙洋	男	2005-09-04	回	李铭	教授	汽车营销学院	数据结构	3	48	2
220007	李佳琦	男	2004-08-23	汉	王绪	副教授	信息技术学院	高等数学	3	48	1
220008	何泽	男	2004-09-12	汉	李铭	教授	汽车营销学院	数据结构	3	48	2
220009	李鑫	男	2004-05-07	汉	王绪	副教授	信息技术学院	高等数学	3	48	1
220010	王一	女	2003-07-06	满	张威	讲师	信息技术学院	体育	2	32	1
220011	王迪	女	2004-12-06	回	张威	讲师	信息技术学院	体育	2	32	1
220012	刘思琦	女	2003-10-25	汉	张威	讲师	信息技术学院	体育	2	32	1
220012	刘思琦	女	2003-10-25	汉	梁秋实	讲师	机械工程学院	数控车削技术	3	48	2
220013	王阔	男	2003-12-11	汉	张威	讲师	信息技术学院	体育	2	32	1
220013	王阔	男	2003-12-11	汉	吴素	助教	汽车营销学院	汽车销售实务	4	64	2
220014	许晓坤	男	2004-03-02	汉	胡东兵	教授	信息技术学院	数据库设计及应用	4	64	3
220015	田明林	女	2004-07-08	满	胡东兵	教授	信息技术学院	数据库设计及应用	4	64	3
220016	段宇霏	女	2004-09-09	汉	胡东兵	教授	信息技术学院	数据库设计及应用	4	64	3
220017	王振	男	2003-09-10	汉	胡东兵	教授	信息技术学院	数据库设计及应用	4	64	3
220018	刘兴	男	2004-11-09	满	胡东兵	教授	信息技术学院	数据库设计及应用	4	64	3
220019	高薪杨	男	2004-05-16	汉	田静	教授	机械工程学院	程序设计	4	64	2
220020	刘丽	女	2003-11-14	汉	张霞	副教授	汽车营销学院	软件工程	2	32	4
220021	高铭	男	2004-05-23	汉	田静	教授	机械工程学院	程序设计	4	64	2
220022	张斯	女	2004-07-26	回	张霞	副教授	汽车营销学院	软件工程	2	32	4
220023	张浩	男	2005-09-28	汉	田静	教授	机械工程学院	程序设计	4	64	2
220024	陈辰	女	2003-12-15	汉	张霞	副教授	汽车营销学院	软件工程	2	32	4
220025	李奕辰	男	2004-10-27	汉	田静	教授	机械工程学院	程序设计	4	64	2
220026	赵娜	女	2005-02-21	蒙	张霞	副教授	汽车营销学院	软件工程	2	32	4
220027	陈甲	NULL	NULL	NULL	王莹	教授	汽车营销学院	专业导论	1	16	1

33 rows in set (0.19 sec)

图 9－9 调用存储过程 QUERY_STU_COURSE

【例 9－7】编写一个存储过程，实现的功能是查询选课为“数据结构”的学生信息。

```
DELIMITER $$
CREATE PROCEDURE QUERY_STU_BY_COURSE (in course CHAR (8))
BEGIN
SELECT * FROM 学生 WHERE 学号 IN ( SELECT 学号 FROM 选课 WHERE 课程编号 IN ( SELECT 课程编号 FROM 课程 WHERE 课程名称 = course ) );
END $$
DELIMITER;
```

创建存储过程结果如图 9－10 所示。

```
mysql> DELIMITER $$
CREATE PROCEDURE QUERY_STU_BY_COURSE(in course CHAR(8))
BEGIN
SELECT * FROM 学生 WHERE 学号 IN ( SELECT 学号 FROM 选课 WHERE 课程编号 IN ( SELECT 课程编号 FROM 课程 WHERE 课程名称 = course ) );
END $$
DELIMITER;
Query OK, 0 rows affected (0.06 sec)
```

图 9－10 创建存储过程 QUERY_STU_BY_COURSE

调用存储过程 QUERY_STU_BY_COURSE。

```
CALL QUERY_STU_BY_COURSE ('数据结构');
```

调用结果如图 9－11 所示。

学号	姓名	性别	出生日期	民族
220002	张伟	男	2004-03-02	汉
220004	王欣平	女	2003-02-03	汉
220006	陈龙洋	男	2005-09-04	回
220008	何泽	男	2004-09-12	汉
220019	高薪杨	男	2004-05-16	汉

5 rows in set (0.19 sec)

图 9－11 调用存储过程 QUERY_STU_BY_COURSE 的结果

【例9-8】编写一个存储过程,实现的功能是查询不及格的学生信息。

```
DELIMITER $$
CREATE PROCEDURE QUERY_SCORE_FAIL_STU ( )
BEGIN
SELECT * FROM 学生 WHERE 学号 IN ( SELECT 学号 FROM 选课 WHERE 成绩 < 60 ) ;
END $$
DELIMITER;
```

创建存储过程结果如图9-12所示。

```
mysql> DELIMITER $$
CREATE PROCEDURE QUERY_SCORE_FAIL_STU()
BEGIN
SELECT * FROM 学生 WHERE 学号 IN (SELECT 学号 FROM 选课 WHERE 成绩 < 60) ;
END $$
DELIMITER;
Query OK, 0 rows affected (0.08 sec)
```

图9-12 创建存储过程QUERY_SCORE_FAIL_STU的结果

调用存储过程QUERY_SCORE_FAIL_STU。

```
CALL QUERY_SCORE_FAIL_STU();
```

调用结果如图9-13所示。

```
+--------+--------+------+------------+------+
| 学号   | 姓名   | 性别 | 出生日期   | 民族 |
+--------+--------+------+------------+------+
| 220002 | 张伟   | 男   | 2004-03-02 | 汉   |
| 220007 | 李佳琦 | 男   | 2004-08-23 | 汉   |
| 220012 | 刘思琦 | 女   | 2003-10-25 | 汉   |
| 220022 | 张斯   | 女   | 2004-07-26 | 回   |
| 220027 | 陈甲   | NULL | NULL       | NULL |
+--------+--------+------+------------+------+
5 rows in set (0.15 sec)
```

图9-13 调用存储过程QUERY_STU_BY_COURSE的结果

【例9-9】编写一个存储过程,对【例9-8】的存储过程进行完善,根据学生的成绩,按照优、良、中、合格、不合格输出学生信息、教师信息、课程信息。其中成绩在90分及以上为优秀,80~89为良好,70~79为中等,60~69为合格,低于60分为不及格。

```
DELIMITER $$
CREATE PROCEDURE QUERY_ALL_MESSAGE( )
BEGIN
SELECT S. 学号,S.`姓名`,
    T. 教师编号,T.`姓名` AS 教师姓名,T.`学历`,T.`职称`,T.`部门`,
    C. * ,D. 等级
FROM 学生 S,教师 T,课程 C,(SELECT 学号,教师编号,课程编号,
    CASE
        WHEN 成绩 >=90 THEN'优秀'
        WHEN 成绩 >=80 THEN'良好'
        WHEN 成绩 >=70 THEN'中等'
        WHEN 成绩 >=60 THEN'合格'
        ELSE '不及格'
    END AS 等级
```

```
FROM 选课) D
WHERE D.学号 = S.学号
AND    D.教师编号 = T.教师编号
AND    D.课程编号 = C.课程编号
ORDER BY 等级;
END $$
DELIMITER;
```

创建存储过程结果如图 9-14 所示。

```
mysql> DELIMITER $$
CREATE PROCEDURE QUERY_ALL_MESSAGE()
BEGIN
SELECT S.`学号`,s.`姓名`,
       T.教师编号,T.`姓名` AS 教师姓名,T.`学历`,T.`职称`,T.`部门`,
       C.*,D.等级
FROM 学生 S,教师 T,课程 C,(SELECT 学号,教师编号,课程编号,
    CASE
        WHEN 成绩>=90 THEN'优秀'
        WHEN 成绩>=80 THEN'良好'
        WHEN 成绩>=70 THEN'中等'
        WHEN 成绩>=60 THEN'合格'
        ELSE '不及格'
    END AS 等级
FROM 选课) D
WHERE D.学号=S.学号
AND    D.教师编号=T.教师编号
AND    D.课程编号=c.课程编号
ORDER BY 等级;
END $$
DELIMITER;
Query OK, 0 rows affected (0.06 sec)
```

图 9-14 创建存储过程 QUERY_ALL_MESSAGE 的结果

调用存储过程 QUERY_ALL_MESSAGE。

```
CALL QUERY_ALL_MESSAGE();
```

调用结果如图 9-15 所示。

学号	姓名	教师编号	教师姓名	学历	职称	部门	课程编号	课程名称	学时	学分	学期	等级
220022	张斯	12002	张霞	硕士研究生	副教授	汽车营销学院	67005	软件工程	32	2	4	不及格
220002	张伟	12001	李铭	博士研究生	教授	汽车营销学院	67001	数据结构	48	3	2	不及格
220007	李佳琦	11001	王绪	硕士研究生	副教授	信息技术学院	25004	高等数学	48	3	1	不及格
220012	刘思琦	11002	张威	硕士研究生	讲师	信息技术学院	25006	体育	32	2	1	不及格
220027	陈甲	12003	王莹	硕士研究生	教授	汽车营销学院	67006	专业导论	16	1	1	不及格
220003	徐鹏	11001	王绪	硕士研究生	副教授	信息技术学院	25004	高等数学	48	3	1	中等
220003	徐鹏	12003	王莹	硕士研究生	教授	汽车营销学院	45003	汽车保险与理赔	48	3	4	中等
220004	王欣平	13006	孙威	本科	副教授	机械工程学院	37002	CAM应用技术	64	4	1	中等
220021	高铭	11007	田静	博士研究生	教授	机械工程学院	67003	程序设计	64	4	2	中等
220019	高薪杨	11007	田静	博士研究生	教授	机械工程学院	67003	程序设计	64	4	2	中等
220005	赵娜	13004	刘彭	硕士研究生	副教授	机械工程学院	37003	数控多轴加工技术	32	2	2	中等
220012	刘思琦	12005	梁秋实	硕士研究生	讲师	机械工程学院	37001	数控车削技术	48	3	2	中等
220017	王振	11003	胡东兵	硕士研究生	教授	信息技术学院	67002	数据库设计及应用	64	4	3	中等
220011	王迪	11002	张威	硕士研究生	讲师	信息技术学院	25006	体育	32	2	1	中等
220024	陈辰	12002	张霞	硕士研究生	副教授	汽车营销学院	67005	软件工程	32	2	4	中等
220018	刘兴	11003	胡东兵	硕士研究生	教授	信息技术学院	67002	数据库设计及应用	64	4	3	优秀
220009	李鑫	11001	王绪	硕士研究生	副教授	信息技术学院	25004	高等数学	48	3	1	优秀
220025	李奕辰	11007	田静	博士研究生	教授	机械工程学院	67003	程序设计	64	4	2	优秀
220020	刘丽	12002	张霞	硕士研究生	副教授	汽车营销学院	67005	软件工程	32	2	4	合格
220008	何泽	12001	李铭	博士研究生	教授	汽车营销学院	67001	数据结构	48	3	2	合格
220011	赵秀杰	11001	王绪	硕士研究生	副教授	信息技术学院	25004	高等数学	48	3	1	合格
220013	王阔	14001	吴宸	博士研究生	助教	汽车营销学院	45001	汽车销售实务	64	4	4	合格
220013	王阔	11002	张威	硕士研究生	讲师	信息技术学院	25006	体育	32	2	1	合格
220005	赵娜	11001	王绪	硕士研究生	副教授	信息技术学院	25004	高等数学	48	3	1	良好
220014	许晓坤	11003	胡东兵	硕士研究生	教授	信息技术学院	67002	数据库设计及应用	64	4	3	良好
220004	王欣平	12001	李铭	博士研究生	教授	汽车营销学院	67001	数据结构	48	3	2	良好
220002	张伟	12001	李铭	博士研究生	教授	汽车营销学院	45002	商务礼仪	32	2	1	良好
220023	张浩	11007	田静	博士研究生	教授	机械工程学院	67003	程序设计	64	4	2	良好
220015	田明林	11003	胡东兵	硕士研究生	教授	信息技术学院	67002	数据库设计及应用	64	4	3	良好
220016	段宇霏	11003	胡东兵	硕士研究生	教授	信息技术学院	67002	数据库设计及应用	64	4	3	良好
220026	赵娜	12002	张霞	硕士研究生	副教授	汽车营销学院	67005	软件工程	32	2	4	良好
220010	王一	11002	张威	硕士研究生	讲师	信息技术学院	25006	体育	32	2	1	良好
220006	陈龙洋	12001	李铭	博士研究生	教授	汽车营销学院	67001	数据结构	48	3	2	良好

33 rows in set (0.18 sec)

图 9-15 调用存储过程 QUERY_ALL_MESSAGE 的结果

【例9-10】创建一个存储过程，输入月份数字1~12，返回月份所在的季度。

```
DELIMITER $$
CREATE PROCEDURE q_quarter ( IN mon INT, OUT q_name VARCHAR ( 8 ) )
BEGIN
  CASE

      WHEN mon IN ( 1, 2, 3 ) THEN SET q_name = '一季度';
      WHEN mon in ( 4, 5, 6 ) THEN SET q_name = '二季度';
      WHEN mon IN ( 7, 8, 9 ) THEN SET q_name = '三季度';
      WHEN mon IN ( 10, 11, 12 ) THEN SET q_name = '四季度';
      ELSE SET q_name = '输入错误';

    END CASE;

END $$
DELIMITER;
```

创建存储过程的结果如图9-16所示。

调用该存储过程。

```
CALL q_quarter (6,@R);
```

图9-16 创建存储过程 q_quarter 结果

该存储过程的结果保存在输出参数R中，参数只有定义为用户变量@R，才能在存储过程执行完成后查询到结果；如果定义为局部变量R，则存储函数执行完成后，结果查询不到。要查看输出结果，使用如下语句。

```
SELECT @R;
```

输出结果如图9-17所示。

图9-17 查询参数结果

9.1.5 删除存储过程

当需要删除存储过程时，使用 DROP PROCEDURE 语句。但在执行该语句之前，必须确认这个存储过程不存在任何依赖关系，否则会致使其他与之关联的存储过程无法正常运行。

语法格式如下：

```
DROP PROCEDURE　[IF EXISTS]存储过程名
```

语法说明如下：

存储过程名：是要删除的存储过程的名称。

IF EXISTS 子句：是 MySQL 的扩展，如果程序或函数不存在，它防止发生错误。

【例 9–11】删除存储过程 query_teacher。

```
DROP PROCEDURE IF EXISTS query_teacher;
```

```
Query OK, 0 rows affected (0.02 sec)
```

9.1.6 修改存储过程

有两种方法可以修改存储过程，一种是使用 ALTER PROCEDURE 语句进行修改，另一种是删除并重新创建存储过程。

1. 使用 ALTER PROCEDURE 语句修改存储过程的某些特征

语法结构如下。

```
ALTER PROCEDURE 存储过程名[characteristic...]
```

其中，characteristic 的结构如下。

```
{CONTAINS SQL | NO SQL | READS SQL DATA | MODIFIES SQL DATA} | SQL SECURITY{DEFINER
| INVOKER} |COMMENT'string'
```

说明：

characteristic 是存储过程在创建时的特征，存储过程的参数一旦更改，其特征也会相应发生变化。

CONTAINS SQL 表示子程序包含 SQL 语句，但无读或写数据语句；

NO SQL 表示子程序中不包含 SQL 语句；

READS SQL DATA 表示子程序中包含读数据的语句；

MODIFIES SQL DATA 表示子程序中包含写数据的语句；

SQL SECURITY{DEFINER | INVOKER}指明谁有权限执行；

DEFINER 表示只有定义者自己才能够执行；

INVOKER 表示调用者可以执行。

COMMENT'string'是注释信息。

修改存储过程 num_from_employee( )的定义。将读写权限改为 MODIFIES SQL DATA，并指明调用者可以执行。

```
ALTER PROCEDURE num_from_employee MODIFIES SQL DATA SQL SECURITY INVOKER;
```

2. 先删除再重新定义存储过程的方法

【例 9-12】 使用先删除再创建的办法创建【例 9-2】中的 query_student 存储过程。

```
DROP PROCEDURE IF EXISTS QUERY_STU_BY_NAME;
```

删除的结果如图 9-18 所示。

```
mysql> DROP PROCEDURE IF EXISTS QUERY_STU_BY_NAME;
Query OK, 0 rows affected (0.22 sec)
```

图 9-18　删除存储过程 QUERY_STU_BY_NAME 的结果

再创建存储过程。

```
DELIMITER $$
CREATE PROCEDURE QUERY_STU_BY_NAME(IN name CHAR(8))
BEGIN
SELECT * FROM 学生 WHERE 姓名 = name;
END $$
DELIMITER;
```

创建存储过程的结果如图 9-19 所示。

```
mysql> DELIMITER $$
CREATE PROCEDURE QUERY_STU_BY_NAME(IN name CHAR(8))
BEGIN
SELECT * FROM 学生 WHERE 姓名 = name;
END $$
DELIMITER;
Query OK, 0 rows affected (0.05 sec)
```

图 9-19　创建存储过程 QUERY_STU_BY_NAME 的结果

9.1.7　存储过程的嵌套

存储过程是用于实现特定功能的一段程序。它具有一个特性，即可以像函数一样被其他存储过程直接调用，这种现象被称为作存储过程的嵌套。

【例 9-13】 创建一个存储过程 course_insert()，作用是向课程表中插入一行数据。创建另外一个存储过程 course_update，在其中调用第一个存储过程，如果给定参数为 0，则修改由第一个存储过程插入的记录的学分为 3 分，如果给定参数为 1，则删除第一个存储过程插入的记录，并将操作结果输出。

第一个存储过程：向课程表中插入一行数据。

```
CREATE PROCEDURE course_insert()
  INSERT INTO 课程
  VALUES('99001','Java 编程',56,'',2);
```

创建存储过程的结果如图 9-20 所示。

```
mysql> CREATE PROCEDURE course_insert()
            INSERT INTO 课程
            VALUES('99001', 'Java编程', 56, '', 2);
Query OK, 0 rows affected (0.25 sec)
```

图 9-20 创建存储过程 course_insert 的结果

第二个存储过程：调用第一个存储过程，并输出结果。

```
DELIMITER $$
CREATE PROCEDURE course_update
(IN x INT(1), OUT str CHAR(8))
BEGIN
  CALL course_insert();
  CASE
       WHEN x = 0 THEN
          UPDATE 课程 SET 学分 = 3 WHERE 课程编号 = '99001';
          SET str = '修改成功';
       WHEN x = 1 THEN
          DELETE FROM 课程 WHERE 课程编号 = '99001';
          SET str = '删除成功';
  END CASE;
END $$
DELIMITER;
```

创建存储过程的结果如图 9-21 所示。

```
mysql> DELIMITER $$
CREATE PROCEDURE course_update
(IN x INT(1), OUT str CHAR(8))
BEGIN
        CALL course_insert();
        CASE
                WHEN  x = 0  THEN
                   UPDATE 课程 SET 学分 = 3 WHERE 课程编号 = '99001';
                   SET str = '修改成功';
                WHEN  x = 1  THEN
                   DELETE FROM 课程 WHERE 课程编号 = '99001';
                   SET str = '删除成功';
        END CASE;
END $$
DELIMITER;
Query OK, 0 rows affected (0.09 sec)
```

图 9-21 创建存储过程 course_update 的结果

接下来调用存储过程 course_update 来查看结果。

```
CALL course_update(1, @str);
SELECT @str;
```

结果为删除成功，如图 9-22 所示。

```
CALL course_update(0, @str);
SELECT @str;
```

结果为修改成功，如图 9-23 所示。

```
mysql> CALL course_update(1, @str);          mysql> CALL course_update(0, @str);
Query OK, 1 row affected (0.21 sec)          Query OK, 1 row affected (0.11 sec)

mysql> SELECT @str;                          mysql> SELECT @str;
+-----------+                                +-----------+
| @str      |                                | @str      |
+-----------+                                +-----------+
| 删除成功  |                                | 修改成功  |
+-----------+                                +-----------+
1 row in set (0.09 sec)                      1 row in set (0.09 sec)
```

图 9-22　调用存储过程 course_update　　　　图 9-23　调用存储过程 course_update
　　　参数传入 1，查询输出结果　　　　　　　　　　　参数传入 0，查询输出结果

同时我们课程表中新插入的课程"Java 编程"的学分更新为了 3 学分，结果如图 9-24 所示。

```
mysql> SELECT * FROM 课程;
+---------+------------------+------+------+------+
| 课程编号 | 课程名称         | 学时 | 学分 | 学期 |
+---------+------------------+------+------+------+
| 25004   | 高等数学         |  48  |  3   |  1   |
| 25006   | 体育             |  32  |  2   |  1   |
| 37001   | 数控车削技术     |  48  |  3   |  2   |
| 37002   | CAM应用技术      |  64  |  4   |  1   |
| 37003   | 数控多轴加工技术 |  32  |  2   |  2   |
| 37004   | 特种加工技术     |  48  |  3   |  3   |
| 45001   | 汽车销售实务     |  64  |  4   |  2   |
| 45002   | 商务礼仪         |  32  |  2   |  1   |
| 45003   | 汽车保险与理赔   |  48  |  3   |  4   |
| 45004   | 汽车电子商务     |  32  |  2   |  4   |
| 45005   | 汽车消费心理分析 |  32  |  2   |  2   |
| 67001   | 数据结构         |  48  |  3   |  2   |
| 67002   | 数据库设计及应用 |  64  |  4   |  3   |
| 67003   | 程序设计         |  64  |  4   |  2   |
| 67005   | 软件工程         |  32  |  2   |  4   |
| 67006   | 专业导论         |  16  |  1   |  1   |
| 99001   | Java编程         |  56  |  3   |  2   |
+---------+------------------+------+------+------+
17 rows in set (0.11 sec)
```

图 9-24　课程表的记录

任务 9.2　建立和使用存储函数

【任务描述】

在教师表中，查询教师数量，其中教师表的记录参照项目 4 图 4-2 所示。

【任务分析】

这里要查询教师的数量，存储函数如下。

```
DELIMITER $$
CREATE FUNCTION query_tea()
RETURNS INTEGER
DETERMINISTIC
BEGIN
RETURN ( SELECT COUNT( * ) FROM 教师);
END $$
DELIMITER;
```

执行存储函数结果如图 9-25 所示。

```
mysql> DELIMITER $$
CREATE FUNCTION query_tea()
RETURNS INTEGER
DETERMINISTIC
BEGIN
RETURN (SELECT COUNT(*) FROM 教师);
END$$
DELIMITER ;
Query OK, 0 rows affected (0.22 sec)
```

图 9-25　创建存储函数 query_tea 的结果

调用存储函数。

```
SELECT query_tea();
```

调用存储函数的结果如图 9-26 所示。

```
mysql> SELECT query_tea();
+-------------+
| query_tea() |
+-------------+
|          20 |
+-------------+
1 row in set (0.47 sec)
```

图 9-26　调用存储函数 query_tea 的结果

【相关知识】

MySQL 存储函数（自定义函数）通常用于进行计算并返回一个值，我们可以把经常需要用到的计算或特定功能写成一个函数。

存储函数属于过程式对象的一种，它和存储过程有诸多相似之处。它们都是由 SQL 和过程式语句组成的代码片段，并且可以从应用程序和 SQL 中被调用。不过，它们也存在一些差异：

（1）存储函数不能具有输出参数，因为存储函数自身就相当于输出参数；

（2）不能通过 CALL 语句来调用存储函数；

（3）存储函数必须包含一条 RETURN 语句，而这条特殊的 SQL 语句是不允许包含于存储过程中的。

9.2.1　创建存储函数

1. 创建存储函数

创建存储函数使用 CREATE FUNCTION 语句。

语法格式：

```
CREATE FUNCTION 存储函数名([参数[,…]])
    RETURNS 类型
DETERMINISTIC
    函数体
```

说明：存储函数的定义格式和存储过程较为相近。

存储函数名：存储函数的名称。需要注意的是，存储函数不能与存储过程取相同的名字。

参数：存储函数的参数仅有名称和类型，不能像存储过程那样指定 IN、OUT 和 INOUT。

RETURNS 类型子句：声明函数返回值的数据类型。

函数体：存储函数的主体，也叫存储函数体，所有在存储过程中适用的 SQL 语句在存储函数中也适用。但是存储函数体中必须包含一个 RETURN value 语句，其中，value 为存储函数的返回值，这是存储过程体中没有的。

存储函数的定义格式和存储过程的定义格式相差不大。下面举一些存储函数的例子。

【例 9－14】创建一个存储函数，它返回学生表中学生数作为结果。

```
DELIMITER $$
CREATE FUNCTION num_student()
RETURNS INTEGER
BEGIN
RETURN (SELECT COUNT(*) FROM 学生);
END $$
DELIMITER ;
```

执行结果如图 9－27 所示。

```
mysql> DELIMITER $$
CREATE FUNCTION num_student()
RETURNS INTEGER
BEGIN
RETURN (SELECT COUNT(*) FROM 学生);
END$$
DELIMITER ;
1418 - This function has none of DETERMINISTIC, NO SQL, or READS SQL DATA in its declaration and binary logging is enabled (you *might* want to use the less safe log_bin_trust_function_creators variable)
```

图 9－27　创建存储函数 num_student 的错误信息

在执行以上存储函数时，我们发现出现了一个错误，报错信息如下：1418 －This function has none of DETERMINISTIC, NO SQL, or READS SQL DATA in its declaration and binary logging is enabled (you *might* want to use the less safe log_bin_trust_function_creators variable)。这是因为 log_bin_trust_function_creators 的值为 OFF 状态，可通过如下命令查询 log_bin_trust_function_creators。

```
show VARIABLES like 'log_bin_trust_function_creators';
```

查询结果如图 9－28 所示。

```
mysql> show VARIABLES like 'log_bin_trust_function_creators';
+---------------------------------+-------+
| Variable_name                   | Value |
+---------------------------------+-------+
| log_bin_trust_function_creators | OFF   |
+---------------------------------+-------+
1 row in set (0.52 sec)
```

图 9－28　查询 log_bin_trust_function_creators 的状态

解决以上问题，需要先将 log_bin_trust_function_creators 的状态设置为"ON"再去创建函数就不会报错了。执行以下命令设置 log_bin_trust_function_creators 的状态为"ON"。

```
set GLOBAL log_bin_trust_function_creators =1;
```

执行以上命令的结果如图 9－29 所示。

```
mysql> set GLOBAL log_bin_trust_function_creators=1;
Query OK, 0 rows affected (0.03 sec)
```

图 9－29　设置 log_bin_trust_function_creators 的状态为"ON"

再通过命令 show VARIABLES like 'log_bin_trust_function_creators'；查询状态，结果如图 9－30 所示。

```
mysql> show VARIABLES like 'log_bin_trust_function_creators';
+---------------------------------+-------+
| Variable_name                   | Value |
+---------------------------------+-------+
| log_bin_trust_function_creators | ON    |
+---------------------------------+-------+
1 row in set (0.09 sec)
```

图 9－30　查询 log_bin_trust_function_creators 的状态

我们再去执行创建 num_student( )存储函数，执行的结果如图 9－31 所示。

```
mysql> DELIMITER $$
CREATE FUNCTION num_student()
RETURNS INTEGER
BEGIN
RETURN (SELECT COUNT(*) FROM 学生);
END$$
DELIMITER ;
Query OK, 0 rows affected (0.41 sec)
```

图 9－31　成功创建存储函数 num_student

RETURN 子句中包含 SELECT 语句时，SELECT 语句的返回结果只能是一行且只能有一列值。

虽然此存储函数没有参数，参数使用时也要用"( )"，如 num_student( )。

【例 9－15】创建一个存储函数，返回教师表中某位教师的职称。

```
DELIMITER $$
CREATE FUNCTION title_teacher(t_name CHAR(20))
RETURNS CHAR(8)
DETERMINISTIC
BEGIN
RETURN (SELECT 职称 FROM 教师 WHERE 姓名 = t_name);
END $$
DELIMITER;
```

创建存储函数结果如图 9－32 所示。

```
mysql> DELIMITER $$
CREATE FUNCTION title_teacher(t_name CHAR(20))
RETURNS CHAR(8)
DETERMINISTIC
BEGIN
RETURN (SELECT 职称 FROM 教师 WHERE 姓名=t_name);
END$$
DELIMITER;
Query OK, 0 rows affected (0.02 sec)
```

图 9－32　创建存储函数 title_teacher 的结果

此存储函数给定教师姓名，返回教师的职称。例如要查询"于文成"的职称，用"title_teacher ('于文成')"语句即可。

存储函数与存储过程一样，也可以定义和使用变量，它们可以用来存储临时结果。声明局部变量和赋值方法请参考前面章节的相关部分。

【例 9－16】创建一个存储函数，根据指定的参数 course_id 来删除在课程表中存在，但在选课表中不存在的成绩记录。

175

```
DELIMITER $$
CREATE FUNCTION delete_c (course_id CHAR(6))
RETURNS CHAR(5)
BEGIN
    DECLARE name CHAR(6);
    SELECT 课程名称 INTO name FROM 课程 WHERE 课程编号 = course_id;
    IF name IS NULL
        THEN
        DELETE FROM 选课 WHERE 课程编号 = course_id;
        RETURN 'YES';
    ELSE RETURN 'NO';
    END IF;
END $$
DELIMITER;
```

创建存储函数的结果如图 9-33 所示。

```
mysql> DELIMITER $$
CREATE FUNCTION delete_c (course_id CHAR(6))
RETURNS CHAR(5)
BEGIN
        DECLARE name CHAR(6);
        SELECT 课程名称 INTO name FROM 课程 WHERE 课程编号 = course_id;
        IF name IS NULL
            THEN
                DELETE FROM 选课 WHERE 课程编号 = course_id;
                RETURN 'YES';
        ELSE RETURN 'NO';
        END IF;
END $$
DELIMITER;
Query OK, 0 rows affected (0.02 sec)
```

图 9-33　创建存储函数 delete_c 的结果

分析与讨论

本存储函数声明了局部变量 name，并使用 SELECT INTO 语句将指定参数 course_id 所对应的课程名称赋值给 name 变量。

本存储函数还使用 IF...THEN...ELSE 语句块，对条件进行判断，执行不同的操作。如果课程名称为 NULL，也就是说，在选课表中不存在该课程的话，执行 THEN 后面的删除选课表中相应记录的操作，并输出返回结果"YES"，否则执行 ELSE 后面的操作，返回结果为"NO"。

2. 查看存储函数

要查看数据库中有哪些存储函数，可以使用：SHOW FUNCTION STATUS。

```
SHOW FUNCTION STATUS
```

也可以通过 SHOW CREATE 语句来查看函数的定义。

```
SHOW CREATE FUNCTION 存储过程名;
```

存储过程名参数：表示存储函数的名称。

【例 9-17】查看创建存储函数 title_teacher() 的定义。

```
SHOW CREATE FUNCTION title_teacher;
```

通过这一语句可以查看存储函数名称、创建存储函数的语句块、字符集和校对原则。运行结果如图9-34所示。

```
mysql> SHOW CREATE FUNCTION title_teacher;
+---------------+-------------------------------------+---------------------------------------------------------------------+
| Function      | sql_mode                            | Create Function                                                     | character_set_client
| collation_connection | Database Collation           |
+---------------+-------------------------------------+---------------------------------------------------------------------+
| title_teacher | ONLY_FULL_GROUP_BY,STRICT_TRANS_TABLES,NO_ZERO_IN_DATE,NO_ZERO_DATE,ERROR_FOR_DIVISION_BY_ZERO,NO_ENGINE_SUBSTITUTION | CREATE DEFINER=`root`@`localhost` FUNCTION `title_teacher`(t_name char(20)) RETURNS char(8) CHARSET utf8mb4 COLLATE utf8mb4_general_ci
    DETERMINISTIC
BEGIN
RETURN (SELECT 职称 from 教师 where 姓名=t_name);
END | utf8mb4         | utf8mb4_0900_ai_ci  | utf8mb4_general_ci |
+---------------+-------------------------------------+---------------------------------------------------------------------+
1 row in set (0.22 sec)
```

图9-34　查看存储函数title_teacher的定义

3. 修改存储函数

通过ALTER FUNCTION语句来修改存储函数，一种方法是ALTER FUNCTION语句来进行修改，另一种方法是删除并重新创建存储函数。语法结构与修改存储过程相同，详情参照任务9.1.6修改存储过程。

4. 删除存储函数

删除存储函数的方法与删除存储过程的方法基本相同，使用DROP FUNCTION语句。
语法格式如下。

```
DROP FUNCTION [IF EXISTS] 存储函数名
```

语法说明如下。
存储函数名：要删除的存储函数的名称。
IF EXISTS子句：MySQL的扩展，如果函数不存在，该子句可以防止发生错误。
删除存储函数edu_teacher，语句如下。

```
DROP FUNCTION if exists edu_teacher;
```

删除存储函数的结果如图9-35所示。

```
mysql> DROP FUNCTION if exists edu_teacher;
Query OK, 0 rows affected (0.01 sec)
```

图9-35　删除存储函数edu_teacher的结果

注意：删除存储函数的时候，后面不需要加上"()"，只需要输入存储函数的名称即可。

9.2.2　调用存储函数

存储函数创建完后，就如同系统提供的内置函数（如VERSION()），所以调用存储函数的方法也差不多，都是使用SELECT关键字。

```
SELECT 存储函数名([参数[,...]])
```

调用【例9-14】的存储函数num_student()。

```
SELECT num_student();
```

结果如图 9 – 36 所示。

```
mysql> SELECT num_student() ;
+-------------+
| num_student() |
+-------------+
|          32 |
+-------------+
1 row in set (0.09 sec)
```

图 9 – 36　调用存储函数 num_student( )

调用【例 9 – 15】的存储函数 title_teacher( )。

```sql
SELECT title_teacher('于文成');
```

结果如图 9 – 37 所示。

```
mysql> SELECT title_teacher('于文成');
+------------------------+
| title_teacher('于文成') |
+------------------------+
| 讲师                   |
+------------------------+
1 row in set (0.09 sec)
```

图 9 – 37　调用存储函数 title_teacher( )

在存储函数中，还可以调用另外一个存储函数或者存储过程。

【例 9 – 18】创建一个存储函数 edu_teacher，通过调用存储函数 title_teacher 获得教师的职称，并判断该教师是否为教授，是则返回教师的学历，否则返回"不合要求"。

```sql
DELIMITER $$
CREATE FUNCTION edu_teacher(t_name CHAR(20))
RETURNS CHAR(8)
DETERMINISTIC
BEGIN
    DECLARE name CHAR(20);
    SELECT title_teacher (t_name) INTO name;
    IF name LIKE '教%' THEN
            RETURN ( SELECT 学历 FROM 教师 WHERE 姓名 = t_name );
    ELSE
            RETURN '不合要求';
    END IF;
END $$
DELIMITER;
```

创建存储函数如图 9 – 38 所示。

```
mysql> DELIMITER $$
CREATE FUNCTION edu_teacher(t_name CHAR(20))
RETURNS CHAR(8)
DETERMINISTIC
BEGIN
    DECLARE name CHAR(20);
    SELECT title_teacher (t_name) INTO name;
    IF name LIKE '教%' THEN
            RETURN ( SELECT 学历 FROM 教师 WHERE 姓名= t_name );
    ELSE
            RETURN '不合要求';
    END IF;
END $$
DELIMITER;
Query OK, 0 rows affected (0.02 sec)
```

图 9 – 38　创建存储函数 edu_teacher( )

接着调用存储函数查看结果。

```
SELECT edu_teacher('李铭');
```

存储函数调用结果如图 9-39 所示。

```
mysql> SELECT edu_teacher('李铭');
+---------------------+
| edu_teacher('李铭') |
+---------------------+
| 博士研究生          |
+---------------------+
1 row in set (0.10 sec)
```

图 9-39　调用存储函数 edu_teacher，参数值为李铭

```
SELECT edu_teacher('于文龙');
```

存储函数调用结果如图 9-40 所示。

```
mysql> SELECT edu_teacher('于文龙');
+-----------------------+
| edu_teacher('于文龙') |
+-----------------------+
| 不合要求              |
+-----------------------+
1 row in set (0.09 sec)
```

图 9-40　调用存储函数 edu_teacher，参数值为于文龙

通过图 9-39，图 9-40 所示，我们可以看到，当参数值不同时，根据存储函数中 IF，ELSE 语句判断，输出不同的结果。

任务 9.3　建立和使用触发器

【任务描述】

删除"学生选课管理系统数据库"学生表学号为"220027"的一条学生记录时，该学生在选课表中的所有数据也同时被删除。

【任务分析】

类似这样的情况，当插入、更新或删除某个数据时，要触发一个动作，更新另一张表（或一张表）中相应的数据。这个功能可以使用触发器来实现。

创建以下的触发器。

```
DELIMITER $$
    CREATE TRIGGER course_del_by_stu AFTER
    DELETE ON 学生 FOR EACH ROW
    BEGIN
    DELETE FROM 选课 WHERE 学号 = OLD.学号;
END $$
DELIMITER ;
```

【相关知识】

当我们要对一个表进行数据操作，并且此操作需要触发其他与之相关联的表时，如果单纯使用 SQL 语句来进行更新，那么就需要执行多条操作语句才能完成相应的操作。在这种情况下，使用触发器就能够很好地达成目的。

触发器（TRIGGER）是通过特定事件来触发某一操作的机制。这些事件涵盖了 INSERT 语句、UPDATE 语句以及 DELETE 语句。当数据库系统执行这些事件的时候，就会激活触发器去执行相应的操作。MySQL 从 5.0.2 版本开始支持触发器的使用。

本任务将从对触发器的认识入手，学习关于触发器的概念、如何创建触发器、怎样查看触发器以及对触发器进行验证和删除等内容。同时，掌握触发器在激发他表数据更新、激发自表数据更新以及调用存储过程进行数据操作等方面的实际应用。

9.3.1 触发器的概念

触发器是一种特殊的存储过程，主要用于保护表中的数据。它无须被调用，当有操作对其保护的数据产生影响时，触发器便会自动执行。通过触发器能够便捷地实现数据库中数据的完整性。

触发器是与表相关联的一段代码，在特定事件（如 INSERT、UPDATE 和 DELETE 语句）发生时会自动运行。当在数据表中进行插入或更新数据操作时，触发器自动执行存储过程，进而实现约束、设置默认值或者处理业务逻辑等功能。

在 MySQL 中，可以创建和删除触发器，对于已经创建的触发器也可以修改其定义。每个触发器都有触发事件和响应事件，触发事件通常是数据表上的 INSERT、UPDATE 或 DELETE 语句，而响应事件则是在触发事件发生后 MySQL 服务器所执行的操作。

9.3.2 创建触发器

使用 CREATE TRIGGER 语句创建触发器。
语法格式如下：

> CREATE TRIGGER 触发器名 触发时间 触发事件 ON 表名 FOR EACH ROW 触发器动作

（1）触发器名：触发器的名称，在当前数据库中，触发器必须拥有唯一的名称。若要在特定的数据库中创建触发器，其名称前面应当加上该数据库的名称。

（2）触发时间：触发器被触发的时刻，有 AFTER 和 BEFORE 这两个选项。表示触发器可以在激活它的语句之前或者之后被触发。如果期望在激活触发器的语句执行之后再进行几个或者更多的改变，使用 AFTER 选项；而如果想要对新数据进行验证，以确定其是否满足所使用的限制条件，那么就使用 BEFORE 选项。

（3）触发事件：触发事件明确了激活触发程序的语句类型。触发事件可以是以下值之一。

INSERT：当有新行插入表中时会激活触发器。例如，使用 INSERT、LOAD DATA 和 REPLACE 语句。

UPDATE：更改数据时激活触发器。例如，使用 UPDATE 语句。

DELETE：从表中删除某一行时激活触发器。例如，使用 DELETE 和 REPLACE 语句。

（1）表名：与触发器相关联的表的名称，只有在该表上发生触发事件时才会激活触发器。对于某个特定的表，不能同时存在两个 BEFORE UPDATE 触发器，但是可以有一个 BEFORE UPDATE 触发器和一个 BEFORE INSERT 触发器，或者一个 BEFORE UPDATE 触发器和一个 AFTER UPDATE 触发器。

（2）FOR EACH ROW：此声明用于指定对于受触发事件影响的每一行，都要激活触发器的动作。例如，当使用一条语句向一个表中添加一组行时，触发器会针对每一行执行相应的触发器动作。

（3）触发器动作：包含在触发器被激活时将要执行的语句。如果需要执行多个语句，可以使用 BEGIN…END 复合语句结构。这样就能使用在存储过程中所允许的相同语句。

触发器无法向客户端返回任何结果，也不能调用会将数据返回客户端的存储过程。为了避免从触发器返回结果，在对触发器进行定义时，不要包含 SELECT 语句。

先来看一个最简单的例子，来说明触发器的使用方法。

【例 9-19】在学生表中创建一个触发器，每次插入操作时，都将用户变量 str 的值设为"一个用户已添加"。

```
CREATE TRIGGER student_insert AFTER INSERT ON 学生 FOR EACH ROW
SET @str = '一个用户已添加';
```

创建触发器的结果如图 9-41 所示。

图 9-41　创建触发器 student_insert

向学生表中添加一行数据。

```
INSERT INTO `学生` VALUES ('220000', '测试学生', '女', '2004-10-02', '汉');
```

执行插入语句结果如图 9-42 所示。

图 9-42　插入学生表

查看 str 的值，如图 9-43 所示。

```
SELECT @str;
```

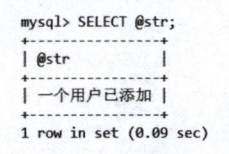

图 9-43　查询变量 str 的值

再使用 SQL 语句去查询学生表的记录。

```
SELECT * FROM 学生;
```

结果如图9－44所示。此时学生的记录已经变为33条，新增了一条姓名为“测试学生”的记录。

```
mysql> SELECT * FROM 学生;
```

学号	姓名	性别	出生日期	民族
220000	测试学生	女	2004-10-02	汉
220001	赵秀杰	女	2004-10-02	汉
220002	张伟	男	2004-03-02	汉
220003	徐鹏	男	2002-09-10	蒙
220004	王欣平	女	2003-02-03	汉
220005	赵娜	女	2003-10-11	汉
220006	陈龙洋	男	2005-09-04	回
220007	李佳琦	男	2004-08-23	汉
220008	何泽	男	2004-09-12	汉
220009	李鑫	男	2004-05-07	汉
220010	王一	女	2003-07-06	满
220011	王迪	女	2004-12-06	回
220012	刘思琦	女	2003-10-25	汉
220013	王阔	男	2003-12-11	汉
220014	许晓坤	男	2004-03-02	汉
220015	田明林	女	2004-07-08	满
220016	段宇霏	女	2004-09-09	汉
220017	王振	男	2003-09-10	汉
220018	刘兴	男	2004-11-09	满
220019	高薪杨	男	2004-05-16	汉
220020	刘丽	女	2003-11-14	汉
220021	高铭	男	2004-05-23	汉
220022	张斯	女	2004-07-26	回
220023	张浩	男	2005-09-28	汉
220024	陈辰	女	2003-12-15	汉
220025	李奕辰	男	2004-10-27	汉
220026	赵娜	女	2005-02-21	蒙
220027	陈甲	NULL	NULL	NULL
220028	刘卜元	NULL	NULL	NULL
220029	许多多	女	2006-05-23	汉
220030	迟道	男	2007-06-09	汉
220031	高兴	男	2006-12-31	回
220032	董宇灰	男	2007-08-07	汉

33 rows in set (0.15 sec)

图9－44　学生表记录

MySQL触发器中的SQL语句可以与表中的任意列相关联。但不能直接使用列的名称进行标识，否则会使系统产生混淆，因为激活触发器的语句可能已经对列进行了修改、删除或添加了新的列名，而旧的列名同时存在。因此，必须用这样的语法来标识：“NEW. 列名”或者“OLD. 列名”。其中，“NEW. 列名”用来引用新行的一列，“OLD. 列名”用于引用在更新或删除它之前的已有行中的一列。

对于INSERT语句，只有NEW是合法的；对于DELETE语句，只有OLD才合法；而UPDATE语句可以与NEW或OLD同时使用。

【例9－20】创建一个触发器，当删除课程表中某课程的信息时，同时将选课表中与该课程有关的数据全部删除。

```
DELIMITER $$
CREATE TRIGGER course_del
AFTER DELETE ON 课程 FOR EACH ROW
BEGIN
  DELETE FROM 选课 WHERE 课程编号 = OLD. 课程编号;
END $$
DELIMITER;
```

执行结果如图9－45所示。

```
mysql> DELIMITER $$
CREATE TRIGGER course_del
AFTER DELETE ON 课程 FOR EACH ROW
BEGIN
        DELETE FROM 选课 WHERE 课程编号 = OLD.课程编号;
END $$
DELIMITER ;
Query OK, 0 rows affected (0.03 sec)
```

图 9 – 45　创建 course_del 触发器

因为是删除课程表中的记录后才执行触发器程序去删除选课表中的记录，此时课程表中的记录已经删除，所以只能用 OLD. 课程编号来表示这个已经删除的记录的课程编号，选课表中使用"WHERE 课程编号 = OLD. 课程编号"查找要删除的记录。

现在验证一下触发器的功能：

```
DELETE FROM 课程 WHERE 课程编号 = '67006';
```

运行结果如图 9 – 46 所示。

```
mysql> DELETE FROM 课程 WHERE 课程编号='67006';
Query OK, 1 row affected (0.02 sec)
```

图 9 – 46　课程表中删除课程编号为'67006'的记录

使用 SELECT 语句查看选课表中的情况：

```
SELECT * FROM 选课 WHERE 课程编号 = '67006';
```

查询结果如图 9 – 47 所示。

```
mysql> SELECT * FROM 选课 WHERE 课程编号='67006';
Empty set
```

图 9 – 47　选课表中查询课程编号为'67006'的记录

这时可以发现，课程编号为'67006'的记录在选课表中已经被删除了。

【例 9 – 21】课程表新增一列，用作累计学生学分的列名。

```
ALTER TABLE 选课 ADD COLUMN '学分' SMALLINT(6) DEFAULT NULL;
```

查看选课表的表结构如图 9 – 48 所示。

```
mysql> ALTER TABLE 选课 ADD COLUMN `学分` SMALLINT(6) DEFAULT NULL;
Query OK, 0 rows affected (0.07 sec)
Records: 0  Duplicates: 0  Warnings: 1

mysql> desc 选课;
+-----------+-----------+------+-----+---------+-------+
| Field     | Type      | Null | Key | Default | Extra |
+-----------+-----------+------+-----+---------+-------+
| 学号      | char(6)   | NO   | PRI | NULL    |       |
| 课程编号  | char(6)   | NO   | PRI | NULL    |       |
| 教师编号  | char(6)   | YES  |     | NULL    |       |
| 成绩      | float     | YES  |     | NULL    |       |
| 学分      | smallint  | YES  |     | NULL    |       |
+-----------+-----------+------+-----+---------+-------+
5 rows in set (0.09 sec)
```

图 9 – 48　选课表的表结构

创建一个触发器，当修改课程表中学生的学分时，如果修改后的学生学分大于 5 分时，触发器将修改选课表的学分为 5，否则修改学分为 0。

```
DELIMITER $$
CREATE TRIGGER update_credit BEFORE UPDATE
    ON 课程 FOR EACH ROW
BEGIN
    IF NEW.学分 >5 THEN
        UPDATE 选课 SET 学分 = '5' WHERE 课程编号 = NEW.课程编号;
    ELSE
        UPDATE 选课 SET 学分 = '0' WHERE 课程编号 = NEW.课程编号;
    END IF;
END $$
DELIMITER;
```

创建触发器的结果如图 9 – 49 所示。

图 9 – 49 创建触发器 update_credit

因为是修改了课程表的记录后才执行触发器程序修改选课表中的记录，此时课程表中的该记录已经修改了，所以只能用"NEW. 课程编号"来表示这个修改后的记录的课程编号，选课表使用"WHERE 课程编号 = NEW. 课程编号"查找要修改的记录。

现在验证触发器的功能。

```
UPDATE 课程 SET 学分 = '6' WHERE 课程编号 = '67005';
```

验证触发器如图 9 – 50 所示。

图 9 – 50 验证触发器 update_credit（一）

从以上的结果可以看出，执行 UPDATE 语句之后，Rows matched：1 Changed，说明有 1 行记录被改变。

使用如下 SELECT 语句查看选课表中的情况，结果如图 9 – 51 所示。

```
SELECT * FROM 选课 WHERE 课程编号 = '67005';
```

图 9 – 51 update_credit 触发器的执行结果（一）

验证触发器的功能，结果如图 9-52 所示。

```
UPDATE 课程 SET 学分 = '3' WHERE 课程编号 = '67005';
```

```
mysql> UPDATE 课程 SET 学分='3' WHERE 课程编号='67005';
Query OK, 1 row affected (0.02 sec)
Rows matched: 1  Changed: 1  Warnings: 0
```

图 9-52　验证触发器 update_credit（二）

使用如下 SELECT 语句查看选课表中的情况，结果如图 9-53 所示。

```
SELECT * FROM 选课 WHERE 课程编号 = '67005';
```

```
mysql> SELECT * FROM 选课 WHERE 课程编号='67005';
+--------+----------+----------+------+------+
| 学号   | 课程编号 | 教师编号 | 成绩 | 学分 |
+--------+----------+----------+------+------+
| 220020 | 67005    | 12002    |   67 |    0 |
| 220022 | 67005    | 12002    |   45 |    0 |
| 220024 | 67005    | 12002    |   76 |    0 |
| 220026 | 67005    | 12002    |   87 |    0 |
+--------+----------+----------+------+------+
4 rows in set (0.05 sec)
```

图 9-53　update_credit 触发器的执行结果（二）

触发器涉及对触发表自身的更新操作时，只能使用 BEFORE 触发器，而 AFTER 不被允许。

【例 9-22】创建触发器，实现当向学生表插入一行数据时，选课表中同时新增一条学生选课的记录。

```
DELIMITER $$
CREATE TRIGGER insert_student AFTER INSERT
    ON 学生 FOR EACH ROW
```

```
BEGIN
    INSERT INTO 选课(学号,课程编号,教师编号) VALUES (NEW.学号,'67005','12002');
END $$
DELIMITER ;
```

创建触发器结果如图 9-54 所示。

```
mysql> DELIMITER $$
CREATE TRIGGER insert_student AFTER INSERT
    ON 学生 FOR EACH ROW
BEGIN
    INSERT INTO 选课(学号,课程编号,教师编号) VALUES (NEW.学号,'67005','12002');
END$$
DELIMITER ;
Query OK, 0 rows affected (0.03 sec)
```

图 9-54　创建触发器 insert_student

现在验证一下触发器的功能。
先查询没插入记录之前选课表的记录。

```
SELECT * FROM 选课;
```

查询结果如图 9-55 所示。

```
mysql> SELECT * FROM 选课;
+--------+----------+----------+--------+--------+
| 学号   | 课程编号 | 教师编号 | 成绩   | 学分   |
+--------+----------+----------+--------+--------+
| 220001 | 25004    | 11001    |   67   | NULL   |
| 220002 | 45002    | 12001    |   86   | NULL   |
| 220002 | 67001    | 12001    |   45   | NULL   |
| 220003 | 25004    | 11001    |   76   | NULL   |
| 220003 | 45003    | 12003    |   77   | NULL   |
| 220004 | 37002    | 13006    |   79   | NULL   |
| 220004 | 67001    | 12001    |   87   | NULL   |
| 220005 | 25004    | 11001    |   87   | NULL   |
| 220005 | 25006    | NULL     | NULL   | NULL   |
| 220005 | 37003    | 13004    |   72   | NULL   |
| 220006 | 67001    | 12001    |   89   | NULL   |
| 220007 | 25004    | 11001    |   54   | NULL   |
| 220008 | 67001    | 12001    |   60   | NULL   |
| 220009 | 25004    | 11001    |   90   | NULL   |
| 220010 | 25006    | 11002    |   88   | NULL   |
| 220011 | 25006    | 11002    |   77   | NULL   |
| 220012 | 25006    | 11002    |   56   | NULL   |
| 220012 | 37001    | 12005    |   78   | NULL   |
| 220013 | 25006    | 11002    |   69   | NULL   |
| 220013 | 45001    | 14001    |   65   | NULL   |
| 220014 | 67002    | 11003    |   89   | NULL   |
| 220015 | 67002    | 11003    |   87   | NULL   |
| 220016 | 67002    | 11003    |   88   | NULL   |
| 220017 | 67002    | 11003    |   79   | NULL   |
| 220018 | 67002    | 11003    |   90   | NULL   |
| 220019 | 67001    | NULL     | NULL   | NULL   |
| 220019 | 67003    | 11007    |   78   | NULL   |
| 220020 | 67005    | 12002    |   67   |   0    |
| 220021 | 67003    | 11007    |   76   | NULL   |
| 220022 | 67005    | 12002    |   45   |   0    |
| 220023 | 67003    | 11007    |   85   | NULL   |
| 220024 | 67005    | 12002    |   76   |   0    |
| 220025 | 67003    | 11007    |   93   | NULL   |
| 220026 | 67005    | 12002    |   87   |   0    |
| 220027 | 25004    | NULL     | NULL   | NULL   |
+--------+----------+----------+--------+--------+
35 rows in set (0.12 sec)
```

图 9-55 选课表记录:共有 35 条

向学生表插入一行记录。

INSERT INTO `学生` VALUES ('229001','触发器','女','2004-10-02','汉');

插入结果如图 9-56 所示。

```
mysql> INSERT INTO `学生` VALUES ('229001','触发器','女','2004-10-02','汉');
Query OK, 1 row affected (0.02 sec)
```

图 9-56 学生表中插入学号为 '229001' 的数据

再次查询选课表的记录。

SELECT * FROM 选课;

查询结果如图 9-57 所示。

从图 9-57 可以看出,选课表的记录已经变为 36 条,新增的是图中最后一条记录,即新增了学号为 229001,课程编号为 67005,且教师编号为 12002 的记录。

【说明】在创建触发器后,当我们创建触发器的时候,MySQL 不会去验证 BEGIN...END 中 SQL 语句的语法错误,只有在具体的执行触发器的过程中,才会发现 BEGIN...END 中 SQL 语句的语法错误,这点特别需要注意。

9.3.3 查看触发器

查看触发器的语法格式为:

学号	课程编号	教师编号	成绩	学分
220001	25004	11001	67	NULL
220002	45002	12001	86	NULL
220002	67001	12001	45	NULL
220003	25004	11001	76	NULL
220003	45003	12003	77	NULL
220004	37002	13006	79	NULL
220004	67001	12001	87	NULL
220005	25004	11001	87	NULL
220005	25006	NULL	NULL	NULL
220005	37003	13004	72	NULL
220006	67001	12001	89	NULL
220007	25004	11001	54	NULL
220008	67001	12001	60	NULL
220009	25004	11001	90	NULL
220010	25006	11002	88	NULL
220011	25006	11002	77	NULL
220012	25006	11002	56	NULL
220012	37001	12005	78	NULL
220013	25006	11002	69	NULL
220013	45001	14001	65	NULL
220014	67002	11003	89	NULL
220015	67002	11003	87	NULL
220016	67002	11003	88	NULL
220017	67002	11003	79	NULL
220018	67002	11003	90	NULL
220019	67001	NULL	NULL	NULL
220019	67003	11007	78	NULL
220020	67005	12002	67	0
220021	67003	11007	76	NULL
220022	67005	12002	45	0
220023	67003	11007	85	NULL
220024	67005	12002	76	0
220025	67003	11007	93	NULL
220026	67005	12002	87	0
220027	25004	NULL	NULL	NULL
229001	67005	12002	NULL	NULL

36 rows in set (0.12 sec)

图 9-57 触发器 insert_student 触发后的执行结果

```
SHOW TRIGGERS;
```

执行结果如图 9-58 所示。

Trigger	Event	Table	Statement	Timing	Created	sql_mode	Definer	character_set_client	collation_connection	Database Collation
insert_student	INSERT	学生	BEGININSERT	AFTER	2024-03-19 10:18:22.62	ONLY_FULL_GROUP_BY,ST	root@localhost	utf8mb4	utf8mb4_0900_ai_ci	utf8mb4_general_ci
update_credit	UPDATE	课程	BEGINIF NEW.:	BEFORE	2024-03-19 09:52:55.74	ONLY_FULL_GROUP_BY,ST	root@localhost	utf8mb4	utf8mb4_0900_ai_ci	utf8mb4_general_ci
course_del	DELETE	课程	BEGINDELETE	AFTER	2024-03-19 09:58:43.08	ONLY_FULL_GROUP_BY,ST	root@localhost	utf8mb4	utf8mb4_0900_ai_ci	utf8mb4_general_ci

图 9-58 查看触发器

MySQL 中所有触发器的定义都存储在 information_ schema 数据库下的 triggers 表中，查询 triggers 表，可以查看数据库中所有触发器的详细信息，查询的语句如下：

```
SELECT * FROM information_schema.triggers;
```

执行结果如图 9-59 所示。

TRIGGER_CATALOG	TRIGGER_SCHEMA	TRIGGER_NAME	EVENT_MANIPULATION	EVENT_OBJECT_CATALOG	EVENT_OBJECT_SCHEMA	EVENT_OBJECT_TABLE	ACTION_ORDER	ACTION_CONDITIOI
def	sys	sys_config_insert_set_user	INSERT	def	sys	sys_config	1	(Null)
def	sys	sys_config_update_set_us(	UPDATE	def	sys	sys_config	1	(Null)
def	学生管理系统	update_credit	UPDATE	def	学生管理系统	课程	1	(Null)
def	学生管理系统	course_del	DELETE	def	学生管理系统	课程	1	(Null)
def	学生管理系统	insert_student	INSERT	def	学生管理系统	学生	1	(Null)

图 9-59 查看数据库中所有触发器的详细信息

9.3.4 验证触发器

在 MySQL 中，创建一个触发器来验证数据的完整性可以通过以下步骤实现：

（1）定义触发器，指定触发条件（INSERT、UPDATE、DELETE）和关联的表。
（2）在触发器内部编写逻辑来验证数据。
（3）如果数据不符合验证条件，使用 SIGNAL 语句抛出错误。

9.3.5 删除触发器

删除触发器指删除数据库中已经存在的触发器。MySQL 使用 DROP TRIGGER 语句来删除触发器。

其基本语法格式如下：

```
DROP TRIGGER 触发器名
```

【例 9-23】删除【例 9-20】中创建的触发器 course_del;

```
Drop TRIGGER course_del;
```

删除触发器 course_del 及结果如图 9-60 所示。

```
mysql> Drop TRIGGER course_del;
Query OK, 0 rows affected (0.41 sec)
```

图 9-60　删除触发器 course_del

任务 9.4　建立和使用事件

【任务描述】

在 MySQL 5.1.x 版本中引入了一个新特性 EVENT。正如其名，这是一种事件、定时任务机制，能够在特定的时间单元内执行特定的任务。这样，一些对数据的定时性操作不再需要依赖外部程序，直接利用数据库自身所提供的功能就可以实现。例如，定时关闭账户，定时打开或关闭数据库指示器等。而这些特定的任务可以由事件调度器来完成。

【任务分析】

MySQL 的事件调度器可以精确到每秒钟执行一项任务，而操作系统的计划任务（如 Linux 下的 cron 或 Windows 下的任务计划）只能精确到每分钟执行一次。这一功能对于一些对数据实时性要求比较高的应用（如股票、赔率、比分等）是非常适合的。

【相关知识】

本任务将从认识事件开始，学习创建、查看、修改和删除事件的基本方法，包括创建在某个时刻发生的事件、指定区间周期性发生的事件，以及在事件中调用存储过程或存储函数的实际应用。

9.4.1　事件的概念

自 MySQL 5.1.6 起，MySQL 增加了一项极具特色的功能——事件调度器（EvenScheduler），可以用于定时执行某些特定任务（如删除记录、对数据进行汇总等），来取代原先只能由操

作系统的计划任务来执行的工作。

事件调度器有时也可称为临时触发器（TEMPORAL TRIGGERS），因为事件调度器是基于特定时间周期触发来执行某些任务，而触发器（TRIGGERS）是基于某个表所产生的事件而触发的，区别就在这里。

MySQL事件调度器负责调用事件。这个模块是MySQL数据库服务器的一部分，它持续地监视某个事件是否需要被调用。要创建事件，必须打开调度器。可以使用系统变量EVENT_SCHEDULER来打开事件调度器，设置为TRUE（或1、ON）表示打开，设置为FALSE（或0、OFF）表示关闭。

要开启EVENT_SCHEDULER，可执行下面的语句。

```
SET @@GLOBAL.EVENT_SCHEDULER = TRUE;
```

也可以在MySQL的配置文件my.ini中加上一行，然后重启MySQL服务器。

```
event_scheduler = 1
```

要查看当前是否已开启事件调度器，可执行如下SQL语句。

```
SHOW VARIABLES LIKE 'event_scheduler';
```

运行结果如图9-61所示。

```
mysql> show VARIABLES like 'event_scheduler';
+-----------------+-------+
| Variable_name   | Value |
+-----------------+-------+
| event_scheduler | ON    |
+-----------------+-------+
1 row in set (0.14 sec)
```

图9-61 查看事件调度器

或者执行如下语句。

```
SELECT @@event_scheduler;
```

运行结果如图9-62所示。

```
mysql> SELECT @@event_scheduler;
+-------------------+
| @@event_scheduler |
+-------------------+
| ON                |
+-------------------+
1 row in set (0.14 sec)
```

图9-62 event_scheduler运行结果

MySQL事件是依据时间表运行的任务，类似UNIX crontab和Windows定时任务。一个事件可调用一次，也可周期性地启动。它由特定的线程来管理，也就是所谓的事件调度器。MySQL的事件调度器可以实现每秒钟执行一个任务，这在一些对实时性要求较高的环境中非常实用。

事件和触发器类似，都是在某些事情发生的时候被启动。MySQL事件有时候也称为"时间触发器"，因为它们是基于特定时间点触发的程序。

MySQL事件可以用于许多场景，例如优化数据库表、对数据进行归档、生成复杂查询报告以及清理日志文件等。

MySQL 存储程序涵盖存储例程、触发器和事件，存储对象则包括存储程序和视图。

9.4.2 事件的基本操作

1. 创建事件

事件基于特定时间周期触发来执行某些任务。

创建事件可以使用 CREATE EVENT 语句。

语法格式如下：

> CREATE EVENT 事件名 ON SCHEDULE 时间调度 DO 触发事件

语法说明如下：

（1）事件名：表示事件的名称。

（2）时间调度：用于指定事件何时发生或每隔多久发生一次，可以有以下取值。

AT 时间点 [+ INTERVAL interval] 表示在指定时间点发生，如果后面加上时间间隔，则表示在这个时间间隔后事件发生。

EVERY 时间间隔 [STARTS 时间点 [+ INTERVAL 时间间隔]]
　　　　　　　　　[ENDS timestamp [+ INTERVAL 时间间隔]]

表示事件在指定的时间区间内每隔多长时间发生一次。其中，STARTS 用于指定开始时间，ENDS 用于指定结束时间。

触发事件：包含激活时将要执行的语句。

一条 CREATE EVENT 语句创建一个事件。每个事件由两个主要部分组成，第一部分是事件调度（时间调度），表示事件何时启动和按什么频率启动；第二部分是事件动作（触发事件），这是事件启动时执行的代码，事件的动作包含一条 SQL 语句，它可以是一个简单的 SQL 语句，也可以是一个存储过程或 BEGIN – END 语句块，这两种情况允许执行多条 SQL 语句。

【例 9 – 24】创建现在立刻执行的事件，创建一个表 test。

> CREATE EVENT DIRECT
> ON SCHEDULE AT NOW( )
> DO CREATE TABLE test(timeline TIMESTAMP);

创建事件如图 9 – 63 所示。

```
mysql> CREATE EVENT DIRECT
ON SCHEDULE AT NOW()
DO CREATE TABLE test(timeline TIMESTAMP);
Query OK, 0 rows affected (0.03 sec)
```

图 9 – 63　创建立即执行的事件

查看是否创建了表 test。

> SHOW TABLES;

运行结果如图 9 – 64 所示。

```
mysql> SHOW TABLES;
+------------------------+
| Tables_in_学生管理系统 |
+------------------------+
| test                   |
| 学生                   |
| 教师                   |
| 课程                   |
| 选课                   |
+------------------------+
5 rows in set (0.05 sec)
```

图 9-64　查看数据库中的表

查看 test 表，具体如下：

SELECT * FROM test;

运行结果如图 9-66 所示。

```
mysql> SELECT * FROM test;
Empty set
```

图 9-66　查询 test 表记录

【例 9-25】创建现在立刻执行的事件，5 s 后创建一个表 test1。

CREATE EVENT DIRECT
ON SCHEDULE AT CURRENT_TIMESTAMP + INTERVAL 5 SECOND
DO CREATE TABLE test1(timeline TIMESTAMP);

运行结果如图 9-65 所示。

```
mysql> CREATE EVENT DIRECT
ON SCHEDULE AT CURRENT_TIMESTAMP + INTERVAL 5 SECOND
DO CREATE TABLE test1(timeline TIMESTAMP);
Query OK, 0 rows affected (0.08 sec)
```

图 9-65　创建事件

查看是否创建了表 test1。

SHOW TABLES;

运行结果如图 9-67 所示。

```
mysql> SHOW TABLES;
+------------------------+
| Tables_in_学生管理系统 |
+------------------------+
| test                   |
| test1                  |
| 学生                   |
| 教师                   |
| 课程                   |
| 选课                   |
+------------------------+
6 rows in set (0.08 sec)
```

图 9-67　查看数据库中的表

【例 9-26】每 10 秒插入一条记录到 test 表。

CREATE EVENT test_insert
ON SCHEDULE EVERY 10 SECOND
DO INSERT INTO test VALUES (CURRENT_TIMESTAMP);

创建事件如图 9-68 所示。

```
mysql> CREATE EVENT test_insert
ON SCHEDULE EVERY 10 SECOND
DO INSERT INTO test VALUES (CURRENT_TIMESTAMP);
Query OK, 0 rows affected (0.02 sec)
```

图 9-68　每 10 s 向数据库中插入数据

等待 10 秒后，再执行查询，具体如下。

```
SELECT * FROM test;
```

运行结果如图 9-69 所示。

```
mysql> SELECT * FROM test;
+---------------------+
| timeline            |
+---------------------+
| 2024-05-14 17:01:06 |
| 2024-05-14 17:01:16 |
| 2024-05-14 17:01:26 |
| 2024-05-14 17:01:36 |
+---------------------+
4 rows in set (0.05 sec)
```

图 9-69　查询 test 表的数据

【例 9-27】每天定时清空 test 表。

```
CREATE EVENT del_test
ON SCHEDULE EVERY 1 DAY
DO DELETE FROM test;
```

创建事件结果如图 9-70 所示。

```
mysql> CREATE EVENT del_test
ON SCHEDULE EVERY 1 DAY
DO DELETE FROM test;
Query OK, 0 rows affected (0.02 sec)
```

图 9-70　创建删除 test 表事件

【例 9-28】创建一个事件，从下一个星期开始，每个星期都清空 test 表，并且在 2024 年的 12 月 31 日 12 时结束。

```
DELIMITER $$
CREATE EVENT start_month
    ON SCHEDULE EVERY 1 WEEK
        STARTS CURDATE() + INTERVAL 1 WEEK
        ENDS '2024-12-31 12:00:00'
    DO
        BEGIN
            TRUNCATE TABLE test;
        END $$
DELIMITER ;
```

创建 start_month 事件结果如图 9-71 所示。

```
mysql> DELIMITER$$
CREATE EVENT start_month
        ON SCHEDULE EVERY 1 WEEK
                        STARTS CURDATE()+INTERVAL 1 WEEK
                        ENDS '2024-12-31 12:00:00'
        DO
                BEGIN
                        TRUNCATE TABLE test;
                END$$
DELIMITER;
Query OK, 0 rows affected (0.03 sec)
```

图 9-71　创建 start_month 事件结果

我们还可以在事件中调用存储过程或存储函数。

【例 9-29】 num_student() 是用来统计学生人数的存储过程，创建事件，每星期查看一次学生的记录情况，供有关部门参考。我们可以使用如下的代码实现。

```
DELIMITER $$
CREATE EVENT query_stu
    ON SCHEDULE EVERY 1 WEEK
    DO
    BEGIN
        CALL num_student;
    END $$
DELIMITER;
```

创建 query_stu 事件结果如图 9-72 所示。

```
mysql> DELIMITER$$
CREATE EVENT query_stu
        ON SCHEDULE EVERY 1 WEEK
        DO
        BEGIN
                CALL num_student;
        END$$
DELIMITER;
Query OK, 0 rows affected (0.02 sec)
```

图 9-72　创建 query_stu 事件结果

2. 查看事件

使用 SHOW EVENTS 语句可以查看当前数据库中的计划事件。

```
SHOW EVENTS [{FROM | IN} schema_name] [LIKE 'pattern' | WHERE expr]
```

也可以使用 SHOW CREATE EVENT 语句查看指定事件的定义。

```
SHOW CREATE EVENT event_name
```

【例 9-30】 查看学生管理系统数据库的事件。

```
SHOW EVENTS;
```

结果如图 9-73 所示。

```
mysql> SHOW EVENTS;
+--------------+-------------+-----------------+----------+-----------+------------+----------------+----------------+---------------------+---------------------+---------+------------+
| Db           | Name        | Definer         | Time zone| Type      | Execute at | Interval value | Interval field | Starts              | Ends                | Status  | Originator |
| character_set_client | collation_connection | Database Collation |
+--------------+-------------+-----------------+----------+-----------+------------+----------------+----------------+---------------------+---------------------+---------+------------+
| 学生管理系统  | del_test   | root@localhost | SYSTEM   | RECURRING | NULL       | 1              | DAY            | 2024-03-19 13:26:38 | NULL                | ENABLED | 1          |
| utf8mb4      | utf8mb4_0900_ai_ci | utf8mb4_general_ci |
| 学生管理系统  | query_kq   | root@localhost | SYSTEM   | RECURRING | NULL       | 1              | WEEK           | 2024-03-19 13:39:23 | NULL                | ENABLED | 1          |
| utf8mb4      | utf8mb4_0900_ai_ci | utf8mb4_general_ci |
| 学生管理系统  | start_month| root@localhost | SYSTEM   | RECURRING | NULL       | 1              | WEEK           | 2024-03-26 00:00:00 | 2024-12-31 12:00:00 | ENABLED | 1          |
| utf8mb4      | utf8mb4_0900_ai_ci | utf8mb4_general_ci |
+--------------+-------------+-----------------+----------+-----------+------------+----------------+----------------+---------------------+---------------------+---------+------------+
3 rows in set (0.11 sec)
```

图9-73　查看学生选课管理系统数据库中的事件

【例9-31】查看EVENT的创建信息。

```
SHOW CREATE EVENT query_stu;
```

查询结果如图9-74所示。

```
mysql> SHOW CREATE EVENT query_stu;
+-----------+----------+------------+--------+
| Event     | sql_mode |            | time_zone | Create Event |
| character_set_client | collation_connection | Database Collation |
+-----------+----------+------------+--------+
| query_stu | ONLY_FULL_GROUP_BY,STRICT_TRANS_TABLES,NO_ZERO_IN_DATE,NO_ZERO_DATE,ERROR_FOR_DIVISION_BY_ZERO,NO_ENGINE_SUBSTITUTION | SYSTEM | CREATE DEFINER=`root`@`localhost` EVENT `query_stu` ON SCHEDULE EVERY 1 WEEK STARTS '2024-05-14 17:12:57' ON COMPLETION NOT PRESERVE ENABLE DO BEGIN
        CALL num_student;
    END | utf8mb4 | utf8mb4_0900_ai_ci | utf8mb4_unicode_ci |
+-----------+----------+------------+--------+
1 row in set (0.08 sec)
```

图9-74　查看query_stu事件

3. 修改事件

如果想要修改计划事件的属性和定义，可以使用ALTER EVENT语句。如临时修改事件或再次让它活动、修改事件的名称并加上注释等。

```
ALTER
    [DEFINER = user]
    EVENT event_name
    [ON SCHEDULE schedule]
    [ON COMPLETION [NOT] PRESERVE]
    [RENAME TO new_event_name]
    [ENABLE | DISABLE | DISABLE ON SLAVE]
    [COMMENT 'string']
[DO event_body]
```

ALTER EVENT语句支持的选项和CREATE EVENT语句相同，另外它可以通过RENAME TO子句修改事件的名称。例如：

```
ALTER EVENT event2 RENAME TO repeat_event COMMENT 'This is a repeat event.';
```

【例9-32】临时关闭test_insert事件。

```
ALTER EVENT test_insert DISABLE;
```

【例9-33】将每天清空test表改为5天清空一次。

```
ALTER EVENT del_test
ON SCHEDULE EVERY 5 DAY;
```

修改事件结果如图 9-75 所示。

```
mysql> ALTER EVENT del_test
    ON SCHEDULE EVERY 5 DAY;
Query OK, 0 rows affected (0.07 sec)
```

图 9-75 修改 del_test 事件结果

我们去验证下是否将 del_test 事件更改为 5 天清空一次了，我们使用 SHOW EVENTS 查看一下，可以看到，已经将 del_test 事件更改为了 5 天执行一次了。结果如图 9-76 所示。

图 9-76 更改之后查看 del_test 的状态

【例 9-34】重命名事件并加上注释。

```
ALTER EVENT del_test
    RENAME TO delete_test COMMENT '清空 test 表';
```

结果如图 9-77 所示。

```
mysql> ALTER EVENT del_test
    RENAME TO delete_test COMMENT '清空test表';
Query OK, 0 rows affected (0.15 sec)
```

图 9-77 重命名 del_test 事件并加上注释

我们再次使用 SHOW EVENTS 验证一下。结果如图 9-78 所示。

图 9-78 查看所有事件

4. 删除事件

如果想要删除一个存在的计划事件，可以使用 DROP EVENT 语句。

```
DROP EVENT [IF EXISTS] event_name
```

默认情况下，已经过期的事件会自动删除，除非设置了 ON COMPLETION PRESERVE 选项。

【例 9-35】删除 test_insert 事件。

```
DROP EVENT test_insert;
```

结果如图 9-79 所示。

```
mysql> DROP EVENT test_insert;
Query OK, 0 rows affected (0.03 sec)
```

图 9-79 删除 test_insert 事件

我们再次使用 SHOW EVENTS 验证一下，发现此时数据库中只存在 3 条记录，之前的 test_insert 事件已经被删除了，如图 9-80 所示。

```
mysql> SHOW EVENTS;
+-----------+-------------+-----------------+-----------------+-----------+-----------+-----------------+----------------+----------------+---------------------+---------------------+
| Db        | Name        | Definer         | Time zone       | Type      | Execute at| Interval value  | Interval field | Starts         | Ends                |
|           | Status      | Originator      | character_set_client | collation_connection | Database Collation |
+-----------+-------------+-----------------+-----------------+-----------+-----------+-----------------+----------------+----------------+---------------------+---------------------+
| 学生管理系统 | del_test    | root@localhost  | SYSTEM          | RECURRING | NULL      | 1               | DAY            | 2024-05-14 17:02:08 | NULL
|           | ENABLED     | 1               | utf8mb4         |           | utf8mb4_0900_ai_ci | utf8mb4_unicode_ci |
| 学生管理系统 | query_stu   | root@localhost  | SYSTEM          | RECURRING | NULL      | 1               | WEEK           | 2024-05-14 17:12:57 | NULL
|           | ENABLED     | 1               | utf8mb4         |           | utf8mb4_0900_ai_ci | utf8mb4_unicode_ci |
| 学生管理系统 | start_month | root@localhost  | SYSTEM          | RECURRING | NULL      | 1               | WEEK           | 2024-05-21 00:00:00 | 2024-12-31 12:00:00
|           | ENABLED     | 1               | utf8mb4         |           | utf8mb4_0900_ai_ci | utf8mb4_unicode_ci |
+-----------+-------------+-----------------+-----------------+-----------+-----------+-----------------+----------------+----------------+---------------------+---------------------+
3 rows in set (0.07 sec)
```

图 9-80 删除 test_insert 事件后验证事件是否已删除

小 结

为了给用户编程提供便利，MySQL 增加了一些非 SQL 标准所涵盖的语言元素，其中包括常量、变量、运算符、函数及流程控制语句等。

过程式对象是由 SQL 和过程式语句组成的代码片段，是存放在数据库中的一段程序。MySQL 过程式对象有存储过程、存储函数、触发器和事件。使用过程式对象有以下优势。

（1）过程式对象在服务器端运行，执行速度较快。

（2）过程式对象执行一次后，其执行规划就驻留在高速缓冲存储器中，在后续的操作中，只需从高速缓冲存储器中调用已编译好的二进制代码执行即可，提升了系统性能。

（3）过程式对象通过编程的方式对数据库进行操作，可通过控制过程式对象的权限来控制对数据库信息的访问，确保数据库的安全。

存储过程是存放在数据库中的一段程序。存储过程能够由程序、触发器或另一个的存储过程通过 CALL 语句来调用从而被激活。

触发器同样是存放在数据库中的一段程序，但触发器无须调用，当有操作对触发器保护的数据产生影响时，触发器会自动执行以保护表中的数据，进而实现数据库中数据的完整性。

理论练习

一、单选

1. 在 MySQL 存储过程中，用于定义输入参数的关键字是（   ）。

A．IN　　　　　B．OUT　　　　　C．INOUT　　　　　D．RETURN

2．要指定事件执行的时间间隔，在 MySQL 事件定义中通常会用到（　　）。

A．INTERVAL 关键字　　　　　B．PERIOD 关键字

C．DURATION 关键字　　　　　D．FREQUENCY 关键字

3．在 MySQL 中，存储过程的参数可以有几种模式？（　　）

A．1 种　　　　　B．2 种　　　　　C．3 种　　　　　D．4 种

4．如果要在 MySQL 存储过程中执行多条 SQL 语句，通常会使用以下哪种结构？（　　）

A．IF...ELSE　　　B．CASE　　　C．BEGIN...END　　　D．LOOP

5．在 MySQL 中，创建触发器时使用的关键字是（　　）。

A．CREATE TRIGGER　　　　　B．MAKE TRIGGER

C．SET UP TRIGGER　　　　　D．INIT TRIGGER

6．如果希望在触发器中对受触发事件影响的每一行都执行动作，需要使用（　　）。

A．FOR EACH ROW

B．FOR ALL ROWS

C．ON EACH ROW

D．PER ROW

7．在 MySQL 中，以下哪种操作不能触发触发器？（　　）

A．SELECT　　　B．INSERT　　　C．UPDATE　　　D．DELETE

8．在 MySQL 存储函数中，用于返回值的关键字是（　　）。

A．OUT　　　　B．RETURN　　　C．RESULT　　　D．YIELD

9．下列关于 MySQL 存储函数参数的说法正确的是（　　）。

A．可以像存储过程一样指定参数

B．只能有输入参数

C．没有参数模式的指定，只有名称和类型

D．只能有一个参数

10．在 MySQL 中，事件（Event）是用于（　　）。

A．响应数据库查询操作　　　　　B．自动执行任务的机制

C．处理数据库连接错误　　　　　D．存储临时数据

二、判断

1．存储过程可以有多个输出参数。（　　）

2．存储过程必须包含 RETURN 语句。（　　）

3．可以使用 CALL 语句调用存储过程。（　　）

4．存储函数的参数可以像存储过程一样指定为 IN、OUT 和 INOUT。（　　）

5．存储函数不能返回多个值。（　　）

6．存储函数中可以不包含 SQL 语句。（　　）

7．MySQL 事件可以自动按照预定的时间或时间间隔执行任务。（　　）

8．事件创建后就不能修改其执行时间了。（　　）

9．事件在 MySQL 数据库中默认是开启状态。（　　）

10. SELECT 语句可以触发 MySQL 触发器。（　　）

三、填空

1. 在 MySQL 存储过程中，用于定义输出参数的关键字是_____。
2. 存储过程的参数有三种模式，分别是_____、_____和_____。
3. 调用存储过程的 SQL 语句是_____。
4. 若要在存储过程中执行多条 SQL 语句，通常需要使用_____结构来包裹这些语句。
5. 存储函数的定义中，必须包含_____语句来返回一个值。
6. 存储函数的参数只有_____和_____，不能像存储过程一样指定参数模式。
7. 存储函数不能有_____参数，因为其本身就相当于输出。
8. 在 MySQL 中，创建事件的关键字是_____。
9. 对于某一表，不能有两个_____触发器。
10. 为了避免触发器返回结果到客户端，不要在触发器定义中包含_____语句。

实战演练

一、stucourse（学生选课管理系统）数据库包含学生、教师、课程、选课四个表。使用学生选课管理系统的数据完成以下操作

1. 创建存储过程 query_all_student：查询所有的学生信息。
2. 创建存储过程 query_tea_by_id：根据教师的工号查询教师信息。
3. 创建存储过程 query_stu_course：查询学生的选课情况。
4. 创建存储函数 query_tea_title：返回指定老师的职称。
5. 创建一个触发器，当删除学生表中某学生的信息时，同时将选课表中与该学生有关的数据全部删除。

二、librarydb 数据库包含学生情况、图书情况、图书分类、借还记录四个表，使用 librarydb 数据库中的表完成以下操作

1. 创建一个存储过程，用于查找所有借阅图书但尚未归还的学生记录。
2. 创建一个存储函数，该函数每分钟触发一次，用于返回图书表中所有图书的金额总和。
3. 创建一个触发器，当向借阅表插入一行数据时，将库存表中对应条码的图书状态改为"借出"。
4. 创建一个事件，每隔 1 分钟将图书表中书名为"MySQL 数据库"的图书数量增加 1 本，该事件从系统当前时间开始。

项目 10
维护数据库的安全

学习导读

数据库有一个显著的特点,那就是数据共享。数据共享能够提升数据的使用效率,不过在这个过程中,数据的安全性绝不能被忽视。数据安全管理在数据库管理系统里占据着极其重要的地位,它是确保数据库中的数据能够被合理访问与修改的基本前提。MySQL 为我们提供了有效的数据访问方式、多用户数据共享机制、数据备份与恢复等多种数据安全机制。在本单元中,我们会从用户和权限管理、数据备份与恢复、事务和多用户管理这三个方面来深入研究怎样保障数据库的数据安全。

所谓数据库的安全性,就是指只允许合法的用户在他们权限许可的范围内对数据库开展相关操作,同时要对数据库进行保护,避免因任何非法使用行为而导致的数据泄露、数据被更改或者数据被破坏的情况发生。

在 MySQL 中,用户主要分为 root 用户和普通用户。这两类用户的权限是有差异的。root 用户属于超级管理员,它拥有全部权限,像创建用户、删除用户、修改普通用户密码之类的管理权限都包含在内。而普通用户仅拥有在创建该用户时被赋予的那些权限。

学习目标

理解用户与权限管理机制。
了解数据备份与恢复的常用方法。
本任务将学习用户管理、权限管理、数据备份、数据还原相关的知识。

素养目标设计

项目	任务	素养目标	融入方式	素养元素
项目十	10.1 管理用户与数据权限	培养学生社会责任感、法制意识、树立公平公正的价值观	通过"权限设置"过程引入	法制意识、责任意识、公平公正
	10.2 备份与还原数据	培养学生的诚信品质和职业操守、创新精神和进取意识	通过学生"进行备份和还原操作"时引入	诚信可靠、创新进取、团队精神

任务 10.1　管理用户与数据权限

【任务描述】

在学生选课管理系统中新增用户 user1。

【任务分析】

使用 CREATE USER 命令创建新的用户。

```
CREATE USER usr1@localhost IDENTIFIED BY '123456';
```

【相关知识】

用户要访问 MySQL 数据库，首先必须拥有登录 MySQL 服务器的账户名和密码。登录服务器后，MySQL 允许用户在其权限内使用数据库资源。MySQL 的安全系统很灵活，它允许以多种不同的方式创建用户和设置用户权限。MySQL 的用户信息存储在其自带的 MySQL 数据库的 user 表中。

10.1.1　用户管理

1. 添加用户

可以使用 CREATE USER 语法添加一个或多个用户，并设置相应的密码。该语句有很多设置，下面从最简单的开始讨论。最基本的语法格式如下。

```
CREATE USER 账户名 [IDENTIFIED BY ['密码']]
```

语法格式如下。

账户名：格式为：user_name@ host_name。其中 user_name 为用户名，host_name 为主机名。账户名的主机名部分如果省略，则默认为"%"。

密码：使用 IDENTIFIED BY 子句，可以为账户设定一个密码。

CREATE USER 语句用于创建新的 MySQL 账户。CREATE USER 会在系统本身的 MySQL 数据库的 user 表中添加一个新记录。要使用 CREATE USER 命令，必须拥有 MySQL 库的全局 CREATE USER 权限。如果账户已经存在，则出现错误。

【例 10-1】添加一个新的用户，用户名为"usr1"，密码为"123456"。

```
CREATE USER usr1@ localhost IDENTIFIED BY '123456';
```

结果如图 10-1 所示。

```
mysql> CREATE USER usr1@localhost IDENTIFIED BY '123456';
Query OK, 0 rows affected (0.02 sec)
```

图 10-1　创建用户 usr1

在用户名的后面会声明关键字"localhost",这个关键字是用于指定用户创建所使用的 MySQL 服务器来自的主机。倘若一个用户名和主机名当中包含特殊符号(比如"_")或者通配符(比如"%"),那么就需要用单引号将其括起来。"%"代表一组主机。

如果有两个用户具有相同的用户名但是主机不同,那么 MySQL 会将其看作不同的用户,并且允许为这个用户分配不同的权限集合。

如果在创建用户时没有输入密码,那么 MySQL 允许相关的用户不使用密码进行登录。不过从安全的角度来讲,这种做法是不被推荐的。

刚刚创建的用户通常没有很多权限,他们可以登录 MySQL,但是不能使用 USE 语句让自己已经创建的任何数据库成为当前数据库,所以,他们无法访问那些数据库中的表,只被允许进行一些不需要权限的操作。例如,可以使用一条 SHOW 语句来查询所有存储引擎和字符集的列表。

【例 10-2】添加两个新的用户,usr2 和 usr3,密码均为 123456。

```
CREATE USER usr2@LOCALHOST IDENTIFIED BY '123456',
   usr3@localhost IDENTIFIED BY '123456';
```

创建用户如图 10-2 示。

图 10-2 创建用户 usr2,usr3

【例 10-3】创建两个用户,用户名为 usr4,分别从任意主机和本地主机登录连接 MySQL 服务器。

```
CREATE USER 'usr4@%' IDENTIFIED BY '123456',
   usr4@localhost IDENTIFIED BY '123456';
```

创建结果如图 10-3 所示。

图 10-3 创建用户 usr4

以上创建的用户信息会保存在 USER 表中,用如下命令可以查看创建的用户情况。

```
USE mysql;
SELECT USER,HOST FROM USER;
```

结果如图 10-4 所示。

注意在查询 USER 表时,需要先把数据库切到 MySQL 的库才能查询 USER 表。

2. 密码管理

MySQL 支持以下密码管理功能。

```
mysql> USE mysql;
Database changed
mysql> SELECT USER,HOST FROM USER;
+------------------+-----------+
| USER             | HOST      |
+------------------+-----------+
| usr4@%           | %         |
| mysql.infoschema | localhost |
| mysql.session    | localhost |
| mysql.sys        | localhost |
| root             | localhost |
| usr1             | localhost |
| usr2             | localhost |
| usr3             | localhost |
| usr4             | localhost |
+------------------+-----------+
9 rows in set (0.09 sec)
```

图 10-4　查询当前的用户

（1）密码过期，需要按照规定的周期对密码进行更改操作。

（2）密码重用限制，目的在于避免再次选用曾经使用过的旧密码。

（3）双密码，客户端在进行连接操作时，既可以使用主密码，也能够使用辅助密码来完成连接。

（4）密码强度评估，要求所设置的密码必须具备较强的安全性，达到强密码的标准。

（5）随机密码生成，可以作为一种替代方式，来取代由管理员明确指定的常规文字密码。

（6）密码失败跟踪，当启用了临时账户锁定功能后，如果连续多次输入错误的密码，那么将会导致登录操作无法成功完成。

使用 CREATE USER 语句时，可以定义该用户的密码管理机制，语法格式如下。

```
CREATE USER 用户名[identified by '密码'] [密码选项]
```

其中密码选项如下。

```
PASSWORD EXPIRE [DEFAULT | NEVER | INTERVAL n DAY]
    | PASSWORD HISTORY {DEFAULT | n}
    | PASSWORD REUSE INTERVAL {DEFAULT | n DAY}
    | PASSWORD REQUIRE CURRENT [DEFAULT | OPTIONAL]
    | FAILED_LOGIN_ATTEMPTS n
    | PASSWORD_LOCK_TIME {n | UNBOUNDED}
```

下面通过一些实例来说明常用的密码管理机制。

【例 10-4】创建一个用户 usr5，初始密码为 123。将密码标记为过期，以便用户在第一次连接到服务器时必须选择一个新密码。

```
CREATE USER usr5@localhost IDENTIFIED BY '123' PASSWORD EXPIRE;
```

运行结果如图 10-5 所示。

```
mysql> CREATE USER usr5@localhost IDENTIFIED BY '123' PASSWORD EXPIRE;
Query OK, 0 rows affected (0.02 sec)
```

图 10-5　创建用户 usr5

【例10-5】创建一个用户 usr6，给定的初始密码为 123。要求每 180 天选择一个新密码，并启用失败登录跟踪，这样连续三个不正确的密码会导致临时账户锁定两天。

```
CREATE USER usr6@localhost IDENTIFIED BY '123'
PASSWORD EXPIRE INTERVAL 180 DAY
FAILED_LOGIN_ATTEMPTS 3 PASSWORD_LOCK_TIME 2;
```

结果如图 10-6 所示。

```
mysql> CREATE USER usr6@localhost IDENTIFIED BY '123'
PASSWORD EXPIRE INTERVAL 180 DAY
FAILED_LOGIN_ATTEMPTS 3 PASSWORD_LOCK_TIME 2;
Query OK, 0 rows affected (0.02 sec)
```

图 10-6　创建用户 usr6

要修改某个用户的登录密码，可以使用 SET PASSWORD 语句。

只有 root 用户才可以设置并修改当前用户或其他特定用户的密码。

语法格式如下：

```
SET PASSWORD [FOR 用户名] = '新密码'
```

说明：

如果不加 FOR 用户名，表示修改当前用户的密码。加了则是修改当前主机上的特定用户的密码。用户名的值必须以用户名@主机名的格式给定。

【例10-6】将用户 usr1 的密码修改为 qaz123。

```
SET PASSWORD FOR usr1@localhost = 'qaz123';
```

修改密码的结果如图 10-7 所示。

```
mysql> SET PASSWORD FOR usr1@localhost='qaz123';
Query OK, 0 rows affected (0.04 sec)
```

图 10-7　修改 usr1 用户的密码

3. 删除用户

DROP USER 语句用于删除一个或多个 MySQL 账户，并取消其权限。要使用 DROP USER，必须拥有 MySQL 数据库的全局 CREATE USER 权限或 DELETE 权限。

删除用户语法格式如下。

```
DROP USER 用户名1 [,用户名2] ...
```

【例10-7】删除用户 usr6

```
DROP USER usr6@localhost;
```

程序的运行结果如图 10-8，图 10-9，图 10-10 所示。

从 MySQL 8.0.22 开始，如果要删除的任何账户被命名为任何存储对象的 DEFINER 属性，DROP USER 将失败并返回错误。也就是说，如果删除账户会导致存储对象成为孤立的对象，则执行该语句将失败。

```
mysql> SELECT USER,HOST FROM USER;
+------------------+-----------+
| USER             | HOST      |
+------------------+-----------+
| usr4@%           | %         |
| mysql.infoschema | localhost |
| mysql.session    | localhost |
| mysql.sys        | localhost |
| root             | localhost |
| usr1             | localhost |
| usr2             | localhost |
| usr3             | localhost |
| usr4             | localhost |
| usr5             | localhost |
| usr6             | localhost |
+------------------+-----------+
11 rows in set (0.05 sec)
```

图 10-8　删除之前查询用户：共 11 个用户

```
mysql> DROP USER usr6@localhost;
Query OK, 0 rows affected (0.02 sec)
```

图 10-9　执行删除 user6 用户结果

```
mysql> SELECT USER,HOST FROM USER;
+------------------+-----------+
| USER             | HOST      |
+------------------+-----------+
| usr4@%           | %         |
| mysql.infoschema | localhost |
| mysql.session    | localhost |
| mysql.sys        | localhost |
| root             | localhost |
| usr1             | localhost |
| usr2             | localhost |
| usr3             | localhost |
| usr4             | localhost |
| usr5             | localhost |
+------------------+-----------+
10 rows in set (0.05 sec)
```

图 10-10　删除用户 usr6 后剩余 10 个用户

4. 修改账户

使用 RENAME USER 语句可以修改一个已经存在的 MySQL 账户。

语法格式如下。

```
RENAME USER 旧账户 TO 新账户[,...]
```

语法说明如下。

旧账户：为已经存在的 MySQL 账户。

新账户：为新的 MySQL 账户。

要使用 RENAME USER 语句，必须拥有 MySQL 数据库的全局 CREATE USER 权限或 UPDATE 权限。如果旧账户不存在或者新账户已经存在，则会出现错误。

RENAME USER 语句用于对原有的 MySQL 账户进行重命名，可以一次更新多个账户。

【例 10-8】 【例 10-8】将账户 usr5@localhost 修改为 lili@localhost。

```
RENAME USER usr5@localhost TO lili@localhost;
```

执行结果如图 10-11、图 10-12 所示。

```
mysql> RENAME USER usr5@localhost TO lili@localhost;
Query OK, 0 rows affected (0.01 sec)
```

图 10-11　修改用户 usr5 为 lili

```
mysql> SELECT USER,HOST FROM USER;
+------------------+-----------+
| user             | host      |
+------------------+-----------+
| usr4@%           | %         |
| lili             | localhost |
| mysql.infoschema | localhost |
| mysql.session    | localhost |
| mysql.sys        | localhost |
| root             | localhost |
| usr1             | localhost |
| usr2             | localhost |
| usr3             | localhost |
| usr4             | localhost |
+------------------+-----------+
10 rows in set (0.08 sec)
```

图 10-12　查询账户，usr5@localhost 不存在了，变成了 lili@localhost

若要将命令立即生效，可用命令：

```
Flush privileges;
```

【例 10-9】将账户 usr4@localhost，usr3@localhost 分别修改为"user4@localhost""user3@localhost"。

```
RENAME USER usr4@localhost TO user4@localhost,
        usr3@localhost TO user3@localhost;
```

结果如图 10-13、图 10-14 所示。

```
mysql> RENAME USER usr4@localhost TO user4@localhost,
    usr3@localhost TO user3@localhost;
Query OK, 0 rows affected (0.02 sec)
```

图 10-13　修改 usr4 为 user4，usr3 为 user3

```
mysql> SELECT USER,HOST FROM USER;
+------------------+-----------+
| USER             | HOST      |
+------------------+-----------+
| usr4@%           | %         |
| lili             | localhost |
| mysql.infoschema | localhost |
| mysql.session    | localhost |
| mysql.sys        | localhost |
| root             | localhost |
| user3            | localhost |
| user4            | localhost |
| usr1             | localhost |
| usr2             | localhost |
+------------------+-----------+
10 rows in set (0.05 sec)
```

图 10-14　usr3 变为了 user3，usr4 变为了 user4

5. USER 表操作

USER 表是 MySQL 中最重要的一个权限表。可以使用 DESC 语句来查看 USER 表中的基本结构。

```
DESC USER;
```

结果如图 10-15 所示。

按照当前的 MySQL 8.3 版本的数据库，USER 表共有 51 个字段。这些字段大致分为 4 类，分别是用户字段、权限字段、安全字段和资源控制字段。通过修改 MySQL 库中的 USER 表，可以建立数据库用户，并对密码进行加密。

【例 10-10】创建用户 kate，密码为"123456"，从任意主机连接 MySQL 服务器。

```
INSERT INTO USER(Host,User) VALUES('%','kate');
```

结果如图 10-16 所示。

出现错误的原因是 MySQL 默认配置严格模式，该模式禁止通过 INSERT 的方式直接修改 MySQL 库中的 USER 表进行添加新用户。解决方法是修改 my-default.ini（Windows 系统）文件。

```
mysql> DESC USER;
+-------------------------+-------------------------------------+------+-----+-----------------------+-------+
| Field                   | Type                                | Null | Key | Default               | Extra |
+-------------------------+-------------------------------------+------+-----+-----------------------+-------+
| Host                    | char(255)                           | NO   | PRI |                       |       |
| User                    | char(32)                            | NO   | PRI |                       |       |
| Select_priv             | enum('N','Y')                       | NO   |     | N                     |       |
| Insert_priv             | enum('N','Y')                       | NO   |     | N                     |       |
| Update_priv             | enum('N','Y')                       | NO   |     | N                     |       |
| Delete_priv             | enum('N','Y')                       | NO   |     | N                     |       |
| Create_priv             | enum('N','Y')                       | NO   |     | N                     |       |
| Drop_priv               | enum('N','Y')                       | NO   |     | N                     |       |
| Reload_priv             | enum('N','Y')                       | NO   |     | N                     |       |
| Shutdown_priv           | enum('N','Y')                       | NO   |     | N                     |       |
| Process_priv            | enum('N','Y')                       | NO   |     | N                     |       |
| File_priv               | enum('N','Y')                       | NO   |     | N                     |       |
| Grant_priv              | enum('N','Y')                       | NO   |     | N                     |       |
| References_priv         | enum('N','Y')                       | NO   |     | N                     |       |
| Index_priv              | enum('N','Y')                       | NO   |     | N                     |       |
| Alter_priv              | enum('N','Y')                       | NO   |     | N                     |       |
| Show_db_priv            | enum('N','Y')                       | NO   |     | N                     |       |
| Super_priv              | enum('N','Y')                       | NO   |     | N                     |       |
| Create_tmp_table_priv   | enum('N','Y')                       | NO   |     | N                     |       |
| Lock_tables_priv        | enum('N','Y')                       | NO   |     | N                     |       |
| Execute_priv            | enum('N','Y')                       | NO   |     | N                     |       |
| Repl_slave_priv         | enum('N','Y')                       | NO   |     | N                     |       |
| Repl_client_priv        | enum('N','Y')                       | NO   |     | N                     |       |
| Create_view_priv        | enum('N','Y')                       | NO   |     | N                     |       |
| Show_view_priv          | enum('N','Y')                       | NO   |     | N                     |       |
| Create_routine_priv     | enum('N','Y')                       | NO   |     | N                     |       |
| Alter_routine_priv      | enum('N','Y')                       | NO   |     | N                     |       |
| Create_user_priv        | enum('N','Y')                       | NO   |     | N                     |       |
| Event_priv              | enum('N','Y')                       | NO   |     | N                     |       |
| Trigger_priv            | enum('N','Y')                       | NO   |     | N                     |       |
| Create_tablespace_priv  | enum('N','Y')                       | NO   |     | N                     |       |
| ssl_type                | enum('','ANY','X509','SPECIFIED')   | NO   |     |                       |       |
| ssl_cipher              | blob                                | NO   |     | NULL                  |       |
| x509_issuer             | blob                                | NO   |     | NULL                  |       |
| x509_subject            | blob                                | NO   |     | NULL                  |       |
| max_questions           | int unsigned                        | NO   |     | 0                     |       |
| max_updates             | int unsigned                        | NO   |     | 0                     |       |
| max_connections         | int unsigned                        | NO   |     | 0                     |       |
| max_user_connections    | int unsigned                        | NO   |     | 0                     |       |
| plugin                  | char(64)                            | NO   |     | caching_sha2_password |       |
| authentication_string   | text                                | YES  |     | NULL                  |       |
| password_expired        | enum('N','Y')                       | NO   |     | N                     |       |
| password_last_changed   | timestamp                           | YES  |     | NULL                  |       |
| password_lifetime       | smallint unsigned                   | YES  |     | NULL                  |       |
| account_locked          | enum('N','Y')                       | NO   |     | N                     |       |
| Create_role_priv        | enum('N','Y')                       | NO   |     | N                     |       |
| Drop_role_priv          | enum('N','Y')                       | NO   |     | N                     |       |
| Password_reuse_history  | smallint unsigned                   | YES  |     | NULL                  |       |
| Password_reuse_time     | smallint unsigned                   | YES  |     | NULL                  |       |
| Password_require_current| enum('N','Y')                       | YES  |     | NULL                  |       |
| User_attributes         | json                                | YES  |     | NULL                  |       |
+-------------------------+-------------------------------------+------+-----+-----------------------+-------+
51 rows in set (0.84 sec)
```

图 10-15　查看 USER 表信息

```
mysql> INSERT INTO USER(Host,User) VALUES('%','kate');
1364 - Field 'ssl_cipher' doesn't have a default value
```

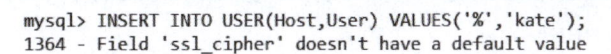

图 10-16　使用 INSERT INTO USER 的方式插入用户

my-default.ini 中有一条语句：

指定了严格模式，为了安全，严格模式禁止通过 INSERT 这种形式直接修改 MySQL 库中的 USER 表添加新用户。

```
sql_mode=NO_ENGINE_SUBSTITUTION,STRICT_TRANS_TABLES
```

将 STRICT_TRANS_TABLES 删掉之后即可使用 INSERT 添加。

但是需要注意的是，MySQL 默认情况下是禁止通过这种特定方法来创建用户的，之所以如此设置，主要是出于保障数据库安全的考量。我们同样也应该避免采用插入的方式去创建用户。而创建用户的正确做法是，运用本书任务 10.1.1 中的 CREATE USER 的方式创建所需的用户。

10.1.2　权限管理

新创建的 SQL 用户既不被允许访问属于其他 SQL 用户的表，也不能立即创建自己的表，该用户必须被授权，可以授权的权限有以下几组。

（1）列权限：与表中的特定列相关联。例如，拥有使用 UPDATE 语句更新表"学生"中"学号"这一列值的权限。

（2）表权限：与一个具体表中的全部数据相关。例如，具备使用 SELECT 语句查询表"学生"所有数据的权限。

（3）数据库权限：和一个具体的数据库中的所有表有关。例如，拥有在已有的学生管理系统数据库中创建新表的权限。

（4）用户权限：与 MySQL 的所有数据库相关。例如，拥有删除已有的数据库或者创建一个新数据库的权限。

1. 授予权限

给某用户授予权限可以使用 GRANT 语句。使用 SHOW GRANTS 语句可以查看当前账户拥有什么权限。

GRANT 语法格式如下：

```
GRANT    权限1[(列名列表1)][,权限2[(列名列表2)]]...
         ON [目标]｛表名｜*｜*.*｜库名.*｝
         TO 用户1 [IDENTIFIED BY [PASSWORD] '密码1']
         [,用户2 [IDENTIFIED BY [PASSWORD] '密码2']]...
         [WITH 权限限制1 [权限限制2]...]
```

语法说明如下。

（1）权限：为权限的名称，如 SELECT、UPDATE 等，给不同的对象授予权限的值也不相同。

(2) ON 关键字后面给出的是要授予权限的数据库名或表名。目标可以是 TABLE 或 FUNCTION 或 PROCEDURE。

(3) TO 子句用来设定用户和密码。

(4) WITH 权限将在后面单独讨论。

GRANT 语句功能强大，下面来进行探究。

1) 授予表权限

授予表权限时，权限可以是以下值，如表 10-1 所示。

表 10-1 授予表权限

值	说明
SELECT	赋予用户使用 SELECT 语句访问特定表的权力。用户也可以在一个视图公式中涵盖表。然而，用户必须对视图公式中指定的每个表（或视图）都有 SELECT 权限
INSERT	赋予用户使用 INSERT 语句向特定表中添加行的权限。另外，给予用户使用 DELETE 语句从特定表中删除行的权限
UPDATE	给予用户使用 UPDATE 语句修改特定表中值的权限
REFERENCES	给予用户创建一个外键来参照特定表的权限
CREATE	给予用户使用特定的名字创建一个表的权限
ALTER	给予用户使用 ALTER TABLE 语句修改表的权限
INDEX	给予用户在表上定义索引的权限
DROP	给予用户删除表的权限
ALL 或 ALL PRIVILEGES	赋予用户以上所有权限

在授予表权限时，ON 关键字后面跟表名或视图名。

【例 10-11】授予用户 usr1 在学生表上的"SELECT"权限。

```
USE 学生管理系统;
GRANT SELECT ON 学生 TO usr1@localhost;
```

结果如图 10-17 所示。

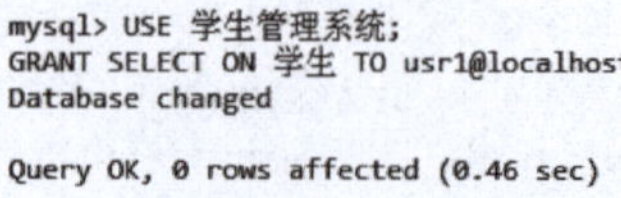

```
mysql> USE 学生管理系统;
GRANT SELECT ON 学生 TO usr1@localhost;
Database changed
Query OK, 0 rows affected (0.46 sec)
```

图 10-17 授予用户 usr1 在学生表上的 SELECT 权限

这里假设是在 root 用户中输入了这些语句，这样用户 usr1 就可以使用 SELECT 语句来查询学生表，而不用管是谁创建的这个表。

我们先用 usr1 的用户登录我们的数据库。可以在命令行界面执行以下命令：

```
mysql -u usr1 -p
```

也可以通过 Navicat 客户端新建一个数据库连接，使用 usr1 用户登录数据库。结果如图 10-18 所示。

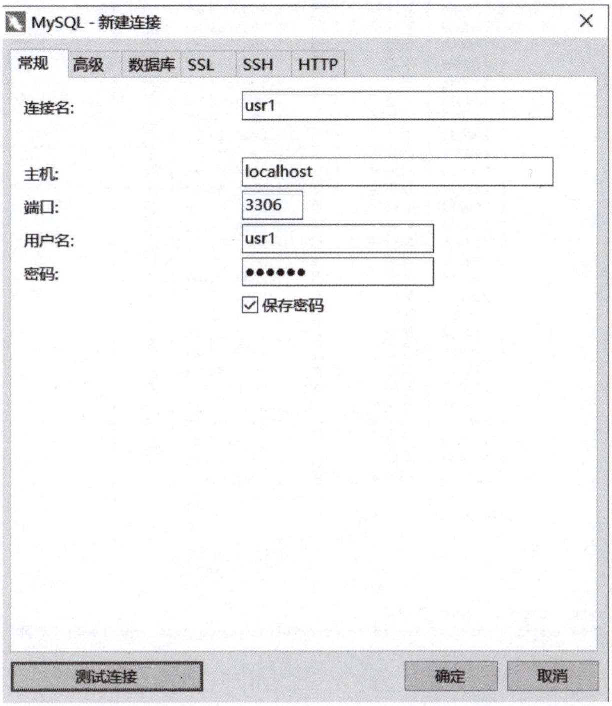

图 10-18 使用 usr1 用户登录数据库

然后切换到学生管理系统的数据库。

```
USE 学生管理系统；
```

通过 SELECT 命令分别查找学生表以及教师表，结果如图 10-19 和图 10-20 所示。

```
SELECT * FROM 学生；
SELECT * FROM 教师；
```

在查询学生表后，能正确地返回学生表的信息，但是在查询教师表时，我们发现报了错误 ERROR 1142 (42000)：SELECT command denied to user 'usr1'@'localhost' for table '教师'，这个错误的意思是说我们的 usr1 用户没有权利访问教师表。这是因为我们在给 usr1 用户赋予权限的时候，只赋予了在学生表上的"SELECT"权限，并没有赋予在教师表中查询的权限。

2）授予列权限

对于列权限，权限的值只能取 SELECT、INSERT 和 UPDATE。权限的后面需要加上名列表。

【例 10-12】授予 usr1 在学生表上的"学号"列和"姓名"列的"UPDATE"权限，如图 10-21 所示。

```
mysql> SELECT * FROM 学生;
+--------+--------+------+------------+------+
| 学号   | 姓名   | 性别 | 出生日期   | 民族 |
+--------+--------+------+------------+------+
| 220001 | 赵秀杰 | 女   | 2004-10-02 | 汉   |
| 220002 | 张伟   | 男   | 2004-03-02 | 汉   |
| 220003 | 徐鹏   | 男   | 2002-09-10 | 蒙   |
| 220004 | 王欣平 | 女   | 2003-02-03 | 汉   |
| 220005 | 赵娜   | 女   | 2003-10-11 | 汉   |
| 220006 | 陈龙洋 | 男   | 2005-09-04 | 回   |
| 220007 | 李佳琦 | 男   | 2004-08-23 | 汉   |
| 220008 | 何泽   | 男   | 2004-09-12 | 汉   |
| 220009 | 李鑫   | 男   | 2004-05-07 | 汉   |
| 220010 | 王一   | 女   | 2003-07-06 | 满   |
| 220011 | 王迪   | 女   | 2004-12-06 | 回   |
| 220012 | 刘思琦 | 女   | 2003-10-25 | 汉   |
| 220013 | 王阔   | 男   | 2003-12-11 | 汉   |
| 220014 | 许晓坤 | 男   | 2004-03-02 | 汉   |
| 220015 | 田明林 | 女   | 2004-07-08 | 满   |
| 220016 | 段宇霏 | 女   | 2004-09-09 | 汉   |
| 220017 | 王振   | 男   | 2003-09-10 | 汉   |
| 220018 | 刘兴   | 男   | 2004-11-09 | 满   |
| 220019 | 高薪杨 | 男   | 2004-05-16 | 汉   |
| 220020 | 刘丽   | 女   | 2003-11-14 | 汉   |
| 220021 | 高铭   | 男   | 2004-05-23 | 汉   |
| 220022 | 张斯   | 女   | 2004-07-26 | 回   |
| 220023 | 张浩   | 男   | 2005-09-28 | 汉   |
| 220024 | 陈辰   | 女   | 2003-12-15 | 汉   |
| 220025 | 李奕辰 | 男   | 2004-10-27 | 汉   |
| 220026 | 赵娜   | 女   | 2005-02-21 | 蒙   |
| 220027 | 陈甲   | NULL | NULL       | NULL |
| 220028 | 测试权限| NULL | NULL       | NULL |
| 220029 | 许多多 | 女   | 2006-05-23 | 汉   |
| 220030 | 迟道   | 男   | 2007-06-09 | 汉   |
| 220031 | 高兴   | 男   | 2006-12-31 | 回   |
| 220032 | 董宇灰 | 男   | 2007-08-07 | 汉   |
+--------+--------+------+------------+------+
32 rows in set (0.11 sec)
```

图 10 - 19　查询学生表结果

```
mysql> SELECT * FROM 教师;
1142 - SELECT command denied to user 'usr1'@'localhost' for table '教师'
```

图 10 - 20　查询教师表结果

```
mysql> GRANT UPDATE(学号,姓名) ON 学生 TO usr1@localhost;
Query OK, 0 rows affected (0.12 sec)
```

图 10 - 21　授予 usr1 在学生表上的"学号"列和"姓名"列的"UPDATE"权限

```
mysql -u root -p(需要先以 root 用户的身份登录进来)
USE 学生管理系统;
GRANT UPDATE(学号,姓名) ON 学生 TO usr1@localhost;
```

验证：使用 usr1 用户登录数据库。

命令行的方式登录使用以下命令：

```
mysql -u usr1 -p
```

也可以使用 Navicat 登录，参照图 10 - 18 所示。

更新学生表指定的列，命令如下，结果如图 10 - 22 所示。

```
USE 学生管理系统;
UPDATE 学生 SET 姓名 = '测试权限' WHERE 学号 = '220028';
```

```
mysql> UPDATE 学生 SET 姓名='测试权限' WHERE 学号='220028';
Query OK, 0 rows affected (0.07 sec)
Rows matched: 1　Changed: 0　Warnings: 0
```

图 10 - 22　usr1 用户更新学生表指定的列

我们再使用 UPDATE 语句去更新民族列，命令如下，结果如图 10 – 23 所示。

UPDATE 学生 SET 民族 = '汉族' WHERE 学号 = '220028';

```
mysql> UPDATE 学生 SET 民族='汉族' WHERE 学号='220028';
1143 - UPDATE command denied to user 'usr1'@'localhost' for column '民族' in table '学生'
```

图 10 – 23　usr1 用户更新民族列

执行结果，ERROR 1143（42000）：UPDATE command denied to user 'usr1'@'localhost' for column '民族' in table '学生'，结果显示，UPDATE 语句不能在民族列上使用。

3）授予数据库权限

表权限适用于一个特定的表，MySQL 还支持针对整个数据库的权限。例如，在一个特定的数据库中创建表和视图的权限。授予数据库权限时，权限可以是以下值。具体参照说明如表 10 – 2 所示。

表 10 – 2　授予数据库权限值

值	说明
SELECT	赋予用户使用 SELECT 语句访问特定数据库中所有表和视图的权力
INSERT	赋予用户使用 INSERT 语句向特定数据库中所有表添加行的权力
DELETE	赋予用户使用 DELETE 语句删除特定数据库中所有表的行的权力
UPDATE	赋予用户使用 UPDATE 语句更新特定数据库中所有表的值的权力
REFERENCES	赋予用户创建指向特定数据库中的表外键的权力
CREATE	赋予用户使用 CREATE TABLE 语句在特定数据库中创建新表的权力
ALTER	赋予用户使用 ALTER TABLE 语句修改特定数据库中所有表的权力
INDEX	赋予用户在特定数据库中的所有表上定义和删除索引的权力
DROP	赋予用户删除特定数据库中所有表和视图的权力
CREATE TEMPORARY TABLES	赋予用户在特定数据库中创建临时表的权力
CREATE VIEW	赋予用户在特定数据库中创建新视图的权力
SHOW VIEW	赋予用户查看特定数据库中已有视图的视图定义的权力
CREATE ROUTINE	赋予用户为特定的数据库创建存储过程和存储函数的权力
ALTER ROUTINE	赋予用户更新和删除数据库中已有的存储过程和存储函数的权力
EXECUTE ROUTINE	赋予用户调用特定数据库的存储过程和存储函数的权力
LOCK TABLES	赋予用户锁定特定数据库的已有表的权力
ALL 或 ALL PRIVILEGES	赋予用户以上所有权限

在 GRANT 语法格式中，授予数据库权限时 ON 关键字后面跟"*"和"库名.*"。"*"表示当前数据库中的所有表；"库名.*"表示某个数据库中的所有表。

【例10-13】 授予usr1在"学生管理系统"数据库中的所有表的SELECT权限。

```
GRANT SELECT ON 学生管理系统.* TO usr1@localhost;
```

结果如图10-24所示。

```
mysql> GRANT SELECT ON 学生管理系统.* TO usr1@localhost;
Query OK, 0 rows affected (0.01 sec)
```

图10-24 授予usr1用户权限

这个权限适用于所有已有的表，以及此后添加到学生管理系统数据库中的任何表。

我们再来验证之前授予表权限时，查询教师表出错的例题。

先使用以下命令退出当前root用户：

```
exit;
```

再使用以下命令登录：

```
mysql -u usr1 -p
```

以上是通过命令行的方式登录，我们还可以参照图10-18使用usr1用户登录数据库。然后执行以下命令：

```
USE 学生管理系统;
SELECT * FROM 教师;
```

结果如图10-25所示。

```
mysql> SELECT * FROM 教师;
+----------+--------+------+--------+------+------------+----------+
| 教师编号 | 姓名   | 性别 | 职称   | 工资 | 部门       | 学历     |
+----------+--------+------+--------+------+------------+----------+
| 11001    | 王绪   | 男   | 副教授 | 7600 | 信息技术学院 | 硕士研究生 |
| 11002    | 张威   | 男   | 讲师   | 6800 | 信息技术学院 | 硕士研究生 |
| 11003    | 胡东兵 | 男   | 教授   | 8160 | 信息技术学院 | 硕士研究生 |
| 11005    | 张鹏   | 男   | 副教授 | 7850 | 信息技术学院 | 本科     |
| 11006    | 于文成 | 男   | 讲师   | 6700 | 汽车营销学院 | 本科     |
| 11007    | 田静   | 女   | 教授   | 8580 | 机械工程学院 | 博士研究生 |
| 12001    | 李铭   | 男   | 教授   | 8300 | 汽车营销学院 | 博士研究生 |
| 12002    | 张霞   | 女   | 副教授 | 7500 | 汽车营销学院 | 博士研究生 |
| 12003    | 王莹   | 女   | 教授   | 7900 | 汽车营销学院 | 博士研究生 |
| 12004    | 杨兆熙 | 女   | 助教   | 5350 | 汽车营销学院 | 硕士研究生 |
| 12005    | 梁秋实 | 男   | 讲师   | 6750 | 机械工程学院 | 硕士研究生 |
| 12006    | 高思琪 | 女   | 助教   | 5500 | 机械工程学院 | 硕士研究生 |
| 13001    | 高燃   | 女   | 助教   | 5300 | 信息技术学院 | 本科     |
| 13002    | 王步林 | 男   | 副教授 | 7650 | 汽车营销学院 | 博士研究生 |
| 13003    | 王博   | 男   | 教授   | 8900 | 信息技术学院 | 本科     |
| 13004    | 刘影   | 女   | 副教授 | 7800 | 机械工程学院 | 硕士研究生 |
| 13005    | 高尚   | 男   | 讲师   | 6400 | 汽车营销学院 | 博士研究生 |
| 13006    | 孙威   | 男   | 副教授 | 7550 | 机械工程学院 | 本科     |
| 13007    | 陈丽辉 | 女   | 教授   | 9100 | 信息技术学院 | 硕士研究生 |
| 14001    | 吴素   | 女   | 助教   | 5350 | 汽车营销学院 | 博士研究生 |
+----------+--------+------+--------+------+------------+----------+
20 rows in set (0.14 sec)
```

图10-25 查询教师表返回结果

此时我们看到能够正常查询教师表的记录。

这个权限适用于所有已有的表，以及以后添加到学生管理系统数据库中的任何表。

【例10-14】 授予usr1在"学生管理系统"数据库中拥有所有的数据库权限。

```
USE 学生管理系统；
GRANT ALL ON * TO usr1@localhost;
```

结果如图 10-26 所示。

```
mysql> GRANT ALL ON * TO usr1@localhost;
Query OK, 0 rows affected (0.01 sec)
```

图 10-26 授予 usr1 用户所有权限

和表权限类似，授予一个数据库权限也不意味着拥有另一个权限。如果用户被赋予创建表和视图的权限，用户仍然不能访问它们，要访问它们，还需要单独被赋予 SELECT 权限或更多权限。

4）授予用户权限

用户权限可以说是最为高效的一种权限设置方式了。当涉及那些需要对数据库授予相关权限的所有语句时，都能在用户权限层面进行定义操作。例如，在用户这个级别上给某个人授予 CREATE 权限，这个用户不但能够创建出一个全新的数据库，还可以在所有已有的数据库当中去创建新表。

MySQL 授予用户权限时 priv_type 还可以是以下值。

（1）CREATE USER：给予用户创建和删除新用户的权力。

（2）SHOW DATABASES：给予用户使用 SHOW DATABASES 语句查看所有已有的数据库的定义的权利。

在 GRANT 语法格式中，授予用户权限时 ON 子句中使用 "*.*"，表示所有数据库的所有表。

【例 10-15】授予 user3 对所有数据库中的所有表的 "CREATE" "ALTER" "DROP" 权限。

```
GRANT CREATE,ALTER,DROP ON *.* TO user3@localhost;
```

结果如图 10-27 所示。

```
mysql> GRANT CREATE,ALTER,DROP ON *.* TO user3@localhost;
Query OK, 0 rows affected (0.01 sec)
```

图 10-27 授予 user3 的 "CREATE" "ALTER" "DROP" 权限

除管理员外，其他用户也可以被赋予创建新用户的权力。

【例 10-16】授予 user3 创建新用户的权力。

```
GRANT CREATE USER ON *.* TO user3@localhost;
```

结果如图 10-28 所示。

```
mysql> GRANT CREATE USER ON *.* TO user3@localhost;
Query OK, 0 rows affected (0.01 sec)
```

图 10-28 授予 user3 创建新用户的权力

5）权限的转移

GRANT 语句的最后可以使用 WITH 子句。如果指定为 WITH GRANT OPTION，则表示

TO 子句中指定的所有用户都有把自己所拥有的权限授予其他用户的权利，而不管其他用户是否拥有该权限。

【例 10－17】授予 user3 在学生表上的“SELECT”权限，并允许其将该权限授予其他用户。

首先，在 root 用户下，授予 user3 用户在学生表上的“SELECT”权限。

```
GRANT SELECT
  ON 学生管理系统.学生
  TO user3@localhost
  WITH GRANT OPTION;
```

结果如图 10－29 所示。

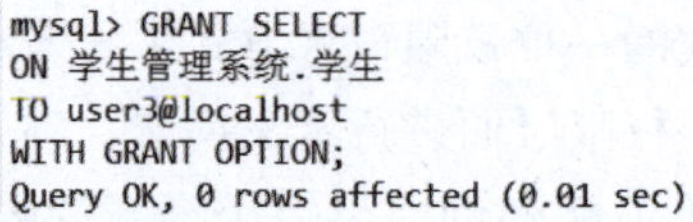

```
mysql> GRANT SELECT
ON 学生管理系统.学生
TO user3@localhost
WITH GRANT OPTION;
Query OK, 0 rows affected (0.01 sec)
```

图 10－29　授予 user3 用户学生表 SELECT 权限

接着，以 user3 用户身份登录 MySQL，登录后，因在例 10－16 中授予了 user3 创建新用户的权力，所以创建 user5 用户，并将查询学生表的这个权限传递给 user5。

```
mysql -u user3 -p
```

以上命令通过命令行的方式登录，也可以使用 Navicat 客户端，建立新的连接，如图 10－30 所示。

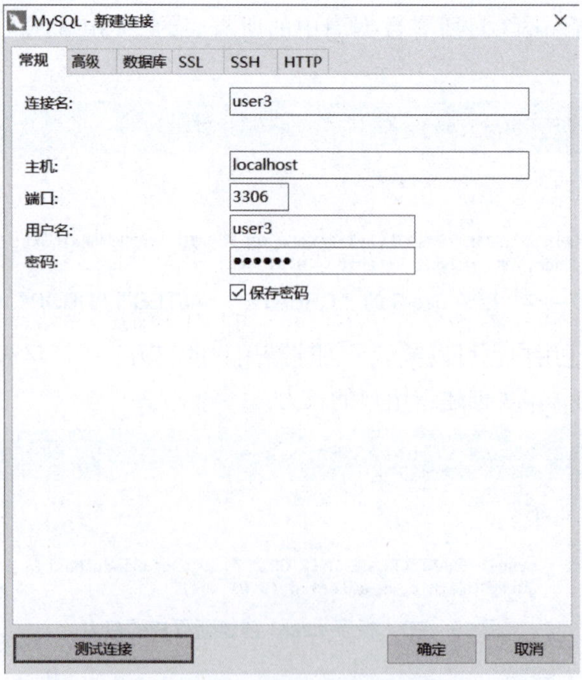

图 10－30　user3 用户登录“学生管理系统”数据库

```
CREATE USER user5@localhost IDENTIFIED BY '123456';
```

结果如图 10-31 所示。

```
mysql> CREATE USER user5@localhost IDENTIFIED BY '123456';
Query OK, 0 rows affected (0.02 sec)
```

图 10-31　通过 user3 用户创建 user5 用户

```
GRANT SELECT
       ON 学生管理系统.学生
       TO user5@localhost;
```

结果如图 10-32 所示。

```
mysql> GRANT SELECT
            ON  学生管理系统.学生
            TO user5@localhost;
Query OK, 0 rows affected (0.02 sec)
```

图 10-32　授予 user5 用户 SELECT 权限

6）回收权限

要从一个用户回收权限，但不从 USER 表中删除该用户，可以使用 REVOKE 语句，这条语句和 GRANT 语句格式相似，但具有相反的效果。要使用 REVOKE，用户必须拥有 MySQL 数据库的全局 CREATE USER 权限或 UPDATE 权限。

用来回收某些特定的权限语法格式：

```
REVOKE 权限1[(列名列表1)] [,权限2 [(列名列表2)]]...
   ON {表名 | * | *.* | 库名.*}
     FROM 用户1 [,用户2]...
```

回收所有该用户的权限语法格式：

```
REVOKE ALL PRIVILEGES, GRANT OPTION FROM 用户1[,用户2]...
```

第一种格式用来回收某些特定的权限，第二种格式用来回收该用户的所有权限。

REVOKE 语句的其他语法含义与 GRANT 语句相同。

【例 10-18】回收用户 user3 在学生表上的 SELECT 权限。

```
REVOKE SELECT
   ON 学生管理系统.学生
   FROM user3@localhost;
```

结果如图 10-33 所示。

```
mysql> REVOKE  SELECT
            ON   学生管理系统.学生
            FROM  user3@localhost;
Query OK, 0 rows affected (0.01 sec)
```

图 10-33　回收 user3 用户权限

【例 10 – 19】回收用户 usr2 的所有权限。

```
REVOKE  ALL PRIVILEGES, GRANT OPTION
    FROM usr2@localhost;
```

结果如图 10 – 34 所示。

```
mysql> REVOKE  ALL PRIVILEGES, GRANT OPTION
    FROM usr2@localhost;
Query OK, 0 rows affected (0.01 sec)
```

图 10 – 34　回收 usr2 用户权限

上面的语句将删除 usr2 用户的所有全局、数据库、表、列、程序的权限。删除特权，但不从 MySQL 的用户系统中删除该用户的记录。要完全删除用户账户，请使用 DROP USER 语句。

10.1.3　使用图形化管理工具管理用户与权限

除了命令行方式，也可以通过图形化管理工具来操作用户与权限，下面以图形化管理工具 Navicat for MySQL 为例说明管理用户与权限的具体步骤。

1）添加和删除用户

打开 Navicat for MySQL 数据库管理工具，以 root 用户建立连接（方法参见 3.4.1 小节），连接后出现如图 3 – 15 所示的窗口。单击"用户"按钮，进入如图 10 – 35 所示的用户管理操作界面。

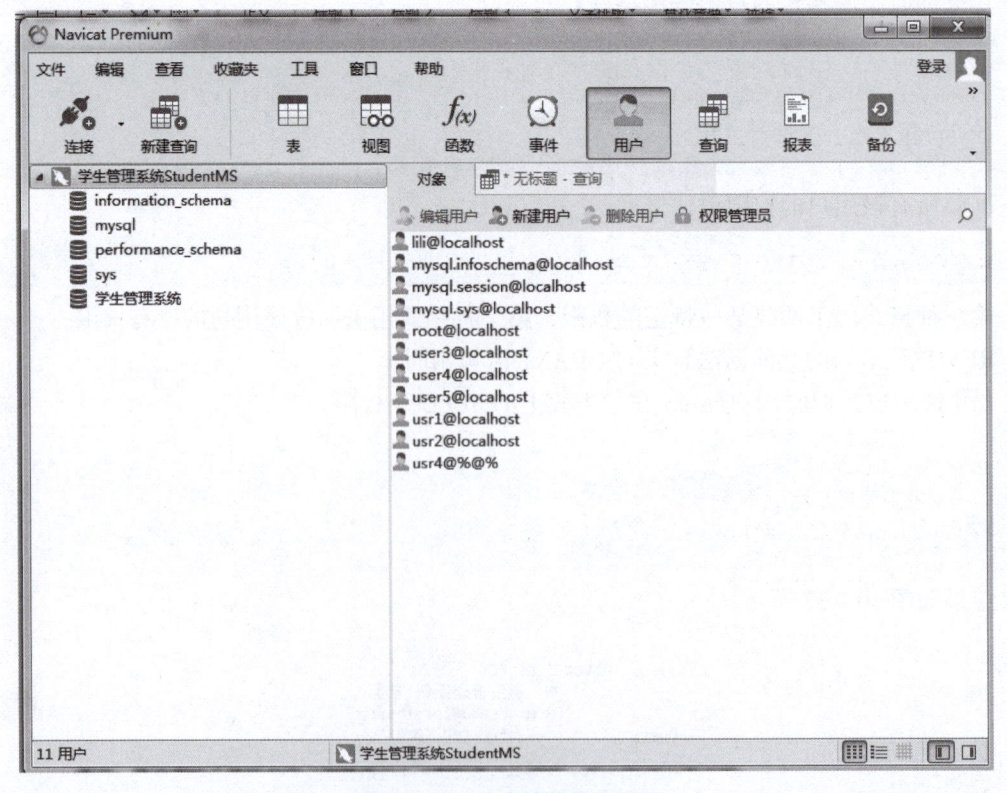

图 10 – 35　用户管理操作界面

（1）新建用户。

单击"新建用户"按钮，在如图 10－36 所示的新建用户窗口中填写用户名、主机和密码，单击"保存"按钮，即可完成新用户的创建。

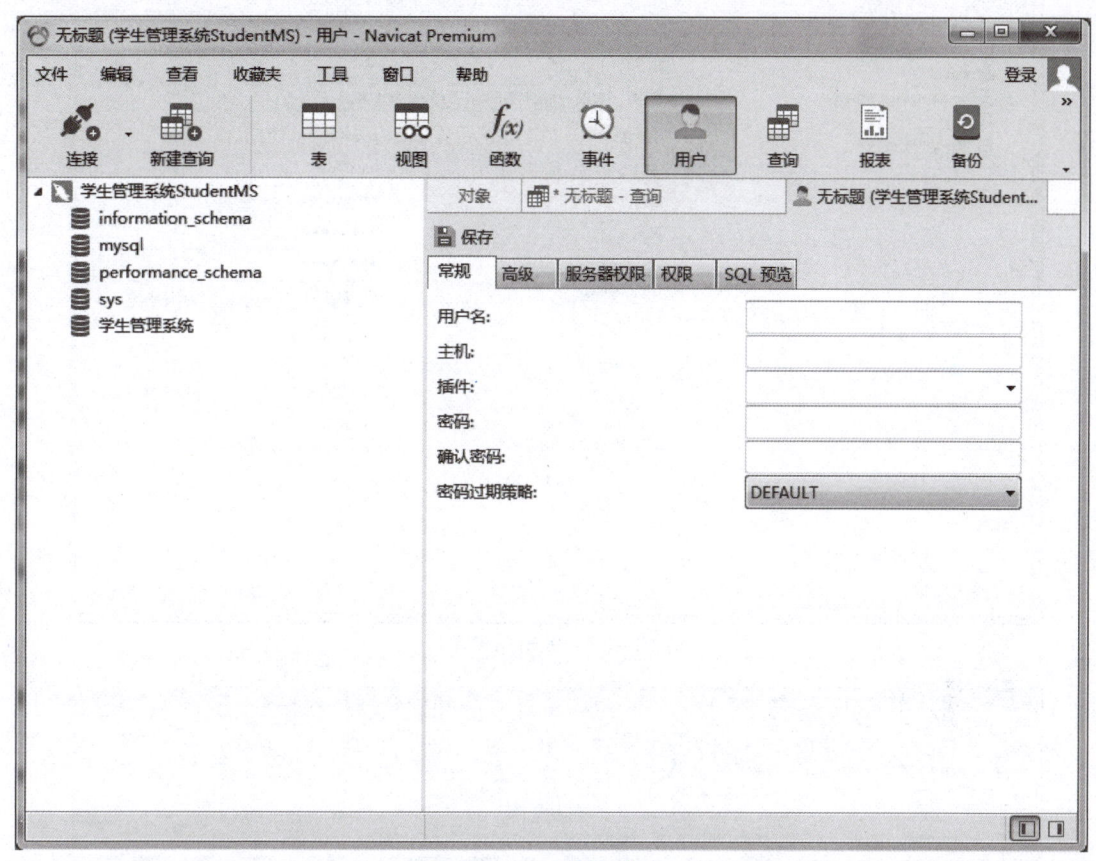

图 10－36　新建用户窗口

（2）管理用户。

在如图 10－35 所示的用户管理操作界面右侧窗格的用户列表中选择需要操作的用户，单击窗格工具栏中的"编辑用户""删除用户"按钮，可分别进行用户的编辑和删除操作。编辑用户窗口如图 10－37 所示。

2）权限设置

单击图 10－37 右侧窗格中的"服务器权限"或"权限"选项卡，即可对该用户进行权限设置，如图 10－38 所示。

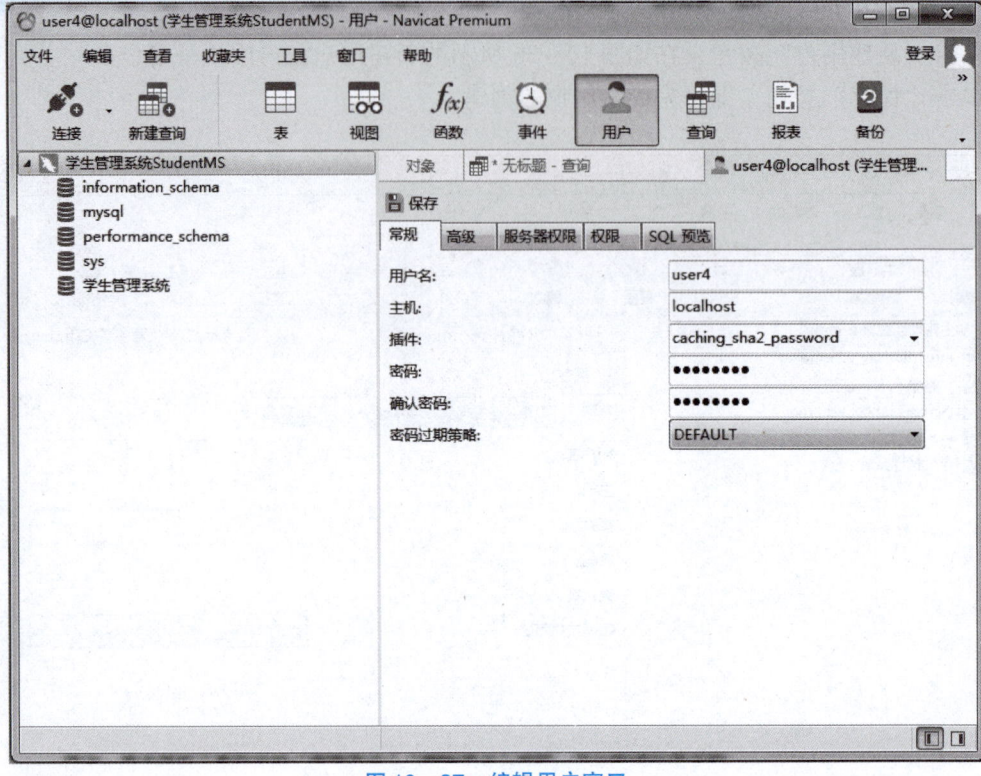

图 10-37 编辑用户窗口

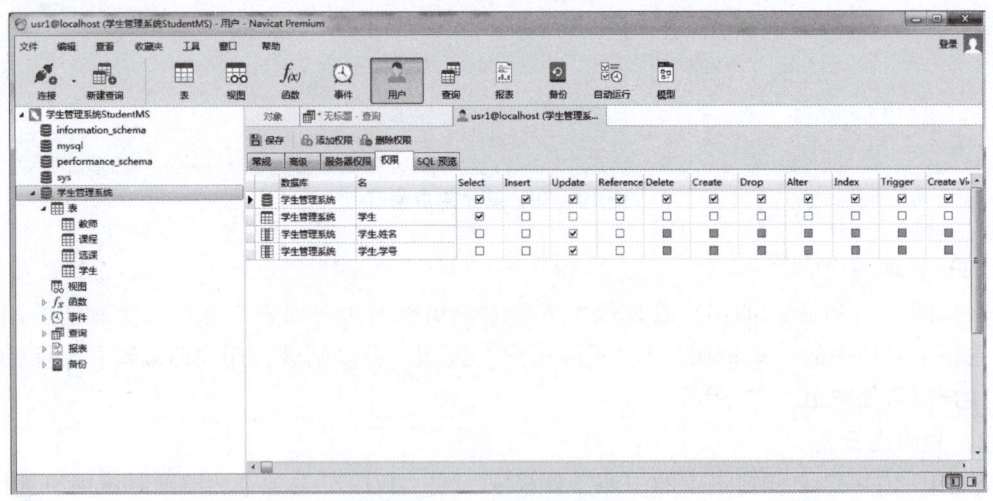

图 10-38 权限设置窗口

任务 10.2　备份与还原数据

【任务描述】

备份教师表的记录到 D 盘下的 teacher.txt 文件中。

【任务分析】

我们使用 SELECT INTO 命令备份数据库中的数据：

```
SELECT * FROM 教师 INTO OUTFILE 'D:/teacher.txt';
```

【相关知识】

数据出现丢失或者遭到破坏的情况，往往是由以下几方面原因导致：

（1）计算机硬件故障。这可能是由于在使用计算机硬件时操作不够规范，或者所购买的硬件产品本身质量存在问题等因素，进而无法正常使用。

（2）软件故障。软件系统出现故障有可能是因为在软件设计环节存在失误，又或者是用户在使用软件的时候操作方式不当，从而引起数据被破坏。

（3）病毒的影响。具有破坏性的病毒，会对数据进行破坏。

（4）误操作情况。如用户不小心错误地使用了诸如 DELETE（删除）、UPDATE（更新）等这类命令，从而导致数据丢失或者数据被破坏。

（5）自然灾害的冲击。像火灾、地震等这类自然灾害，一旦发生，它们不仅会对计算机系统造成严重的毁坏，还会使数据一同被毁坏掉。

（6）盗窃事件的发生。数据一旦被盗，自然也就丢失了。

正因为存在上述诸多可能导致数据库数据出现问题的因素，所以我们必须要为数据库制作复本，也就是要进行数据库备份操作。另外，备份和恢复数据库这两项操作，除了能够在数据库遭到破坏时用于修复数据库，还可以用于其他目的。比如，我们可以借助备份与恢复的操作流程，将数据库从一个服务器顺利地移动或者复制到另外一个服务器上去。

10.2.1 数据备份

数据表丢失或者服务器崩溃的情况存在多种诱发因素。像 DROP TABLE 或者 DROP DATABASE 这样的语句，只要一执行，数据表瞬间就会不复存在了。更为严重的是 DELETE * FROM table_name 这条语句，它能轻而易举地就把数据表中的数据全部清空，而且类似这样的操作失误是很容易出现的。

对于一个数据库系统而言，能够拥有可恢复的数据是极为重要的一件事。在 MySQL 中，存在着三种能够保障数据安全的方法：

（1）数据库备份。通过将数据或者表文件进行导出拷贝的方式保护数据。

（2）二进制日志文件。把所有更新数据的语句都完整地保存下来。

（3）数据库复制。MySQL 内部具备的复制功能是建立在两个或者两个以上的服务器之间的，具体是通过设定它们彼此之间的主从关系来实现的。会指定其中一个服务器作为主服务器，而其余的服务器则作为从服务器。

在本章内容里，主要是针对前两种保障数据安全的方法来进行介绍的。

所谓的数据库恢复，指的就是当数据库出现故障时，把之前备份好的数据库加载到系统中，进而让数据库恢复到进行备份操作时的那种正确状态。

恢复操作实际上是与备份操作相对应的一种系统维护和管理方面的操作。系统要开展恢复操作时，首先会执行一系列的系统安全性检查，做完这些安全性检查后，就会依据所采用的数据库备份类型来采取与之相对应的恢复措施。

1. 使用 SQL 语句备份和恢复表数据

用户可以使用 SELECT INTO...OUTFILE 语句把表数据导出到一个文本文件中，并用 LOAD DATA...INFILE 语句恢复数据。但是这种方法只能导出或导入数据的内容，不包括表的结构，如果表的结构文件损坏，则必须先恢复原来表的结构。

语法格式如下。

```
SELECT * INTO FORM 表名 OUTFILE '文件名' 输出选项
    |DUMPFILE'文件名'
```

其中，输出选项如下。

```
[FIELDS
[TERMINATED BY 'string']
[OPTIONALLY] ENCLOSED BY 'char']
[ESCAPED BY 'char']
[LINES TERMINATED BY 'string']
```

语法说明如下。

（1）使用 OUTFILE 关键字时，可以在输出选项中加入以下两个自选子句，它们的用处是决定数据行在文件中存放的格式。

①FIELDS 子句：在 FIELDS 子句中有 TERMINATED BY、[OPTIONALLY] ENCLOSED BY 和 ESCAPED BY 共三个亚子句，如果指定了 FIELDS 子句，则这三个亚子句中至少要指定一个。TERMINATED BY 子句用来指定字段值之间的符号，例如，"TERMINATED BY"即指定了逗号作为两个字段值之间的标识。ENCLOSED BY 子句用来指定包裹文件中的字符值的符号，例如，"ENCLOSED BY''"表示文件中的字符值放在双引号之间，若加上关键字 OPTIONALLY，则表示所有值都放在双引号之间。ESCAPED BY 子句用来指定转义字符，例如，"ESCAPED BY''"将"*"指定为转义字符，取代"\"，如空格将表示为"*N"。

②LINES 子句：在 LINES 子句中使用 TERMINATED BY 指定一行结束的标识，如"LINES TERMINATED BY'?'"表示一行以"?"作为结束标识。

（2）如果 FIELDS 和 LINES 子句都不指定，则默认声明以下子句。

```
FIELDS TERMINATED BY '\t' ENCLOSED BY ESCAPED BY \\'
LINES TERMINATED BY \n'
```

如果选择使用 DUMPFILE 而非 OUTFILE，导出的文件所有行都会紧紧挨着排列在一起，值与行之间不存在任何标记，就像是一个长长的连续的值串。

而 SELECT INTO...OUTFILE 语句的功能是把在表中通过 SELECT 语句所选中的那些行数据写入一个文件中。需要注意的是，这个文件是在服务器主机上被创建出来的，并且要求所指定的文件名不能是已经存在的文件名。若将该文件写入一个特定的位置，则需在文件名之前添加上具体的路径。在文件中，数据行以一定的形式存放，空值用"\N"表示。

LOAD DATA...INFILE 语句是 SELECT INTO...OUTFILE 语句的补充，该语句可以将一

个文件中的数据导入数据库中。

语句格式如下。

```
LOAD DATA INFILE'.txt'
INTO TABLE
[FIELDS
[TERMINATED BY 'string']
[OPTIONALLY] ENCLOSED BY 'char']
[ESCAPED BY 'char'
]
[LINES
[STARTING BY 'string']
[TERMINATED BY 'string']
```

语法说明如下。

文件名：待载入到数据库中的文件名，其保存着即将存入数据库的数据行。输入文件可以手动创建，也可以借助其他程序创建。在载入文件时，可以指定文件的绝对路径，如"/file/myfile.txt"服务器就会依据该路径去搜索对应的文件。若不指定路径，如"D:/file/myfile.txt"，服务器就会在默认数据库的目录里去读取。若文件名为"./myfile.txt"，此时服务器就会直接在数据目录下进行读取操作，即 MySQL 的 data 目录。出于安全方面的考量，当服务器要读取其自身的文本文件时，文件必须位于数据库目录之中，要么是具备全体可读的属性才行。

①表名：需要导入数据的表名，该表在数据库中必须存在，表结构必须与导入文件的数据行一致。

②FIELDS 子句：此处的 FIELDS 子句和 SELECT INTO...OUTFILE 语句的 FIELDS 子句类似，用于判断字段之间和数据行之间的符号。

③LINES 子句：TERMINATED BY 亚子句用来指定一行结束的标识；STARTING BY 亚子句则指定一个前缀，导入数据行时，忽略行中的该前缀和前缀之前的内容。如果某行不包括该前缀，则整个行被跳过。

注意，MySQL 8.0 对通过文件导入导出做了限制，默认不允许。执行 MySQL 命令"SHOW VARIABLES LIKE "secure file priv";"查看配置，如果 value 值为 NULL，则为禁止；如果有文件夹目录，则只允许修改目录下的文件（子目录也不行）；如果为空，则不限制目录。可修改 MySQL 配置文件 my.ini，手动添加如下一行。

Secure – file – priv = ' '

表示不限制目录，修改完配置文件后，重启 MySQL 生效。

【例 10-20】备份学生管理系统数据库学生表中的数据到 D 盘 student.txt 文件，数据格式采用系统默认格式。

```
USE 学生管理系统;
SELECT * FROM 学生 INTO OUTFILE 'D:/student.txt';
```

我们发现出现了以下错误，如图 10-39 所示。

1290 – The MySQL server is running with the – – secure – file – priv option so it cannot execute this statement

```
mysql> SELECT * FROM 学生 INTO OUTFILE 'D:/student.txt';
1290 - The MySQL server is running with the --secure-file-priv option so it cannot execute this statement
```

图 10-39　备用数据到 D 盘文件中

我们按照之前描述的去修改 my.ini 文件里的 secure-file-priv = ''，代码如下：

```
#secure-file-priv = "C:/ProgramData/MySQL/MySQLServer 8.3/Uploads"
secure-file-priv = ''
```

重启 MySQL 服务，再次执行以上操作，成功导出 student.txt 文件，结果如图 10-40 所示。

```
mysql> use 学生管理系统;
Database changed
mysql> select * from 学生 INTO OUTFILE 'd:/student.txt';
Query OK, 32 rows affected (0.07 sec)
```

图 10-40　成功导出 student.txt 文件

用写字板打开 D 盘 student.txt 文件，数据如图 10-41 所示。

```
220001  赵秀杰    女   2004-10-02  汉
220002  张伟      男   2004-03-02  汉
220003  徐鹏      男   2002-09-10  蒙
220004  王欣平    女   2003-02-03  汉
220005  赵娜      女   2003-10-11  汉
220006  陈龙洋    男   2005-09-04  回
220007  李佳琦    女   2004-08-23  汉
220008  何泽      男   2004-09-12  汉
220009  李鑫      男   2004-05-07  汉
220010  王一      女   2003-07-06  满
220011  王迪      女   2004-12-06  回
220012  刘思琦    女   2003-10-25  汉
220013  王阔      男   2003-12-11  汉
220014  许晓坤    男   2004-03-02  汉
220015  田明林    女   2004-07-08  满
220016  段宇露    女   2004-09-09  汉
220017  王振      男   2003-09-10  汉
220018  刘兴      男   2004-11-09  满
220019  高薪杨    男   2004-05-16  汉
220020  刘丽      女   2003-11-14  汉
220021  高铭      男   2004-05-23  汉
220022  张斯      女   2004-07-26  回
220023  张浩      男   2005-09-28  汉
220024  陈辰      女   2003-12-15  汉
220025  李奕辰    男   2004-10-27  汉
220026  赵娜      女   2005-02-21  蒙
220027  陈甲      \N   \N          \N
220028  测试权限  \N   \N          \N
220029  许多多    女   2006-05-23  汉
220030  迟道      男   2007-06-09  汉
220031  高兴      男   2006-12-31  回
220032  董宇灰    男   2007-08-07  汉
```

图 10-41　采用默认数据格式导出的学生表数据

【例 10-21】备份学生管理系统数据库学生表中的数据到 D 盘 student1.txt 文件，字段值如果是字符就用双引号标注，字段值之间用逗号隔开，每行以 "#" 为结束标识。后将备份后的数据导入一个和学生表结构一样的空表 student_copy 中。

```
USE 学生管理系统;
SELECT * FROM 学生
    INTO OUTFILE 'D:/student1.txt'
        FIELDS TERMINATED BY ','
        OPTIONALLY ENCLOSED BY '"'
    LINES TERMINATED BY '#';
```

结果如图 10-42 所示。

```
mysql> SELECT * FROM 学生
         INTO OUTFILE 'D:/student1.txt'
         FIELDS TERMINATED BY ','
         OPTIONALLY ENCLOSED BY '"'
         LINES TERMINATED BY '#';
Query OK, 32 rows affected (0.00 sec)
```

图 10-42　导出学生表

查看 student1.txt 的内容如图 10-43 所示。

```
"220001","赵秀杰","女","2004-10-02","汉"#
"220002","张伟","男","2004-03-02","汉"#
"220003","徐鹏","男","2002-09-10","蒙"#
"220004","王欣平","女","2003-02-03","汉"#
"220005","赵娜","女","2003-10-11","汉"#
"220006","陈龙洋","男","2005-09-04","回"#
"220007","李佳琦","男","2004-08-23","汉"#
"220008","何泽","男","2004-09-12","汉"#
"220009","李鑫","男","2004-05-07","汉"#
"220010","王一","女","2003-07-06","满"#
"220011","王迪","女","2004-12-06","回"#
"220012","刘思琦","女","2003-10-25","汉"#
"220013","王阔","男","2003-12-11","汉"#
"220014","许晓坤","男","2004-03-02","汉"#
"220015","田明林","男","2004-07-08","满"#
"220016","段宇霏","女","2004-09-09","汉"#
"220017","王振","男","2003-09-10","汉"#
"220018","刘兴","男","2004-11-09","满"#
"220019","高薪杨","男","2004-05-16","汉"#
"220020","刘丽","女","2003-11-14","汉"#
"220021","高铭","男","2004-05-23","汉"#
"220022","张斯","女","2004-07-26","回"#
"220023","张浩","男","2005-09-28","汉"#
"220024","陈辰","女","2003-12-15","汉"#
"220025","李奕辰","男","2004-10-27","汉"#
"220026","赵娜","女","2005-02-21","蒙"#
"220027","陈甲",\N,\N,\N#"220028","测试权限",\N,\N,\N#
"220029","许多多","女","2006-05-23","汉"#
"220030","迟道","男","2007-06-09","汉"#
"220031","高兴","男","2006-12-31","回"#
"220032","董宇灰","男","2007-08-07","汉"#
```

图 10-43　student.txt 内容

【例 10-22】文件备份完后可以将文件中的数据导入 student_copy1 表。

先创建 student_copy1 表结构：

CREATE TABLE student_copy1 LIKE 学生；

创建结果如图 10-44 所示。

```
mysql> CREATE TABLE student_copy1 LIKE 学生;
Query OK, 0 rows affected (1.14 sec)
```

图 10-44　创建复制表

然后使用 LOAD DATA 命令将 D 盘 student.txt 中数据恢复到学生管理系统数据库的 student_copy1 表中。

LOAD DATA INFILE 'D:/student.txt'
　　INTO TABLE student_copy1；

结果如图 10-45 所示。

```
mysql> LOAD DATA INFILE 'D:/student.txt'
         INTO TABLE student_copy1;
Query OK, 32 rows affected (0.16 sec)
Records: 32  Deleted: 0  Skipped: 0  Warnings: 0
```

图 10-45　导出到 student.txt 文件

通过 Navicat 查看结果如图 10-46 所示。

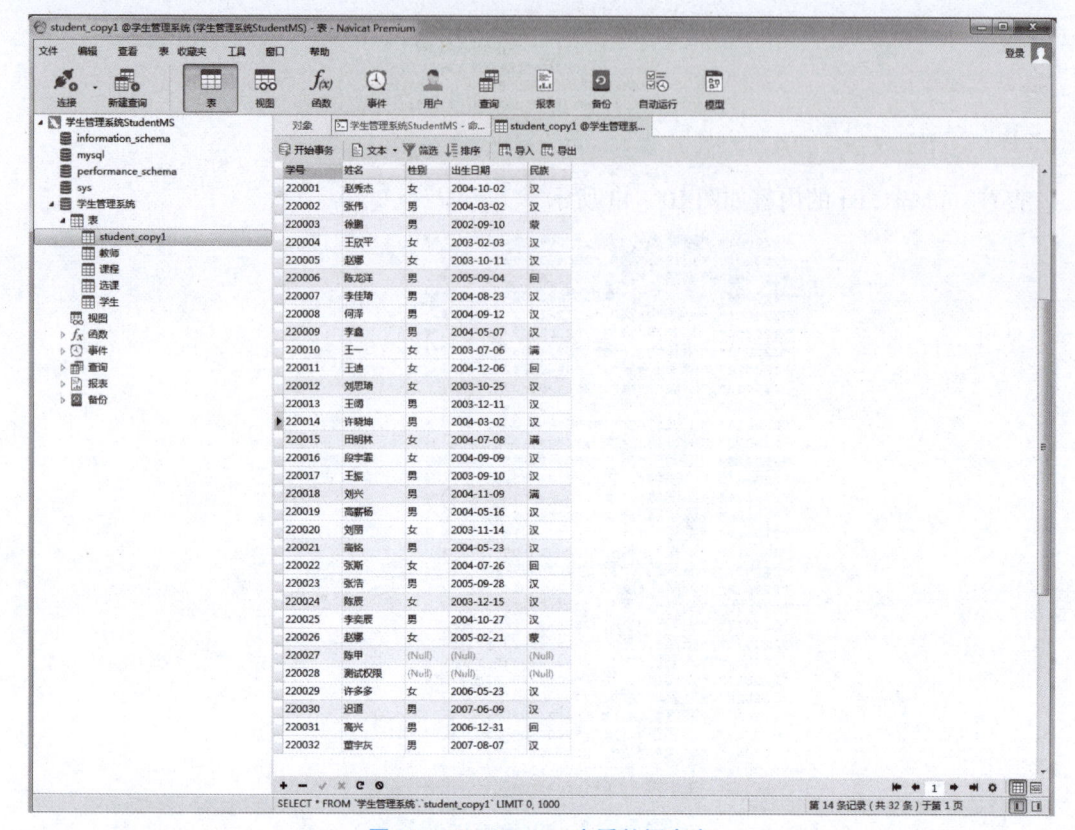

图 10-46　Navicat 查看数据内容

【例 10-23】将 D 盘 student1.txt 文件中的数据恢复到学生管理系统数据库的 student_copy2 表中。

在导入数据时，必须根据文件中数据行的格式指定判断的符号。例如，student1.txt 文件中字段值是以逗号隔开的，导入数据时一定要使用 TERMINATED BY ','子句指定逗号为字段值之间的分隔符，与 SELECT INTO...OUTFILE 语句相对应。

```
CREATE TABLE student_copy2 LIKE 学生;
LOAD DATA INFILE 'D:/student1.txt'
INTO TABLE student_copy2
FIELDS TERMINATED BY ','
OPTIONALLY ENCLOSED BY'"'
LINES TERMINATED BY '#';
```

结果如图 10-47 所示。

图 10-47　恢复数据

通过 Navicat 查看结果如图 10-48 所示。

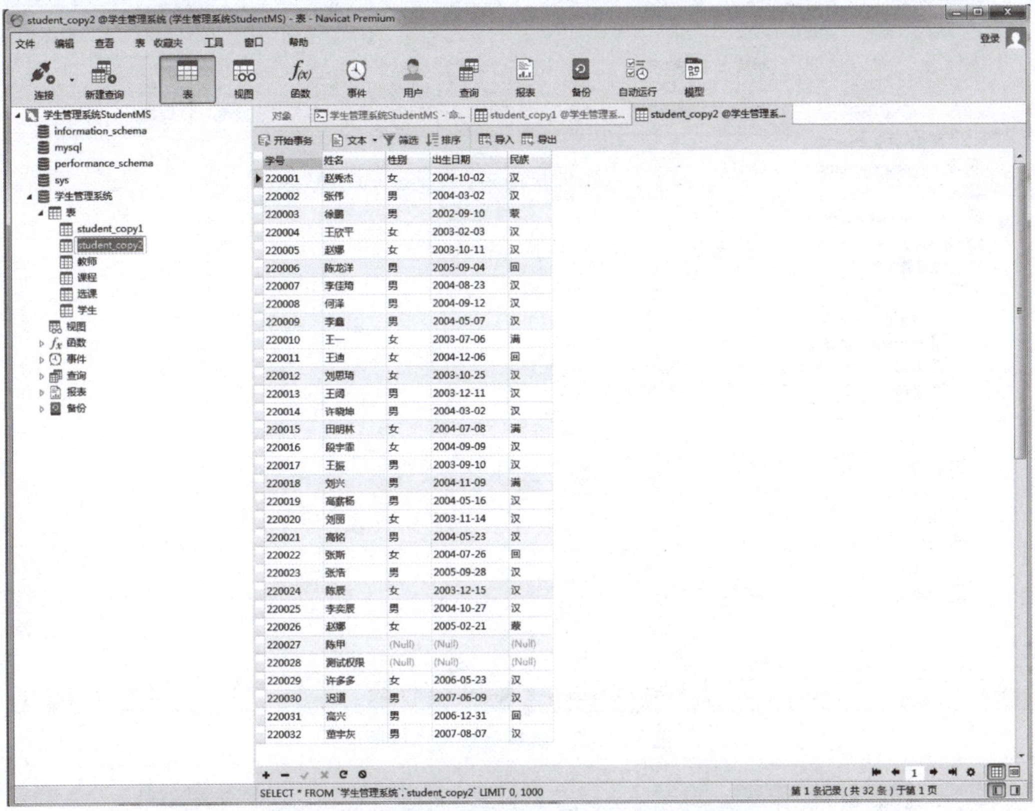

图 10-48 通过 Navicat 查看 student_copy2 结果

1) 使用图形化管理工具进行备份和恢复

除了命令行方式，用户还可以通过图形化管理工具来进行数据备份和恢复操作。本书主要介绍通过 Navicat for MySQL 工具进行数据备份和恢复的方法。

（1）数据备份。

打开 Navicat for MySQL 数据库管理工具，以 root 用户登录建立连接（方法参见本书 3.4.1 小节），连接后出现如图 3-15 所示的窗口。在"连接"窗格中单击要备份的数据库，单击"备份"按钮，进入如图 10-49 所示的数据备份操作界面。

在工具栏中单击"新建备份"按钮，出现如图 10-50 所示的"新建备份"窗口，在"对象选择"选项卡下选择需要备份的对象，在"高级"选项卡下可以输入备份名称，默认以备份建立的时间命名，设置完成后单击"开始"按钮，开始备份。

2) 直接复制

在 MySQL 中，数据库和表是通过目录和表文件来直接实现相应功能的。因此可以采用直接复制文件的方法进行数据库的备份。然而直接复制文件没办法直接移植到其他机器上使用，除非复制的表采用的是 MyISAM 存储格式。

如果想把 MyISAM 类型的表直接复制到另一个服务器上并使其正常使用，首先，这两个服务器必须使用相同的 MySQL 版本，并且它们的硬件结构相同或相似。同时要确保数据表并没有在使用。最为妥当的办法就是先将服务器关闭，然后再去复制数据库下的所有表文

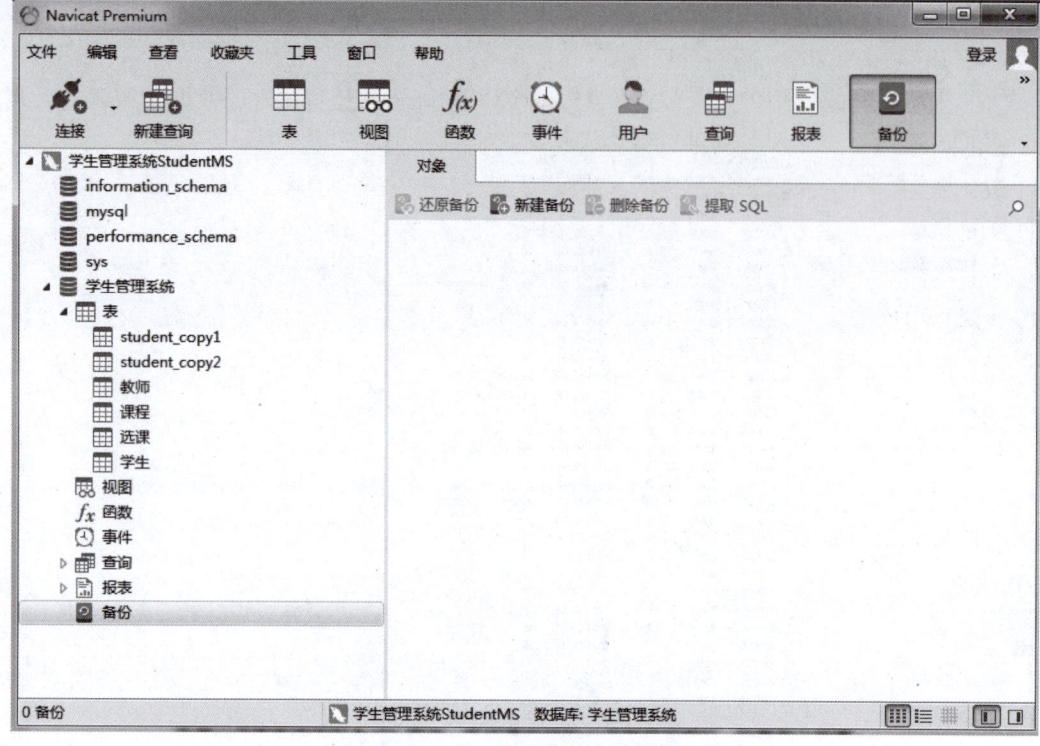

图 10-49　数据备份操作界面

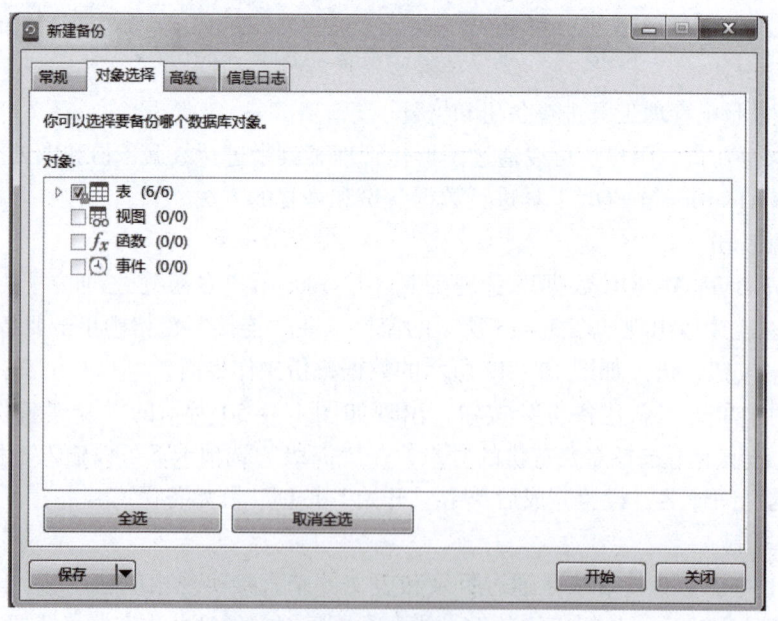

图 10-50　"新建备份"窗口

件，再重新启动服务器。文件成功复制后，将这些文件放置到另一个服务器的数据库目录之下，另一个服务器便能正常使用这张被复制的表了。

10.2.2 数据还原

所谓数据库恢复，指的是在数据库发生故障的情况下，把备份好的数据库加载进系统当中，从而让数据库能够回归到进行备份操作时的那种正确状态。

恢复操作与备份操作是相对应的，都属于系统维护和管理方面的重要操作。当系统着手开展恢复操作时，首先会进行一系列有关系统安全性的检查工作，完成这些安全性检查之后，便会依据所采用的具体数据库备份类型来采取与之匹配的恢复措施。

数据备份成功以后，将在如图 10-49 所示的操作界面右侧的窗格中列出，选择要恢复的备份，单击工具栏中的"还原备份"按钮，出现"还原备份"窗口，在"对象选择"选项卡下选择需要还原的对象，单击"开始"按钮，开始还原。

对于已经过时的备份，单击工具栏中的"删除备份"按钮，将其删除。把备份数据恢复到其他服务器上，单击工具栏中的"提取 SQL"按钮，将备份数据转换为 SQL 代码文件，即可以在其他服务器上"运行 SQL 文件"来恢复数据。

10.2.3 MySQL 日志

在实际进行相关操作时，用户和系统管理员不可能随时备份数据，一旦数据丢失或数据库文件损坏时，使用备份文件只能恢复到备份文件创建的时间点，而对在这之后更新的数据无能为力。解决这个问题的办法就是使用 MySQL 二进制日志。MySQL 有几个不同的日志文件，可以帮助用户找出 MySQLd 内部发生的事情。如表 10-3 所示列出了 MySQL 日志文件及其说明。

表 10-3 MySQL 日志文件及其说明

日志文件	说明
错误日志	记录启动、运行或停止 MySQLd 时出现的问题
查询日志	记录建立的客户端连接和执行的语句
更新日志	记录更改数据的语句。不推荐使用该日志
二进制日志	记录所有更改数据的语句。它还用于复制
慢日志	记录所有执行超 long_query_time 的查询或不使用索引的查询

1) 启用日志

二进制日志包含了所有更新了的或已经潜在更新了的数据（例如，没有匹配任何行的一个 DELETE）的所有语句。语句以事件的形式保存，它描述数据更改。

二进制日志已经代替了老的更新日志，更新日志在 MySQL 5.1 中不再使用。

二进制日志可以在启动服务器的时候启用，这需要修改 my.ini 选项文件。打开该文件，找到 [MySQLd] 所在行，在该行后面加上如下格式的一行：

```
log-bin[=filename]
```

加入该选项后，服务器启动时就会加载该选项，从而启用二进制日志。如果 filename 包含扩展名，则扩展名会被忽略。MySQL 服务器为每个二进制日志名后面添加一个数字扩展名，每次启动服务器或刷新日志时该数字增加 1。如果 filename 未给出，则默认为主机名。

假设这里 filename 取名为 bin_log，若不指定目录，则在 MySQL 的 data 目录下自动创建二进制日志文件。由于下面使用 MySQLbinlog 工具处理日志时，日志必须处于 bin 目录下，因此日志的路径就指定为 bin 目录，添加的行如下：

```
log-bin=C:/appserv/MySQL/bin/bin_log
```

保存后重启服务器即可。

重启服务器的方法：先关闭服务器，在"运行"对话框中输入命令"netstopMySQL"，再启动服务器，在"运行"对话框中输入命令"net start MySQL"。

此时，MySQL 安装目录的 bin 目录下会多出两个文件——bin_log.000001 和 bin_log.index。bin_log.00001 是二进制日志文件，以二进制形式存储，用于保存数据库更新信息。当这个日志文件大小达到最大时，MySQL 还会自动创建新的二进制文件。bin_log.index 是服务器自动创建的二进制日志索引文件，包含所有使用的二进制日志文件的文件名。

2）用 MySQLbinlog 处理日志

使用 MySQLbinlog 命令可以检查和处理二进制日志文件。

语法格式如下：

```
MySQLbinlog[选项]日志文件名...
```

日志文件名：二进制日志的文件名。

通过命令行方式运行 MySQLbinlog 时，要正确设置 MySQLbinlog.exe 命令所在位置的路径。例如，运行以下命令可以查看"D:\bin_log.000001"的内容。

```
MySQLbinlog D:\bin_log.000001
```

使用 MySQLbinlog 检查进日志文件。

由于二进制数据可能非常多，无法在屏幕上延伸，因此可以将其保存到文本文件中。

```
MySQLbinlog bin_log.000001>D:\backup\bin_log000001.txt
```

使用日志恢复数据的命令格式如下。

```
MySQLbinlog[选项]日志文件名...|mysql[选项]
```

【例 10-24】 数据备份与恢复举例。

数据备份过程如下。

（1）星期一下午 1 点进行了数据库 Bookstore 的完全备份，备份文件为 file.sql。

（2）从星期一下午 1 点开始用户启用日志，bin_log.000001 文件保存了星期一下午 1 点以后的所有更改。

（3）星期三下午 1 点时数据库崩溃。

现要将数据库恢复到星期三下午 1 点时的状态。恢复步骤如下。

（1）首先将数据库恢复到星期一下午 1 点时的状态。

(2) 然后使用以下命令将数据库恢复到星期三下午 1 点时的状态。

```
MySQLbinlog bin_log.000001
```

由于日志文件要占用很大的硬盘空间,因此要及时将没用的日志文件清除掉。以下 SQL 语句用于清除所有的日志文件。

```
RESET MASTER;
```

如果要删除部分日志文件,可以使用 PURGE MASTER LOGS 语句。语法格式如下。

```
PURGE {MASTER | BINARY} LOGS TO '日志文件名_'
```

或

```
PURGE {MASTER BINARY} LOGS BEFORE '日期_'
```

语法说明如下。

BINARY 和 MASTER 是同义词。

第一个语句用于删除日志文件名指定的日志文件。

第二个语句用于删除时间在日期之前的所有日志文件。

【例 10 – 25】 删除 2024 年 8 月 25 日星期三上午 9 点之前的部分日志文件。

```
PURGE MASTER LOGS BEFORE '2024-08-25 09:00:00';
```

小　结

对于数据库系统而言,其能够正常运行的一个基本特点就在于,可以确保数据库中的数据能够被合理地进行访问以及修改操作。在这方面,MySQL 为我们提供了十分有效的数据访问安全机制。

当用户想要访问 MySQL 数据库时,前提条件就是必须拥有能够登录 MySQL 服务器的用户名以及对应的口令。而 MySQL 创建新用户并设置相应登录密码的操作是通过 CREATE USER 语句来完成的。在成功登录服务器后,用户便能在自身所拥有的权限范围之内对数据库资源加以使用了。

MySQL 所涉及的对象权限具体划分为四个级别,分别是列权限、表权限、数据库权限以及用户权限。如果把相应的权限授予对象时,就可以使用 GRANT 语句来完成这一操作;相反,如果想要收回已经授予的权限,那么可以使用 REVOKE 语句来进行操作。

在实际应用过程中,存在着多种不同的因素,这些因素有可能会致使数据表出现丢失的情况,或者是造成服务器崩溃。而数据备份与恢复这两项操作是保障数据安全性极为重要的手段。对此,MySQL 为我们提供了诸如数据库备份、二进制日志文件以及数据库复制等一系列的功能。一旦数据库出现故障问题,我们便可以凭借这些功能将数据库恢复到进行备份操作时的那个正确状态。

当有多个用户同时对同一个数据库对象展开访问时,有可能会出现这样一种情况:在一个用户正在对数据进行更改的过程中,其他的用户也有可能同时发起更改数据的请求。为了能够确保数据的一致性,此时就需要运用事务以及锁定机制来对这些并发操作加以控制了。

理论练习

一、单选

1. 在 MySQL 中，用于创建新用户的语句是（　　）。
   A. CREATE USER B. ADD USER
   C. NEW USER D. INSERT USER

2. 如果要修改用户的密码，在 MySQL 中可以使用（　　）。
   A. ALTER USER B. CHANGE PASSWORD
   C. UPDATE PASSWORD D. MODIFY USER

3. 以下关于 MySQL 用户权限的说法，正确的是（　　）。
   A. 所有用户默认拥有所有权限
   B. 普通用户不能被授予数据库的管理权限
   C. 如果两个用户用户名相同但主机不同，MySQL 视为相同用户
   D. root 用户不能创建其他用户

4. 在 MySQL 中，授予用户对某个表的 SELECT 权限的语句是（　　）。
   A. GRANT SELECT ON table_name TO user_name；
   B. ALLOW SELECT table_name TO user_name；
   C. PERMIT SELECT ON table_name FOR user_name；
   D. ENABLE SELECT table_name FOR user_name；

5. 要撤销用户对某个数据库的所有权限，可使用（　　）。
   A. REVOKE ALL PRIVILEGES ON database_name FROM user_name；
   B. DELETE PRIVILEGES ON database_name FROM user_name；
   C. CANCEL PRIVILEGES ON database_name FOR user_name；
   D. REMOVE PRIVILEGES ON database_name FOR user_name；

6. 以下哪种权限允许用户使用 INSERT 语句向特定表中添加行？（　　）
   A. INSERT 权限 B. ADD 权限 C. CREATE 权限 D. WRITE 权限

7. 在 MySQL 中，用于备份数据库的命令是（　　）。
   A. mysqldump B. mysqlbackup C. backupdb D. mysqldbbackup

8. 要恢复 MySQL 数据库备份，以下操作正确的是（　　）。
   A. 直接将备份文件复制到数据库目录
   B. 使用 mysql 命令并指定备份文件进行恢复
   C. 使用 source 命令在 MySQL 客户端中加载备份文件
   D. 只能重新创建数据库并手动插入数据

9. 如果要查看数据库中的所有表，可以使用（　　）。
   A. SHOW TABLES B. LIST TABLES
   C. DISPLAY TABLES D. VIEW TABLES

10. 下列选项中，哪一个不属于针对表的操作权限？（　）
    A. UPDATE B. EXECUTE C. DELETE D. SELECT

二、判断题

1. MySQL 数据库不需要对数据信息备份。（　　）
2. MySQL 有三种保证数据安全的方法，分别为数据库备份、二进制日志文件备份、数据库备份。（　　）
3. 数据库备份就是当数据库出现故障时，将备份的数据库加载到系统，使数据库恢复到备份时的正确状态。（　　）
4. 在 MySQL 中，root 用户可以创建和删除其他用户。（　　）
5. 如果创建用户时没有设置密码，该用户无法登录 MySQL。（　　）
6. 两个用户名相同但主机不同的用户，在 MySQL 中一定拥有相同的权限。（　　）
7. 授予用户对某个表的 SELECT 权限后，用户可以对该表进行任何操作。（　　）
8. 使用 REVOKE 语句撤销用户的所有权限后，用户将无法登录 MySQL。（　　）
9. 用户对一个表拥有 INSERT 权限，就一定拥有 UPDATE 权限。（　　）
10. 恢复 MySQL 数据库备份只能通过命令行方式。（　　）

三、填空题

1. MySQL 的对象权限分为_____、_____、_____和_____4 个级别。
2. 在 MySQL 中，创建用户的语句是_____。
3. 要修改用户密码，可以使用_____语句。
4. 如果想删除一个用户，可使用_____语句。
5. 授予用户权限使用_____语句。
6. 撤销用户权限使用_____语句。
7. 权限主要分为列权限、_____、数据库权限和用户权限，其中表权限与一个具体表中的所有数据相关。
8. MySQL 中备份数据库通常使用_____命令，例如 "mysqldump – u username – p database_name > backup_file. sql" 可以将数据库备份到一个文件。
9. 恢复数据库备份可以使用_____命令，格式可能为 "mysql – u username – p database_name < backup_file. sql"。
10. 要查看数据库中的所有表，使用_____语句；要查看所有数据库，使用语句。

实战演练

一、**stucourse**（学生选课管理系统）数据库包含学生、教师、课程、选课四个表。使用学生选课管理系统的数据完成以下操作

1. 用户管理。

（1）创建数据库用户 "user1" "user2" "user3" "user4"，密码为 "123456"。
（2）将用户 "user1" 的名称改为 "usr1"。
（3）将用户 "user2" 的密码修改为 "123"。
（4）删除用户 "user3"。

2. 权限管理。

（1）授予用户"user2"对 stucourse 数据库中读者表的"SELECT"操作权限。

（2）授予用户"user2"对 stucourse 数据库借阅表的插入、修改、删除操作权限。

（3）授予用户"user2"对 stucourse 数据库拥有所有操作权限。

（4）授予用户"user4"对 stucourse 数据库中的库存表有"SELECT"操作权限，并允许其将该权限授予其他用户。

（5）收回用户"user2"对 stucourse 数据库中读者表的"SELECT"操作权限。

二、LibraryDB 数据安全

数据备份和恢复。

（1）备份 LibraryDB 数据库中库存表的数据到 D 盘。要求字段值如果是字符就用双引号标注，字段值之间用逗号隔开，每行以"?"为结束标识。

（2）将第（1）题中的备份文件数据导入 c_kc 表中。

参 考 文 献

[1] 许春艳,王军,张静. MySQL 数据库实用技术[M]. 北京:中国铁道出版社有限公司,2021.
[2] 周德伟. MySQL 数据库基础实例教程[M]. 2 版. 北京:人民邮电出版社,2023.
[3] 李辉. 数据库系统原理及 MySQL 应用教程[M]. 2 版. 北京:机械工业出版社,2019.
[4] 石坤泉,汤双霞. 数据库任务驱动式教程[M]. 2 版. 北京:人民邮电出版社,2019.
[5] [美]Abraham Silberschatz,[美]Henry F. Korth,[美]S. Sudarshan. 数据库系统概念[M]. 杨冬青,译. 6 版. 北京:机械工业出版社,2012.
[6] 蒙祖强. 数据库原理与应用[M]. 2 版. 北京:清华大学出版社,2021.
[7] 张乾. 数据库原理及应用教程(MySQL 8)[M]. 北京:清华大学出版社,2023.